现代精准高效绿色养猪技术

李新建　乔松林　主编

河南科学技术出版社

·郑州·

图书在版编目（CIP）数据

现代精准高效绿色养猪技术/李新建，乔松林主编．—郑州：河南科学技术出版社，2019.5
ISBN 978-7-5349-9346-6

Ⅰ.①现… Ⅱ.①李… ②乔… Ⅲ.①养猪学 Ⅳ.①S828

中国版本图书馆 CIP 数据核字（2018）第 195038 号

出版发行：河南科学技术出版社
　　　　　地址：郑州市郑东新区祥盛街 27 号　　　邮编：450016
　　　　　电话：（0371）65737028　65788613
　　　　　网址：www.hnstp.cn
策划编辑：陈淑芹
责任编辑：田　伟
责任校对：吴华亭
封面设计：张　伟
版式设计：栾亚平
责任印制：张　巍
印　　刷：郑州龙洋印务有限公司
经　　销：全国新华书店
开　　本：850 mm×1 168 mm　1/32　印张：11.375　字数：420 千字
版　　次：2019 年 5 月第 1 版　　2019 年 5 月第 1 次印刷
定　　价：29.80 元

《现代精准高效绿色养猪技术》

主　　编　李新建　乔松林

副 主 编　乔瑞敏　韩雪蕾　原泉水　王晓锋

编　　者　（按照姓氏笔画为序）

王克君　河南农业大学

王晓峰　河南省畜牧总站

王献伟　河南省畜牧总站

乔松林　河南省农业科学院

乔瑞敏　河南农业大学

李秀领　河南农业大学

李新建　河南农业大学

原泉水　河南谊发牧业有限责任公司

殷跃帮　鹿特丹伊拉斯姆斯大学

高　岩　福建傲农生物科技集团股份有限公司

郭振华　河南省农业科学院

崔国庆　河南省畜牧局畜牧处

韩雪蕾　河南农业大学

解伟涛　河南省农业科学院

前　言

随着我国农业结构调整的进一步深入，人民生活水平的逐步提高，畜牧业的地位也得到了相应提高。近年来我国畜牧业开始转型升级，其中我国生猪产业在转型升级中开始向着高效、健康、优质、精准、生态和智能化的方向发展。现在的生猪生产不仅要强调高效优质，还要重视生猪产业和生态环境的可循环发展，提倡种养结合，龙头带动，提质增效。广大养猪技术人员要更新观念，树立新型的智慧养猪理念，革新传统养猪技术，调整养猪生产战略，创新养猪模式，以适应当前形势的发展。我国养猪行业专家学者以及生产者经过多年的研究探索，在生猪产业的高效、安全、节能减排等方面有了一定的成果，同时生猪生产水平也在逐步提高。我国的生猪生产正在朝着标准化、规范化、优质化、生态化、循环化和智能化的方向不断迈进。

为了使这些养猪新技术和新理念在生产中更好地应用，由河南省生猪产业技术体系牵头组织，编写了《现代精准高效绿色养猪技术》一书。本书作者团队集中了农业高校、科研单位、养猪生产企业和相关行业等各方面专家，全书以"智能、高效、精准、安全、绿色、生态"为理念，以"照顾系统性、突出实用性、体现创新性"为原则，并适当阐述必要的养猪基础知识。本书共分 7 章，较详细地介绍了现代猪场建设先进工艺和设计、种猪精准选育技术、繁殖关键技术要点、精准饲养操作关键技术、猪场生物安全防控、猪场重要疫病防治技术及猪场粪污处理技术等方面的知识。本书涉及大量的生产新技术并融入作者多年来生产实践经验的总结，内容编排力求结合实际，通俗易懂，有较强的实用性，帮广大养殖户解决生产实际问题，同时注意理论联系实际，既强调科学性，又能满足市场的需求。

本书可供中小型养猪场的技术人员学习使用，也可供规模化猪场的生产管理人员及畜牧兽医专业师生参考。

因编者水平有限，书中内容可能会有疏漏之处，恳请专家和读者批评、指正，以便进一步修订完善。

编者

2017 年 11 月

目　录

第一章　现代化猪场规划与建设

近年来，我国的生猪产业呈现出现代化、规模化的趋势，许多现代化猪场开始兴建，对现代化猪场规划与建设的知识和人才的需求愈发迫切。新建猪场的场址选择、规划布局和工艺设计决定了后续生产是否高效、安全。

第一节　猪场建设基本参数

一、猪的热环境指标

猪是恒温动物，在不同的热环境下，可通过和周围环境的热交换来保障自身核心温度的稳定。

物体在加热或冷却过程中，温度升高或降低而不改变其原有相态所需吸收或放出的热量，称为显热（将水从 20 ℃加热到 80 ℃，所吸收的热量就是显热）。

物质发生相变（物态变化），在温度不发生变化时吸收或放出的热量叫作潜热。物质由低能状态转变为高能状态时吸收潜热，反之，则放出潜热（20 ℃的水蒸发到空气中，吸收的热量就是潜热）。

猪产生的热量也分为这两个部分，呼吸蒸发散失的热量是潜热，通过对流、传导、辐射散失的热量是显热。外界环境温度越高，散失的显热越少（环境温度与动物核心温度的温度差变小），潜热越多。

显热和潜热的和称为全热。猪的全热随外界环境温度的降低而增加（每降低1℃增加约1.2%）（图1.1）。

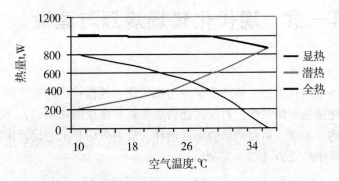

图1.1　猪全热、显热、潜热和空气温度的关系

关于猪的产热量、产湿量美国农业生物工程师学会（ASA-BE）有相应的标准，即ASABE标准（表1.1）。

表1.1　ASABE标准的产热量、产湿量指标

猪只类型		舍温	产湿量	显热	全热
		（℃）	（gH$_2$O/kg·h^{-1}）	（W/kg）	（W/kg）
分娩母猪和仔猪(实心地面)	177 kg（0周）	16~27	1.8	1.3	2.6
	181 kg（2周）	16~27	2.4	1.7	3.3
	186 kg（4周）	16~27	2.6	1.7	3.5
	200 kg（6周）	16~27	2.7	1.7	3.5
	227 kg（8周）	16~27	2.6	2.1	3.9
保育猪	4~6 kg	29	1.7	2.2	3.3
	6~11 kg	24	2.2	3.1	4.5
	11~12 kg	18	2.2	3.5	5

续表

猪只类型		舍温 (℃)	产湿量 (gH$_2$O/kg·h^{-1})	显热 (W/kg)	全热 (W/kg)
生长育肥猪(实心地面)	20 kg	5	2.5	4.2	5.9
		10	2.7	4	5.4
		15	3.1	3	5
		20	3.7	2.3	4.8
		25	4.7	1.6	4.8
		30	6.3	0.6	4.8
	40 kg	5	1.5	3	4
		10	1.6	2.5	3.6
		15	1.9	2	3.3
		20	2.2	1.6	3.1
		25	2.8	1.2	3
		30	3.6	0.6	3
	60 kg	5	1.2	2.5	3.3
		10	1.3	2	2.9
		15	1.4	1.7	2.6
		20	1.7	1.3	2.4
		25	2	1	2.3
		30	2.7	0.5	2.3
	80 kg	5	1.1	2.2	2.9
		10	1.1	1.8	2.5
		15	1.2	1.5	2.3
		20	1.4	1.2	2.1
		25	1.7	0.85	2
		30	2.2	0.49	1.9
	100 kg	5	0.94	2	2.6
		10	1	1.6	2.3
		15	1.1	1.3	2
		20	1.2	1.1	1.9
		25	1.4	0.8	1.8
		30	1.8	0.49	1.7

续表

猪只类型		舍温	产湿量	显热	全热
		(℃)	(gH$_2$O/kg·h^{-1})	(W/kg)	(W/kg)
母猪和公猪（实心地面）	140kg	5	0.79	1.8	2.3
		10	0.79	1.5	2
		15	0.84	1.2	1.8
		20	0.93	1	1.6
		25	1.1	1.77	1.5
		30	1.3	0.54	1.4
	180kg	5	0.64	1.7	2.1
		10	0.63	1.4	1.8
		15	0.65	1.2	1.6
		20	0.7	0.97	1.4
		25	0.8	0.8	1.3
		30	0.96	0.63	1.3

ASABE 标准参考的数据来自 1950—1970 年的研究结果。在现代养猪产业中，随着猪的遗传改良和生产性能的不断提高，猪的产热量也在升高，这些数据需要更新。近年来有了一些新的研究，相关研究结论如下。

计算猪单位体重总产热量的计算公式：

保育猪（6~20 kg）：Lg（THP）= 0.715 − 0.0025ta + 0.0211 log(wt)

育肥猪前期（20~45 kg）：Lg（THP）= 1.288 − 0.005ta − 0.371 log(wt)

母猪育肥期（45~120 kg）：Lg（THP）= 1.555 − 0.0063ta − 0.54 log(wt)

去势公猪育肥期（45~120 kg）：Lg（THP）= 1.792 − 0.0074ta − 0.632 log(wt)

计算猪单位体重潜热量的计算公式：

保育猪（6 ~ 20 kg）：LHP = − 2.26 + 0.194ta + 0.0679w −

$0.0034ta×wt$

育肥猪前期（20~45 kg）：$LHP = -1.64 + 0.173ta + 0.021w - 0.0016ta×wt$

母猪育肥期（45~120 kg）：$LHP = -0.46 + 0.077ta + 0.0029w - 0.00032ta×wt$

去势公猪育肥期（45~120 kg）：$LHP = -0.64 + 0.117ta + 0.0019w - 0.00054ta×wt$

以上各式中：THP 为单位体重总产热量（W/kg）；

LHP 为单位体重产潜热量（W/kg）；

ta 为环境温度（℃）；

wt 为猪只体重（kg）；

Lg 为以 10 为底的对数。

猪的产热量、产湿量是猪舍通风、供暖、降温设计的关键指标

二、猪的通风指标

猪舍环境控制系统要考虑室内适宜温度、湿度和有害气体浓度三个方面的指标。不同环境条件下，通风可以同时满足这三方面要求，实现显热、湿度和有害气体的平衡。通风量要取满足这三个平衡的通风量中的最大值。猪舍通风指标同下面四个因素有关。

（1）猪舍维护结构的保温隔热性能。

（2）猪舍内显热、温度和有害气体的产生量。

（3）猪舍舍内环境指标：设定温度、相对湿度、有害气体浓度。

（4）猪舍舍外环境指标：温度、相对湿度、有害气体浓度。

猪舍通风量随着这些条件的不同而不同，但整体遵循图 1.2 所示的规律：室外温度较低时，通风量由有害气体平衡和湿度平衡决定，当室外温度低于平衡温度（Td）需提高温度时，舍内

必须提供辅助加热。

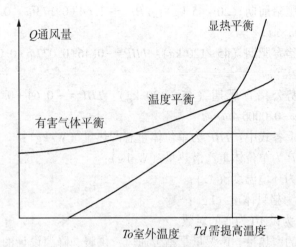

图 1.2　猪舍通风量曲线

　　不同气候条件、不同猪舍、不同饲养条件、不同猪只类型的通风量是不同的。针对某一地区的具体项目，我们可以计算一个猪舍的平衡温度和通风曲线等指标，但这加大了猪舍设计的工作量，所以一些组织和机构就出具了相应的通风建议指标，这些指标可以作为一般猪舍通风设计的参考依据，但对于特殊性气候地区，应该根据具体情况进行具体分析确定。2015 年，美国伊利诺伊大学采用最新的猪产热产湿参数，调整了基于美国伊利诺伊州中部气候研究的猪只通风量标准，制定了新标准。表 1.2 是新标准和美国中西部规划服务（MWPS）标准的对比。

表 1.2　猪舍通风建议指标

猪只类型	体重范围（kg）	MWPS 标准（m³/h）	新标准（m³/h）
保育前期	5.5~14	3.4（冬），42.5（夏）	5.1（冬），76.5（夏）
保育猪	14~34	5.1（冬），59.5（夏）	8.5（冬），166.6（夏）

续表

猪只类型	体重范围（kg）	MWPS 标准（m³/h）	新标准（m³/h）
生长猪	34~68	11.9（冬），127.5（夏）	18.7（冬），244.8（夏）
育肥猪	68~100	17（冬），204（夏）	20.4（冬），360.4（夏）
妊娠母猪	147	20.4（冬），255（夏）	42.5（冬），765（夏）
分娩母猪和仔猪	181	34（冬），850（夏）	52.7（冬），1190（夏）

通风指标只是建议值，通风设计要基于当地的气候条件和猪舍的实际情况，不可盲目套用。我国针对不同气候分别提出相关猪舍通风指标建议是有必要性的（表1.3）。

表1.3　猪舍建议设定温度

猪舍类型		冬季设定（℃）		夏季设定（℃）	
		实心地面	漏粪地板	实心地面	漏粪地板
妊娠母猪		17	19	19	21
分娩母猪		16	18	18	20
保育猪	7 kg	26	28	27	29
	20 kg	23	24	24	26
	25 kg	21	23	22	24
	30 kg	20	22	21	22
	35 kg	19	20	19	21
	40 kg	17	19	18	20
	45 kg	16	17	17	18
育肥猪	50 kg	16	16	16	17
	55 kg	14	15	16	17
	60 kg	14	15	16	17
	70 kg	14	15	16	17
	80 kg	14	15	16	17
	90 kg	14	15	16	17

三、猪用水需求指标

水是猪只需要的第一营养素，随着猪场的规模化程度不断提高，用水量和水质标准愈发受到重视。在用水量方面，《规模猪场建设》（GB/T 17824.1—2008）指出，采用干清粪生产工艺的 100 头基础母猪规模场的日供水量为 20 t，猪群饮水总量为 5 t，炎热和干旱地区的供水量可增加 25%。标准中未给出数据来源和不同用途用水量的细分数据。2001 年，DGH 工程有限公司对加拿大 9 家水泡粪猪场进行了长时间的用水量观测，观测结果见表 1.4—表 1.6。

表 1.4　自繁自养猪场每头母猪每天各种用途的耗水量

用途	平均值（L）	需水范围（L）
饮水	72.3	62.5～82.4
冲洗	3.1	1.5～4.3
降温（育肥）[1]	22.4	8.1～37.1
降温（产房）[1]	0.3	0.3～0.3
生活用水[2]	1.0	0.4～1.5
所有用途	89.5	71.1～110.0

1. 根据采样数据和猪群母猪头数推算得出。

2. 包括人员用水和分娩前冲洗母猪用水。

表 1.5　自繁自养猪场各生产阶段每天的需水总量及其与现存标准的对比

生产阶段	需水量	阿尔伯特农业、食品与乡村事务部数据
分娩—育肥［L／（母猪·d）］	89.5	91
分娩—23 kg（L／母猪·d）[1]	31.6	30
分娩—断奶（L／母猪·d）[1]	21.1	25
保育（L／头·d）[1]	3.8	2
育肥（L／头·d）[1]	11.7（7.9[2]）	7

1. 包括饮水、降温、冲洗和生活用水总量。

2. 无降温喷头情况下的需水量。

表1.6 不同生产阶段猪只的饮水量

生产阶段	平均值（L/d）		用水范围（L/d）	
	每头母猪	每头猪	每头母猪	每头猪
配种/妊娠	15.7	—	11.2~21.2	—
分娩	37.4	—	27.3~49.5	—
保育	—	3.4	—	1.4~4.9
育肥	—	7.7	—	4.7~13.9

由于设备配置、地域、生产工艺等因素的不同，不同猪场每天的用水量有比较大的差异，收集统计猪场总用水量及各种途径用水量的数据很有意义。一方面可以为猪场设计提供准确依据，另一方面也可以对日常用水进行有效监测。尤其是近年来环保政策愈发严格，节水对于减轻后续污水处理压力也有较大意义。

在猪饮用水水质方面我国也出台了一些相关标准，《无公害食品畜禽饮用水水质》（NY5027—2008）中对畜禽饮用水的水质有明确规定（表1.7）。

表1.7 畜禽饮用水水质安全指标

项目		标准值	
		畜	禽
感官性状及一般化学指标	色	≤30°	
	浑浊度	≤20°	
	臭和味	不得有异臭、异味	
	总硬度（以 $CaCO_3$ 计）（mg/L）	≤1500	
	pH 值	5.5~9.0	6.5~8.5
	溶解性总固体（mg/L）	≤4000	≤2000
	硫酸盐（以 SO_4^{-2} 计）（mg/L）	≤500	≤250
细菌学指标	总大肠菌群（MPN/100 mL）	成年畜 100，幼畜和禽 10	

续表

项目		标准值	
		畜	禽
毒理学指标	氟化物（以 F⁻计）（mg/L）	≤2.0	≤2.0
	氰化物（mg/L）	≤0.2	≤0.05
	砷（mg/L）	≤0.2	≤0.2
	汞（mg/L）	≤0.01	≤0.001
	铅（mg/L）	≤0.1	≤0.1
	铬（6 价）（mg/L）	≤0.1	≤0.05
	镉（mg/L）	≤0.05	≤0.01
	硝酸盐（以 N 计）（mg/L）	≤10.0	≤3.0

四、猪的排粪指标

表 1.8、表 1.9 是四川省畜牧科学研究院进行规模化猪场产排污系数研究测得的猪粪、尿产生量。

表 1.8　四川省畜牧科学研究院测得的猪粪产生量（kg/d）

测定季节	保育猪（平均值±标准差）	育肥猪（平均值±标准差）	繁殖母猪（平均值±标准差）
春	0.46±0.11	0.71±0.27	0.85±0.42
夏	0.49±0.21	0.85±0.26	0.88±0.28
秋	0.39±0.16	0.82±0.26	1.10±0.62
冬	0.44±0.14	0.77±0.31	1.21±0.41
四季平均值	0.45±0.16	0.79±0.28	1.01±0.47

表 1.9　四川省畜牧科学研究院测得的猪尿产生量（kg/d）

测定季节	保育猪（平均值±标准差）	育肥猪（平均值±标准差）	繁殖母猪（平均值±标准差）
春	1.34±0.63	3.53±1.55	7.60±4.38

续表

测定季节	保育猪（平均值±标准差）	育肥猪（平均值±标准差）	繁殖母猪（平均值±标准差）
夏	3.00±2.47	3.68±2.38	4.34±2.91
秋	1.02±0.47	2.97±1.39	3.84±1.79
冬	1.26±0.78	4.03±2.40	6.73±2.82
四季平均值	1.65±1.54	3.47±2.02	5.60±3.46

2001 年，DGH 工程公司对加拿大 9 家水泡粪猪场进行了长时间的排粪量观测，结果见表 1.10。

表 1.10 各生产阶段猪群粪污产生量

生产阶段	平均（L/d）		范围（L/d）	
	每头母猪	每头猪	每头母猪	每头猪
配种/妊娠	15	—	12.2~20.7	—
分娩	30.1	—	23.5~41.1	—
保育	—	3.4	—	2.3~4.5
育肥	—	7.9	—	7.1~9.1

节水是减少粪污量的有效措施。目前，高压冲洗、饮水碗、饮水盘等节水设施设备已经在许多现代化猪场中得到广泛应用。

五、猪空间需求指标

各个阶段猪的体型数据对猪舍设计非常重要，如果不依据猪体型设计，就像裁缝不量体裁衣一样，容易出现问题。猪的体长、体宽、体高与体重之间的关系可以按下列公式估算。不同品种的猪只会有一定差异，仅供参考。

$L = 300 \times W \times 0.33$；$S = 60 \times 0.33$；$H = 159 \times W \times 0.32$

L 为体长（cm）；S 为体宽（cm）；H 为体高（cm）；W 为体

重（*kg*）。

不同饲养模式下，猪的空间需求有所不同。以母猪为例，如果饲养在限位栏中，限位栏内空间需要满足母猪站立、躺卧等姿势的空间要求。目前常用限位栏的大小是宽 0.6 m 或 0.65 m，长 2.1～2.3 m（保障净长度 2.1～2.15 m），高 1.1 m。2004 年，McGlone 等人对 296 头妊娠母猪进行体尺测量，同时首次对猪的深度（猪腹部至背部的距离）进行了测量，猪的深度表示的是猪完全侧躺时需要的宽度。该研究发现，现有限位栏的长度和高度没有问题，而宽度不足，有些体型大的母猪躺卧需要的宽度可达 0.72 m，但同时也不能把全部的限位栏都设置得过宽，因为栏位过宽时后备猪会在栏内调头，可能出现因调头而卡住夹死的情况。研究报告给出了不同宽度栏位的建议比例（表 1.11）。

表 1.11　不同宽度限位栏的建议比例

限位栏宽（m）	建议比例
0.6	38%
0.69	48%
0.72	14%

当然，不同基因型的猪，体型会有比较大的差异，最好根据自己猪群的情况进行测量统计。

如果母猪采用大栏饲养，欧盟动物福利法规定后备猪 ≥ 1.64 m²/头，妊娠猪 ≥ 2.25 m²/头，当群体数量 ≤ 6 头时，空间增加 10%，当群体数量 ≥ 40 头时，空间可减少 10%。

分娩母猪产床的设计目前以 1.8 m×2.4 m 的规格为主，但相关的研究认为该尺寸偏小。Moustsen 等人在 2004 年对 368 头丹系母猪进行了体尺测量，认为分娩母猪的静态空间需求的平均值为长 202 cm，宽 47 cm，深 71 cm；分娩母猪站起和躺下需要的动态空间为长 16 cm，宽 32 cm。因此，总需求空间为长 220 cm，宽 80 ~ 90 cm。哺乳仔猪 4 周龄时的平均体长为 56 cm，欧盟的动物福利法（The EU directive 2001/93/EC）规定，母猪产床需要容纳所有仔猪同时躺卧。此时，10 头 4 周龄仔猪的所需空间即为 1.1 m²。综合以上因素，理想的产床尺寸如图 1.3 所示。后续随着产仔数的提升，产床的尺寸可能会随之加大。

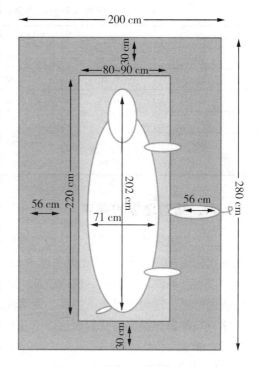

图 1.3　理想状况下的产床尺寸

保育猪、育肥猪的头均饲养面积有各种建议指标，总的来看，饲养面积和体重的关系可以用下列公式表达。

$$A = k \times W \times 0.667$$

A 为饲养密度，m²/头；W 为猪的体重，kg；k 为常数。

常数 k，建议大家参照加拿大农业及农业食品部的标准，全漏粪取 0.035，半漏粪取 0.039，实心地面取 0.045，由此可计算得出保育育肥猪的头均饲养面积指标，见表 1.12。

表 1.12　保育育肥猪头均饲养面积指标

猪的体重（kg）	全漏粪（m²）	半漏粪（m²）	实心地面（m²）
10	0.16	0.18	0.21
20	0.26	0.29	0.33
50	0.48	0.53	0.61
80	0.65	0.73	0.84
100	0.76	0.84	0.97
120	0.85	0.95	1.10

六、猪对地板的要求

猪舍地板是猪只每天都要接触的设施，考虑到人工效率，因此现代化猪场多采用漏粪地板。漏粪地板对猪只的肢蹄影响很大。以水泥漏粪地板为例，使用过程中常出现板条边缘破损、板条表面磨损，这与混凝土的强度、耐磨性能不足有关，这种情况对猪只肢蹄损伤很大。我们通过以下几点来判断水泥漏粪地板是否符合要求。

（一）材料选择

采用的水泥、钢筋、砂子、石子符合国家规范要求。普通钢筋混凝土采用 C35/C45，预应力钢筋混凝土采用 C45/C55。水灰比不能大于 0.45。

（二）规格尺寸

从动物福利角度出发，欧盟 2001/88/EC 指令对漏粪板缝隙宽度、板条宽度有详细要求。漏粪板缝隙最大宽度要求：①未断奶仔猪 11 mm；②保育猪 14 mm；③育肥猪 18 mm；④母猪 20 mm。板条最小宽度要求：①未断奶仔猪及保育猪 50 mm；②育肥猪及母猪 80 mm。美式漏粪地板的板条和缝隙则相对较宽，美国中西部规划服务标准 MWPS-8 漏粪板规格见表 1.13。

表 1.13　美国中西部规划服务标准 MWPS-8 漏粪板规格

猪只类型	板缝宽（mm）	水泥板条宽（mm）
育肥猪	25.4	150~200
妊娠母猪/公猪（大栏）	25.4	150~200
妊娠母猪/公猪（限位栏）	25.4	100

此外，漏粪板的板条形状应有利于粪便落下，板条的边缘要光滑，以免损伤猪只肢蹄。板条表面要尽量平整，平整度误差不要大于 3 mm，但不要太过光滑。漏粪板整体不要有毛边和明显突出。漏粪板表面不要有大于 0.1 mm 的裂缝。

近来，考虑到母猪的清洁，开始在母猪限位栏后部和产床的母猪部分采用三棱钢漏粪地板。产床母猪部分多采用铸铁漏粪地板，产床仔猪部分和保育舍适合采用塑料漏粪地板，应注意铸铁和塑料漏粪地板的强度，以及是否方便清洁。

七、猪场的能耗指标

节能型猪舍是未来猪舍设计与建设的发展方向，猪舍能耗是我们应该着重关注的指标。猪舍能耗也是确定猪舍保温标准的重要依据，未来也可能会出现针对猪舍的节能标准。猪舍的能耗水平和当地的气候条件、猪舍保温性能、饲养方式（密度、通风方式等）都有关系。例如，山东猪场的能耗数据记录对于江西的猪场而言可能就没有太大意义。但目前，国内缺乏不同气候分区的猪舍保温标准和大致能耗水平数据，这需要更多的实际数据记录，也需要应用能耗模拟技术。这里列举美国中西部地区的相关数据作为参考（表 1.14，表 1.15）。美国中西部猪场的能源费用（丙烷和电）一般占到一点式猪场（包含母猪、保育猪、育肥猪）全部费用的 2.5%~3%。

明尼苏达大学的 Larry D. Jacobson 教授对 3000 头母猪场做

过如下年度能耗估算：

通风耗电量 $2.5×10^5$ kW·h，分娩舍局部加热 $2.5×10^5$ kW·h，照明耗电 $1.7×10^5$ kW·h（配种妊娠舍 $1.1×10^5$ kW·h，分娩舍 $6×10^4$ kW·h），高压冲洗耗电 $1×10^5$ kW·h，供料供水耗电 $5×10^3$ kW·h，全部耗电量 $6.85×10^5$ kW·h。

丙烷用于空间加热 124.9 m^3，用于水加热 13.2 m^3，丙烷总用量 140 m^3。

表 1.14　明尼苏达州某 2400 头保育育肥一体化猪舍实际能耗数据

年份	2010	2011	2012	2013
耗电量（kW·h/猪位·年$^{-1}$）	27.1	28.6	30.3	29.2
丙烷用量（m^3/猪位·年$^{-1}$）	7.95	6.81	7.57	8.71

表 1.15　艾奥瓦不同类型育肥猪舍能耗数据

猪舍类型	耗电量（kW·h/猪位·年$^{-1}$）	丙烷用量（m^3/猪位·年$^{-1}$）
侧墙卷帘混合通风育肥舍	22.6	2.54
隧道通风育肥舍	28.6	—
隧道通风保育育肥一体化猪舍	30.1	10.6

3000 头母猪场估计总耗电量为 $7×10^5$ kW·h 或每头母猪约 233.3 kW·h。总估计丙烷用量为 140 m^3 或每头母猪 46.6 L。

以上数据仅作为参考，不同的气候条件、设备配置、建筑条件都会影响能耗。我们在日常工作中应该持续跟踪记录猪场的能耗情况，并关注能耗水平偏高的原因。常见的能耗偏高原因有猪舍保温气密条件差，控制器设置错误（变速风机、加热器等），设备选型和安装位置错误，走廊预加热温度过高等，应该在猪舍设计和运行时予以足够关注。

猪舍的主要能耗在于通风带走的热量，过分增加猪舍的保温性能也是不经济的。围护结构的保温等级要根据建设地区的气候条件进行评估，国内后续需要更多这方面的研究工作和制定相关标准，以方便猪场建设。

第二节　猪场生产模式和场址选择

一个新建猪场项目我们首先会遇到的问题就是确定猪场生产模式和选择待建场地。

一、猪场生产模式

传统猪场采用的是单点式或者叫一条龙的生产模式。在一个猪场里面，集中了养猪生产的各个车间，包括公猪站、后备母猪舍、配种舍、妊娠舍、分娩舍、保育舍、育肥舍。这类生产模式的猪场，尤其是规模较大时，在疫病防控方面有一定风险。因此，采用这种生产模式的多是 1000 头以下基础母猪群的猪场。

目前现代化猪场尤其是大规模的生产体系多采用多点式的生产模式。仔猪断奶后转到保育场，保育结束后再转到对应的育肥场。

（一）多点式生产模式的优势

（1）每个点之间的距离至少保持 3 km 以上，繁殖场和保育场之间距离至少保持 6 km 以上（美国最新的研究表明，肺炎支原体可以传播 6 km）。

（2）大的生产体系育肥场可以实现全场"全进全出"生产，中小规模保育场、育肥场可以实现按单元"全进全出"，能够维持猪只的高健康状况，对于控制和净化传染性疾病意义重大。

（3）提高母猪的健康状况和繁殖性能，提高育肥猪的生长速度和饲料转化率。

（4）减少抗生素和疫苗的使用。

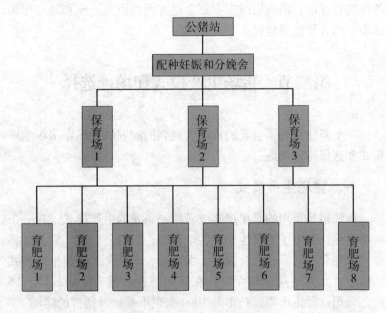

图1.4 多点式生产模式示意图

（5）能够平衡不同来源猪只健康状况。

（6）能够降低各个车间的人力成本。

（7）专业化的分工有利于新技术的创新和推广，如分品种、性别的饲喂技术等。

其他一些生产体系，如仔猪断奶后直接拉到保育育肥一体化猪场或者农户处饲养的模式，相较保育育肥场分开的方式，可以规避保育阶段连续生产无法全场"全进全出"的缺点，实现保育育肥一体化猪场全场"全进全出"，同一个保育育肥一体化猪场的猪只日龄接近，在疫病防控方面更有优势。

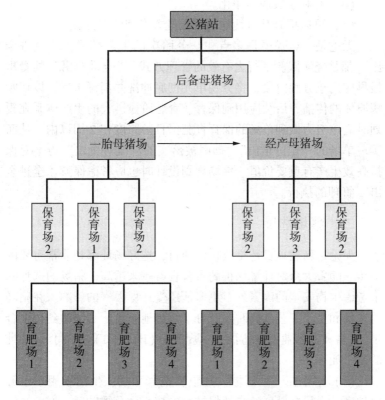

图 1.5 多点式分胎次生产模式示意图

（二）多点式分胎次生产模式的优势

在多点式生产的基础上更近一步，实现多点式分胎次饲养，将一胎母猪单独饲养，主要有以下优势。

（1）后备母猪管理专业化：栏舍、营养、配种、饲喂等。

（2）两胎以上猪场仔猪断奶重、日增重、料重比更好，有利于保育场成绩的稳定与提高。

（3）两胎以上猪场健康状况更好。

19

（4）有利于疾病的净化。

（5）可以更有针对性地制订保健方案和营养方案。

无论是一点式还是多点式、分胎次的生产模式，"全进全出"都是经实践验证行之有效的管理方式。"全进全出"的管理最早应用于分娩阶段，将分娩单元彻底冲洗并消毒干燥，以切断病原体的传播，后续应用到保育、育肥阶段。大的生产体系在规划时应该努力做到单场的保育育肥猪日龄跨度在 2 周以内，从而实现单场的"全进全出"。彻底被落实的"全进全出"方案对保持高效生产有重要价值。猪场规划设计时也应考虑保障"全进全出"管理的执行。

二、猪场选址

无论是新建项目还是改扩建项目，选好场址都是非常重要的一步。随着大众对环境保护的重视程度越来越高，猪场的选址除了考虑生物安全的因素外，更多地还受环保因素的影响。在猪场的选址和主要工艺选择时要充分了解当地政策，必须做到环保合规。《畜禽养殖业污染防治技术规范》（HJ/T 81）中对猪场选址的要求如下。

（1）禁止在下列区域内建设畜禽养殖场：生活饮用水水源保护区、风景名胜区、自然保护区的核心区及缓冲区；城市和城镇居民区，包括文教科研区、医疗区、商业区、工业区、游览区等人口集中地区；县级人民政府依法划定的禁养区域；国家或地方法律、法规规定需特殊保护的其他区域。

（2）新建、改建、扩建的畜禽养殖场选址应避开上述规定的禁建区域，在禁建区域附近建设的，应设在上述规定的禁建区域常年主导风向的下风向或侧风向处，场界与禁建区域边界的最小距离不得小于 500 m。

随着新的工具和软件的应用，现场踏勘时我们可以更方便地了解更多信息，比如，与周边村庄的距离、与周边的养殖场的距离等。这里介绍两个比较实用的相关工具。

1）GPS工具箱：它是安卓手机的应用，有如下功能：指南针，利用磁阻传感器进行方向识别，内置辐射探测功能；GPS测速，包含速度、里程、经纬度、海拔、超速警告；标记位置，记录当前GPS坐标位置；路线追踪，可以记录运行轨迹，显示轨迹长度；面积测量，记录运行轨迹，计算封闭轨迹面积；位置地图，可以在多种地图图层上显示当前位置，并进行简单测量。在猪场选址过程中可以实现以下功能。

a. 标记位置：记录场地经纬度信息。后续可以利用经纬度信息，在Google Earth、GoodyGIS等工具中找到待建场地位置，进一步获取待建场地的相关信息。操作时打开手机GPS信号，打开GPS工具箱，待显示已连接图标后，点击标记位置。

后续需要查看记录的信息的时候，点开主界面左上角的位置记录，就可以看到所有历史记录信息。这些信息也可以导出为KML文件，在Google Earth中可打开。

b. 现场粗略测量待选场地与周边村庄、养殖场的距离：打开手机GPS信号，打开GPS工具箱，待显示已连接图标后，点击位置地图，就会出现如图1.6所示的信息。点击右侧的直尺图标就可以测量距离，也可以在完成标记位置后，在位置记录中，点击在地图上查看，实现同样功能。

c. 测量待建场地面积：打开手机GPS信号，打开GPS工具箱，待显示已连接图标后，点击面积测量，然后沿地块边缘走一遍，就可以得到待建场地的面积信息。

2）GIS软件——谷地GoodyGIS（谷地地理信息系统）软件：得到相关场地的位置信息后，我们可以利用GPS工具箱做一下简单的测量，了解一些相关的信息，但大多数情况下，我们后续还需要利用GIS软件进一步了解场地情况。软件界面如图

图 1.6 "GPS 工具箱"界面

1.7 所示。谷地 GoodyGIS 软件可以实现以下一些功能。

a. 绘图和测量工具：可以在卫星图上绘制直线、多边形等，可以很方便地测量场地的面积和长度。

b. 地球截图：可以分块截取地块的卫星图片，并按照西安 80 坐标系拼接导出 CAD 文件，如图 1.8 所示，可以很方便地在 CAD 软件中参照卫星图进行布局绘制。分块截取拼接的图片也更清晰，可作为素材使用。

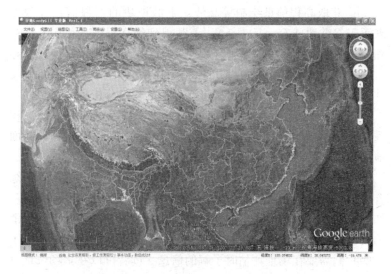

图 1.7　谷地 GoodyGIS 软件界面

图 1.8　GoodyGIS 软件导出的卫星图 CAD 文件

c. 获取高程信息绘制等高线：下载地块的高程信息（数据来源于谷歌地球 GoogleEarth），下载得到的高程数据可用 CASS、Mapgis 和 ARCGIS 等软件进行后期处理。可快速生成等高线，导出 kml 等高线文件，还可输出 AutoCAD 格式（dxf）的等高线文件。利用等高线文件我们可以进行场地的初步分析和规划。

　　d. 地形断面图生成：对直线、折线可按一定间距进行高程采集，并生成地形断面图，可以导出 CASS 格式（HDM）的断面地形数据文件。对于场地分析和道路规划很有帮助。

　　利用这些工具我们可以更方便地了解场地的一些情况，但综合评估一块场地是否适合建设猪场，需要了解的信息还有很多，如场地的地形地貌、周边的居民情况、养殖场情况、有无足够消纳粪污的土地、水源情况、交通和能源情况等。表 1.16 列出了一些我们需要在场址评估时了解的信息，读者可以在猪场选址时采用。

表 1.16　猪场选址评估表

猪场选址评估项目					
时间：　　年　　月　　日				评估人：	
联系人：　　　电话：					
地理位置	省/市/自治区	市	县	乡/镇	村
不适宜选址区域	是否旅游景区		是	否	
	是否自然保护区		是	否	
	是否水源保护区		是	否	
	是否环境公害污染严重的地区		是	否	
	是否法律、法规明确规定的禁养区		是	否	
	是否与其他重大项目规划有冲突		是	否	

续表

猪场选址评估项目

时间：　　　　年　　　　月　　　　日　　　　　　　评估人：

联系人：　　　　　　　　电话：

地形地貌	平原		大概坡度		落差		面积	
	缓坡		大概坡度		落差		面积	
	山地		大概坡度		落差		面积	
周围粪肥消纳土地	旱地面积		种植品种					
	水田面积		种植品种					
	荒地面积		种植品种					
	果树面积		种植品种					
	蔬菜面积		种植品种					
	鱼塘		养殖品种					
	其他							
土地价格								
土地所有	政府		集体		农民		个人	
土地性质	基本农田			面积				
	一般农田			面积				
	荒地			面积				
	林地			面积				
	是否公益生态林			面积				
	其他			面积				
与村庄的距离	东面	户数		居住人数		距离		
	南面	户数		居住人数		距离		
	西面	户数		居住人数		距离		
	北面	户数		居住人数		距离		

续表

猪场选址评估项目

时间：　　年　　月　　日　　　　　　评估人：

联系人：　　　　　　电话：

水源水质	地下水水质、水量				
	地表水水质、水量、来源				
	自来水供应量及管径				
交通	距离高速出口		高速名称		
	距离国道、省道		国道名称		
	距离县道		县道名称		
	距离乡道		乡道名称		
	距离新修道路				
气候条件	气候特点				
	年均气温	年降水量		水面蒸发量	
	极限高温	极限低温		陆面蒸发量	
	湿度	无霜期		常年太阳辐射量	
	主要灾害性天气				
	主风向				
地质灾害	是否在地震带				
	当地是否发生过泥石流				
供电情况	附近高压线等级			距离	

续表

猪场选址评估项目

时间：　　　年　　　月　　　日　　　　　　评估人：

联系人：　　　　　　电话：

附近能源	天然气				
	煤				
周围畜牧场	养猪场	规模		距离	
	养牛场	规模		距离	
	养羊场	规模		距离	
	养鸡场	规模		距离	
周围其他污染源	大型屠宰场			距离	
	垃圾场			距离	
	污水处理厂			距离	
	皮革加工厂			距离	
	死猪处理场			距离	
	大型化工厂			距离	
洪涝灾害因素	历史最高水位		年份	行洪水位	
	是否低洼地、沼泽地				
	是否发生过内涝				
	是否在山洪路线上				
地下水储量情况					
历史干旱情况	有记录的最近3次干旱时间及情况：				

猪场选址评估项目

| 时间： | 年 | 月 | 日 | 评估人： |

| 联系人： | | 电话： | | |

选址范围地表建筑构筑物	高压线	
	通信电缆	
	油气管道	
	民居数量	
	坟墓数量	
	其他	
通信信号情况		
网络情况		
地表特征（如土壤、岩石等）		

第三节　猪场规划布局与工艺设计

　　猪场的总体布局应该兼顾近期和远期规划，综合考虑生产效率和生物安全。猪场一般可以分为生活区、生产区、粪污处理区。在布局时应尽量将生活区布置在上风向位置，粪污处理区布置在下风向、地势较低的位置。场区规划要着重考虑猪只、人员、物品、饲料、粪污的流向，确定不同生物安全区的界线（一般生产区为高生物安全级别区，生活区和粪污处理区为生物安全控制区，场区外部为低生物安全级别区），界线要标示明显，并且上述的流向在通过不同生物安全级别区之间的界线时应做相应的处理。例如，进入生产区人员需要洗澡，物品需要熏蒸消毒；

外部拉猪车辆只能待在低生物安全级别区，不能进入生物安全控制区，等等。

一、生物安全

基于生物安全方面的考虑，设施设备方面首先是考虑拉猪车辆的安全，很多现代化猪场已经开始建设车辆洗消中心。洗消中心一般设置在多个场区之间的位置，以兼顾多个场区使用。设置时要满足以下两点要求。

（1）进口和出口要分别设置，最好进口和出口有不同道路，进出车辆不能交叉，净污区有分隔，车辆进出有导向指示。

（2）场地地势要便于排水干燥，停车的地方最好设置得有坡度，便于车辆排水干燥。

现在也有很多洗消中心还增加了车辆干燥车间，以便快速彻底干燥车辆。

二、猪场的栏位计算

现代化的养猪生产实际上是批次生产，一般情况下是按周批次生产。合理的栏位设计对保持生产的连续性、均衡性非常重要。猪场栏位设计以分娩舍为核心，因为分娩舍的成本最高，同时每周断奶仔猪数决定了下游保育舍和育肥舍的规模。设计必须充分考虑到每一个影响栏位数量的生产参数，如后备猪发情率、配种分娩率、产仔数、成活率等；也要考虑季节对生产的影响，如夏季配种分娩率低、后备母猪发情率低，每个配种批次就需要额外多10%的后备母猪，相对应的后备母猪大栏和限位栏就需要多10%。设计过程中要充分了解生产流程，如后备引进频次，进群日龄、诱情方式等。

三、猪舍供料系统

猪舍的供料系统大体可以分为干料系统和液态料系统两类。干料系统主要有绞龙系统、塞链系统。下面分别做简要介绍。

（一）绞龙系统

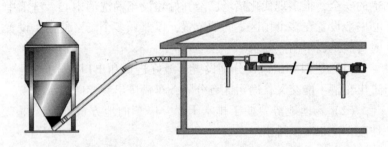

图 1.9 绞龙输料系统示意图

图 1.9 是绞龙输料系统的示意图，绞龙输料系统的主要组成部件有绞龙、输料管、马达、限位开关、末端传感器和下料管等。绞龙输料系统的核心部件绞龙往往为碳钢材料，管道为高强度耐磨 PVC 材料，市场上常见绞龙系统的管道直径、输送距离和每小时输送量见表 1.17。

表 1.17 常见绞龙系统输送能力

绞龙直径（mm）	55	75	90	125
输送距离（m）	75	60	45	45
每小时输送量（kg/h）	400~500	1200~1400	2500~2800	4000~5000

绞龙系统每天运行时间不宜超过 4 小时，如果饲养育肥猪，按最大日采食量 3 kg 计，55 mm 的绞龙系统饲喂头数在 600~700 头，而 75 mm 的可以供应 1500~1600 头。育肥舍长度在 60 m 以内的，绞龙不需要搭接延长；如果超过 60 m，则需要将多个绞

龙马达搭接在一起。绞龙系统的自动启动和关闭，主要依靠安装在末端下料管的传感器进行自动控制。使用绞龙系统给保育舍和育肥舍供料时，因保育猪和育肥猪需要自由采食，供料系统需要随时启动（末端传感器发出，末端料管空的红外线感应信号），要求传感器必须安装在末端猪栏，且末端猪栏必须有猪，下料管在料槽内调整尽量低，以确保供料系统可以在 24 小时内多次启动，末端猪栏之前的猪栏获得更多机会补充饲料至料槽。绞龙系统的稳定性非常重要，绞龙系统的核心部件绞龙和输送管道必须耐磨、寿命长、不易断裂。马达需要在猪舍湿度大的环境下长期运行，电机质量非常关键；且为了马达和绞龙的安全，当输料管道或下料管道堵塞，造成马达负载加重时，绞龙需自动停止，因此，马达必须连接绞龙端，且安装高质量的限位开关。

（二）塞链系统

塞链系统主要用于配方单一、猪群数量多的分娩舍或妊娠舍。相对而言，规模大的猪舍，使用塞链系统的成本低于绞龙系统，但塞链系统组成复杂，维护难度大；规模小的猪舍一般采用绞龙系统，绞龙系统组成简单，维护方便，且成本低。图 1.10 为使用塞链供料系统的妊娠舍。

图 1.10　使用塞链供料系统的妊娠舍

塞链系统主要由如下部件组成：驱动器、塞链、输料管、转角、末端传感器和控制器。驱动器是整个输送系统的核心部件，质量非常关键。塞链的链条有钢扣和钢丝绳两种，相对而言，钢扣的长度不会变长，更稳定些；链盘的耐磨性比较关键；输料管一般为钢管。转角要求残存饲料少，尤其带有自清理功能的转角，有助于提高系统的稳定性。末端传感器的稳定性，控制器的稳定性以及控制程序的实用性，也是系统稳定、高效的关键。目前市场上主要有管道外径 50 mm 和 60 mm 的塞链系统，二者输送量分别为 700~900 kg/h、1000~1600 kg/h。鉴于驱动器质量差异比较大，市场上塞链系统的最大输送距离差异也比较大，在 300~700 m。与绞龙系统末端传感器装在末端下料管不同，塞链系统的末端传感器一般装在透明管外。这种设计，传感器通过探测透明管内有无饲料的红外线感应信号，可以确保末端喂料器或猪栏没有猪时系统仍可以被传感器自动控制，非常方便单头猪一个喂料器的分娩舍或妊娠舍的饲养管理。可以看出，塞链系统是较为智能的饲喂系统，自动化程度要高于绞龙系统，对于规模大的猪舍，投资成本也低于绞龙系统，但塞链系统组成更复杂，对于管理和维护要求也较高。

（三）液态料系统

液态料系统之前在国内的应用比例不高，但近期有许多项目开始使用。英国"肉类与家畜委员会"（MLC）2004 年曾做过一个关于育肥猪生长阶段液态饲料和干料饲养的对比试验，试验结果表明，采用同一营养级别的液态料饲喂的育肥猪较干料饲喂的育肥猪，生长速度更快，全程的料重比可下降 0.2 左右。这一试验结果也在国内一些高校和饲料企业的研究中得到了证实。众所周知，饲料成本在养猪成本所占比重达 70%，国内某知名养猪企业在 2014 年饲料行情下做过测算，全程料重比每下降 0.1，每千克的出栏成本将降低 0.36~0.4 元。根据 MLC 的试验结果推算，采用液态料养猪将给养猪场带来每千克 0.7 元以上的额外收益，以一个年出栏 10 万头商品猪的猪场为例，假定平均出栏重为 110 千克，那么全年全场饲料成本将节省 770 万元以上。虽然液态料系统在欧洲已经长期地广泛应用，但是目前我国养猪场应用液态料系统的比例还比较低，这很大程度上还是因为对液态料系统的认识不足。

（1）猪场液态料系统基本原理：猪场液态料系统由料塔、清水罐、混合罐、回水罐、混合罐和回水罐称重传感器、输送泵、PVC 输送管道、气动下料阀等组成，通过电子计算机控制各个组成元件，精确调整饲喂量和饲料种类。液态料系统的原理很简单，就是利用水输送饲料。

具体的饲喂流程：在电子计算机中设置猪只类型、数量，饲料配方，猪只饲喂曲线，料水比，饲料饲喂次数等数据；电子计算机根据这些数据计算出每个循环的每次用水量和干料量；每次饲喂时先将水打入混合罐，然后再将饲料或原料打入，充分混合搅拌；混合均匀的液态料由输送泵泵出，经 PVC 管道送到各个下料阀，每个阀门的下料量由混合罐的称重系统传输至电子计算机控制系统控制。饲喂流程也可根据猪场的具体需求来调整，控制软件的灵活性非常关键。液态料系统本身的适用性比较强，对于各阶段猪只均适用。

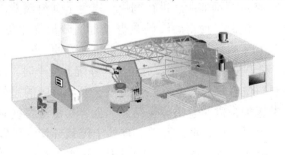

图 1.11 猪场液态料系统示意图

（2）猪场液态料系统的优点：

1）适口性好，采食量高，生长速度快，饲料转换效率高。2004 年英国 MLC 做的育肥猪干料和液态料饲喂的对比试验表明了这一点，液态料在日增重和料重比方面均有明显的优势，主要是因为液态料是流体的，更容易被猪只接受，加快了采食速度，提高了消化吸收利用率。

2）可以利用食品业或工业副产物，既能显著降低饲料成本，又能帮助附近的工厂或食品厂解决污染物处理的难题。

3）饲料原料多样化。饲料原料可以是干的，也可以是湿的或液态的，比如液态发酵饲料的应用。品质稳定的食品业、工业副产品都是很好的饲料原料，但是如果采用干料系统就很难利用这些产品。液态料系统极大地丰富了原料的多样化，在降低饲料成本方面具有很大优势，这是液态料系统最核心的优势之一。

4）粉尘小，猪舍环境好，呼吸系统疾病少。避免了干料系统喂料时产生大量粉尘对舍内空气质量的影响。

5）饲喂更精确，数据集中处理、汇总分析，结果更准确，成本更精准，决策更有效。电子计算机、手机可远程控制，管理、监督更高效。

液态料系统是真正意义上的由电子计算机控制的智能饲喂系统，可以严格按照饲喂曲线进行饲喂，避免了饲料浪费。数据可以自动记录、汇总，使得后续的数据处理、分析优化更加方便。电子计算机和手机的操控、管理、监督更加方便。

6）有利于控制饲料霉变：对于干料系统，夏季时，高温高湿地区的下料口位置很容易受潮发生霉变；寒冷地区的室外饲料温度很低，输送到舍内时管道容易结露，也容易出现霉变现象。液态料系统管道内一直有水，管道一直处于厌氧环境，可以有效控制霉变。寒冷地区液态料系统可以采用温热水，避免管道结露的同时也减少了猪的能量损失，减少了由低温饲料带来的腹泻问题。

7）安装灵活，可以适配各种布局的猪场：液态料系统采用饲喂泵输送，管道的设置较干料系统灵活很多，管道的角度、方位都可以灵活布置，距离较远的猪舍还可以通过中转罐接力输送。

（3）猪场液态料系统注意事项：

1）发酵情况的控制：正常情况下，饲料遇水即会发酵。发酵的菌群一般包含乳酸菌、酵母菌、沙门杆菌、霉菌，通常情况下乳酸菌含量占有优势，乳酸菌是有益菌，含量即使达到200 mmol 也不会影响饲料的适口性。但是在低温情况下，特别是使用酿酒副产物时，酵母菌发酵反而会占优势。酵母菌发酵会使淀粉转变为乙醇和 CO_2，损失能量，降低营养价值，影响适口性。另外，短链脂肪酸如乙酸、有机胺对饲料的适口性影响也很大，要着重控制。

此外，混合罐、回水罐要无死角、无缝隙以避免存料。最好采用滚塑罐体，如图1.12所示，罐体整体无缝隙。需要配套的罐体冲洗系统。

2）保育育肥阶段应用液态料的注意事项：保育舍采用液态料系统相对问题会多一些，问题的关键在于保持料槽的清洁。建议采用带探头的食槽，少量多次饲喂，保育前10天最好采用干料人工饲喂。

图1.12 液态料滚塑混合罐

（4）育肥阶段的液态料饲喂方式：传统育肥栏是每栏15头左右，长宽比控制在 1.5~2.5。采用饲喂通槽饲喂，每个育肥猪的采食位宽 33~35cm；也可以采用通槽内设置感应探头的方式，每个采食位可以饲喂 8 头育肥猪。

（5）设备的选择与维护：选择液态料系统设备时，有几个关键部件需要注意。

图 1.13 大流量离心水泵

1）输送泵：许多液态料系统采用螺杆增压泵，这种泵压力大，可以泵到更远的猪舍（单个回路可达到 1000 m）。大流量离心水泵也被广泛采用，如图 1.13 所示，此输送泵速度快，流量大（单个回路 400 m）。螺杆泵后期维护费用高，根据喂料量和饲料的杂质多少，半年到一年要更换一次定子，大流量离心泵不存在这种情况。

2）操作软件：操作软件和控制器一定要有中文界面，如图 1.14 所示，方便人员操作，饲喂程序的软件设置应尽量灵活，方便实现各种饲喂方案。为方便监控管理，最好能够实现手机远程监管控制，如图 1.15 所示。

与养殖业发达的国家相比，我国的饲料成本相对较高。随着大家对猪场液态料系统认识的不断提高，以及越来越多良好的液

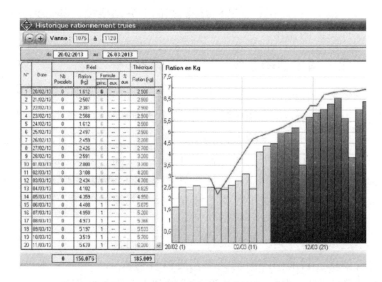

图1.14　液态料系统电脑操作界面

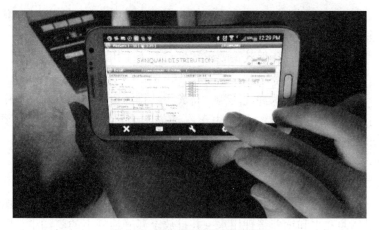

图1.15　液态料系统手机操作界面

态料系统示范项目的出现，相信会有更多的猪场选择使用液态料系统，希望液态料系统能够为提高我国的养猪成绩，降低饲养成本发挥更大的作用。

四、猪舍清粪系统

猪舍的清粪工艺是猪舍工艺设计的重要组成部分，是决定猪场能否高效运行的关键因素之一，猪舍清粪系统的选择非常关键。

艾奥瓦州立大学的 Jay Harmon 博士指出，好的猪舍清粪工艺要满足以下几点原则：保持舍内有清洁、干燥、防滑的地面；尽量避免动物和工人暴露在臭气和粪便挥发的刺激有毒气体中；尽量少用人工，尽量减少收集、储存、运输粪便的费用；遵循各级法规和政策。

遵从这些原则，我们来看一下目前国内常见的清粪工艺是否符合要求。目前国内的清粪工艺可以分为人工干清粪、水冲粪、水泡粪、深坑储粪、浅坑拔塞、机械刮粪。下面我们逐一讨论。

（一）人工干清粪

人工干清粪即人工收集粪便，有实心地面人工清扫运输、猪舍高抬人工室外清扫、猪厕所等多种方式。中小猪场使用广泛。

优势是符合环保政策要求。缺点是人工用量大。

（二）水冲粪

水冲粪即放水冲洗粪沟，将粪污从排污道清出。以前一些中小猪场使用该工艺，目前由于水冲粪用水量大，不符合环保要求，已很少采用。

优势是节省人工。缺点是用水量大，不符合环保要求。

（三）水泡粪

水泡粪是指在畜禽舍内的排粪沟中注入一定量的水，将粪、尿、冲洗水和饲养管理用水一并排放至漏缝地板下的粪沟中，贮存一定时间，待粪沟填满后，打开出口，将沟中的粪水排出。目前欧美国家猪场的消毒仍以水泡粪工艺为主，我国也有许多规模化猪场采用了水泡粪工艺。

（四）深坑储粪

目前美国大量猪舍采用深坑储粪的形式，粪沟深 2~3 m，粪便储存在地沟内，每年通过泵抽 1~2 次。深坑储粪猪舍由于猪粪长时间存储在舍内，发酵后产生有害气体，舍内的空气质量难以控制，近年来还出现了几起爆炸事故。目前除较少情况下，不建议采用深坑储粪的方式。

（五）浅坑拔塞

浅坑拔塞的地沟一般深 60~90 cm。地沟的布置形式有多种。这里挑几种常见形式做一下说明。

丹麦弗高农业技术有限公司是猪舍排污系统设计方面很知名的一家企业，他们建议将排粪塞设置在地沟中部，采用平底地沟的方式，

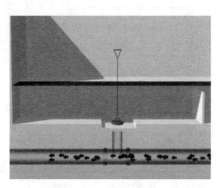

图 1.16　中部拔塞地沟

拔塞时形成虹吸效应，地沟内形成湍流，搅动地沟内的粪便使其排入管道内，如图 1.16 所示。但是如果地沟的面积或长度过大，这种方式难以形成有效搅动，会出现分层排不干净的情况，所以弗高公司给出了不同排粪塞可负担的地沟面积和相应地沟长度的建议值（表 1.18）。

表 1.18　排粪塞直径对应的地沟面积及地沟长度

排粪塞直径（mm）	地沟面积（m²）	地沟长度（m）
315	10~35	12
250	5~25	10
200	0~10	5

美式的浅坑水泡粪的设计则一般将粪塞设置在端部，采用平底地沟的方式。粪塞设置在一端或者两端都设置，一般地沟长度不超过 18 m，也有发卡式地沟的形式，两条地沟的粪塞都设置在一端，两条地沟的另一端相连通，如图 1.17 所示。一般情况下，两端设置粪塞或者发卡式地沟的形式优于一端设置的形式，在运行过程中一次拔一端的粪塞，可以避免粪便在一端长期沉积。

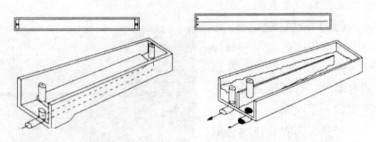

图 1.17　端部拔塞地沟（左侧粪塞设置在两端，右侧为发卡式地沟）

对于公猪舍、配种妊娠舍这类不需要彻底清空、没有地沟彻底冲洗需求的猪舍，采用两端拔塞或者发卡式地沟是一种很好的选择；而像分娩舍、保育舍、育肥舍这种需要定期彻底清空、彻底冲洗地沟的猪舍，以上这几种平底的粪沟都存在拔塞后粪便残留、冲洗不便的情况，尤其是分娩舍和保育舍，地沟冲洗频率较高，提高地沟的冲洗效率就比较关键。法国在设计分娩舍、保育舍地沟时会采用

图 1.18　带坡度的分娩舍地沟

图 1.18 所示带有明显坡度的方式，以提高冲洗效率。

浅坑拔塞式地沟一般 2~3 周拔塞一次，以保证舍内空气质量。平底地沟一般需要在地沟内加入 2.5~10 cm 高的水，以控制有害气体的挥发。这是由于粪便有害气体挥发主要有两个来源，一是粪便储存在室内发酵分解挥发产生有害气体，二是在平的或坡度很小的地沟表面，尿液更易挥发。氨气的水溶性很好，所以增加一些水可以有效地减少挥发。浅坑水泡粪的排污管道系统设置时应注意设置通气管，以稳定排污管内气压，避免出现其他粪塞被顶开或者排放不畅等现象。

设计合理的浅坑拔塞水泡粪舍内空气质量好，人工用量少，投资运行费用相对较低，是一种比较合理的猪舍清粪方式，但是目前环保部门的相关规范明确指出，新建、改建、扩建的畜禽养殖场宜采用干清粪工艺。采用水冲粪、水泡粪清粪工艺的养殖场，应逐步改为干清粪工艺。水泡粪工艺的使用在很多地区受到限制，无法通过环评，所以近年来的规模化猪场项目更多地开始考虑采用机械刮粪的方式。

（六）机械刮粪

机械刮粪是采用电力驱动刮粪板，每天运行多次以清空地沟的清粪方式。机械刮粪所用刮板可以分为平刮板和"V"形刮板两种（图 1.19~图 1.25）。平刮板相对工艺简单，将粪尿一起刮出舍外，舍内没有实现干湿分离，需要后续增加干湿分离设备，由于地沟坡度不大，尿液容易挥发，相对空气质量较差。目前国内的机械刮粪设备还是以"V"形刮板为主。

"V"形刮板在舍内可以实现干湿分离，尿液利用坡度可以较快排出，挥发相对较小，但是相对平刮板而言施工精度要求高，地沟沟底如果精度不理想会影响后续的刮粪效果，增加故障率。所以采用机械刮粪板尤其是"V"形刮板的猪舍一定要注意地沟的施工质量。法国的一些猪场为了保证地沟沟底的精度有采

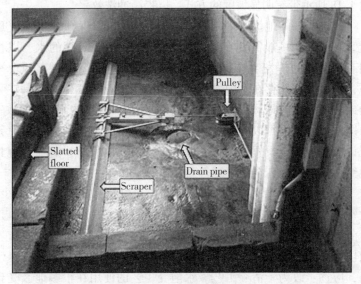

图 1.19 平刮板

图 1.20 日式 "V" 形刮板

用混凝土预制件的方式，目前在国内有些项目也开始采用。

图 1.21　法式"V"形刮板

图 1.22　法式"V"形刮板刮粪模式示意图

　　刮粪板投资较大，运行维护费用较高，采用刮粪板的主要原因是环保政策和后续粪污处理工艺的要求。运行良好的刮粪板对舍内的空气质量有一定的改善作用，但需要保证刮粪地沟的密闭。很多采用刮粪板的猪舍冬季通风会出现问题，空气质量甚至比水泡粪猪舍差，就是由于猪舍的气密性遭到了破坏，我们可以在刮粪机端部采用盖板的方式，粪便刮出时顶开盖板，粪便刮出后自动盖下，保障猪舍的气密性。

　　电机、滑轮等需要日常维护保养的刮粪板设备也尽量设置在

图 1.23 混凝土预制沟底

图 1.24 刮粪地沟盖板

舍外或易于人员操作的位置，以降低维护保养的难度。

猪舍清粪工艺的选择对于猪场的规划设计，后续的运行管理都有较大影响，目前新建项目多采用机械刮粪板或者浅坑水泡粪的方式，在设计和设备选择时需注意书中提到的要点。

图 1.25 舍外设置的刮粪电机和滑轮

五、猪舍栏位、喂食器与饮水系统

猪舍的栏位、喂食器和饮水系统在不同类型的猪舍差异很大，要针对猪只的不同生长阶段和饲养模式有针对性地设计，如果深入展开则内容过多，下面只挑选这三类设备中的几个要点进行讨论。

（一）猪舍栏位

设备投资中猪舍的栏位占很大比例。栏位系统的设计和选择非常关键，要基于猪只的体型尺寸和行为特点有针对性地进行设计，不良的设计会影响猪的行为，进而影响生产成绩。以育肥舍为例，依据习性猪会在一个固定的躺卧区休息，在固定的排泄区排便，所以要考虑育肥舍栏位布局的三个功能区域——躺卧区、采食区、排泄区，要使三个区域在不同的地方。如果在密集饲养模式下通过栏位设计能够满足这些要求，满足猪的行为特点，猪的各项性能都会提高，诸如咬尾之类的问题也会大大减少。

要满足分区首先要保证猪舍的长宽比，合理的长宽比应保持在 1.5~2.5，大栏可适当放宽。躺卧区要能够提供足够的、不被打扰的空间，这就是说应该尽可能地使猪不必穿过躺卧区进入其他区域。所以饲喂器应该放在躺卧区和排泄区之间。图 1.26 中的箭头表示猪从一个区域到另一个区域的路径，可以看到这种方式对躺卧区的猪影响最小。

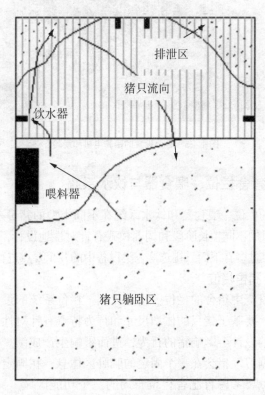

图 1.26　育肥猪栏位建议布局

（二）喂食器

饲料成本占保育育肥阶段养猪成本的 70%以上，喂料器对于生产成本的影响很大。喂料器是最值得投资的设备，选择什么样的喂料器，喂料器可以满足多少头猪采食是我们面临的关键问题。理想情况下，一个采食位的宽度应该是猪只肩宽的1.1倍，采食位宽度为6.7×体重千克数×0.333（cm），如果出栏体重为120 kg，育肥猪采食位宽度应为33 cm，采食位进深25~30 cm，采食位边缘高度10~15 cm。采食位之间应安装有效格挡，可以减少打斗，减少饲料浪费，所以目前多建议采用图1.27所示喂料器。

图1.27　多采食位育肥猪喂料器（有格挡）

每个采食位可满足12头育肥猪，但要注意如果采用粉料，最好使用干湿喂料器以提高采食速度，采用颗粒料时可不采用干湿喂料器。采用粉料，如采用干料器，每个采食位可负责8头育肥猪。使用干湿喂料器时，要注意干湿喂料器的供水水压应较饮水器要低，干湿喂料器的供水水压为70 kPa，饮水器供水水压为140 kPa。

（三）饮水系统

以往猪场多采用乳头式或鸭嘴式饮水器，近年来考虑到节水和减轻后续粪污处理压力，很多项目保育育肥阶段开始采用饮水盘和饮水碗。饮水盘是水位计配合水盘使用，水在盘内保持一定高度，易于观察是否有水，不用逐个检查饮水器，且节水效果好，已经在越来越多的新建项目中得到应用。限位栏母猪目前也多采用水位计供水的方式（图1.28，表1.19）。

图1.28　采用水位计供水的妊娠舍

表1.19　不同类型猪只的日需水量及饮水器最小流速要求

猪只类型	日需水量（L）	饮水器最小流速（L/分）
刚断奶仔猪	1~1.5	0.3
20 kg以内的猪	1.5~2	0.5~1
20~40 kg的猪	2~5	1~1.5
100 kg以内的猪	5~6	1~1.5
妊娠母猪	5~8	2
分娩母猪	15~30	2
公猪	5~8	2

饮水水温是一个容易被忽略的指标，建议饮水水温在 18~25 ℃，水温过低会使猪产生冷应激，进而引发疾病，尤其是在环境控制较差的猪舍。水温偏高也会出现问题，猪只饮用温度偏高的水时，饮水量就会减少，进而影响采食量，最终影响到猪的生产成绩。

六、猪舍环境控制系统

猪舍环境控制系统可以保证猪舍温度、湿度适宜有效降低有害气体浓度，是为猪只提供良好生长环境，保障生产成绩的关键设施设备。

隧道式通风（tunnel ventilation）被普遍应用于现在的配种妊娠舍和育肥舍，是一种很流行的通风模式。这种通风模式（图 1.29）是在猪舍一侧安装风机，另一侧开墙体，设置进风口（很多畜禽舍会在进风口的位置安装湿帘），风机开启后舍内形成负压，从进风口到风机的空间内产生风速。该通风模式的主要特点是可以在舍内产生持续风速，夏季时依靠增加风速加快猪只的散热。

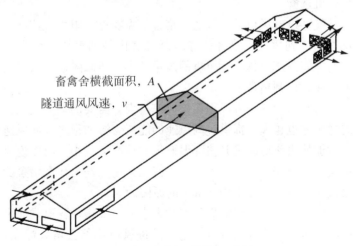

图 1.29 隧道式通风模式示意图

（一）隧道式通风的原理

隧道式通风的出现是因为美国东南地区夏季没有足够的自然风来降温，隧道式通风的目的是夏季时人为提供足够的风来降温。所以风速是隧道式通风设计时最关键的设计指标，计算风量时一般按照设计风速 2 m/s 来计算，通风量等于设计风速乘以猪舍的横截面积。这也是为什么采用隧道式通风的猪舍应当吊顶，吊顶之后猪舍的通风横截面积会明显减少，需求的风量也会相应减少。

隧道式通风有一个明显的缺点，就是进入舍内的新风需要经过整个猪舍，在经过猪舍的过程中空气的温度会升高，空气质量会下降，所以靠近风机端的环境相对较差。夏季通风时如果升温幅度过高，会影响到靠近风机端的猪群，所以需要控制升温的幅度，一般的控制指标是风机端的空气温度比进风口的空气升温不超过2 ℃。可以针对猪舍的具体保温情况和猪群情况进行试算，也可按照每小时换气 100 次这个指标进行控制。隧道式通风猪舍设计时要在换气率控制的通风量和风速控制的通风量中选较大值进行风机选配。

空气穿过进风口，空气通过猪舍都需要克服阻力，这就意味着从进风口到风机，猪舍的静压差（舍内外的气压差）是逐渐增大的，而静压差越大，风机的风量越小，所以隧道式通风的猪舍需要注意控制猪舍的静压差。

压力与速度的平方成正比。风速越大，需要的动力越大，相应的静压差也越大，提供过高风速的能耗会增加很多，而风速越高，增加的风速对应提升猪降温效果的幅度会减小。所以说风速也不是越大越好，需要找到一个平衡点，这也是为什么猪舍隧道式通风风速指标一般采用 2 m/s 的原因。

进风口的大小会影响静压差的大小，一般猪舍隧道式通风进风口的风速不宜大于 2 m/s。过小的进风口不但会增大静压差，减小通风量，还有可能产生通风死角。由于猪舍的相关研究较少，图1.30为佐治亚大学对一栋12 m×152 m的隧道式通风鸡舍的风速测试结果，从测试结果中不难看出进风口过小对于通风量和风速分布的不利影响。

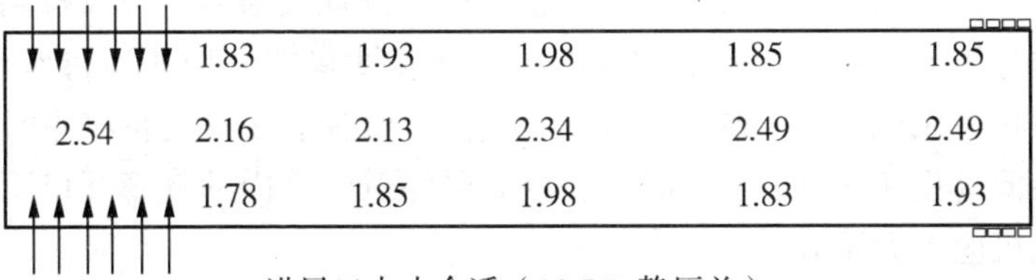

↓↓↓↓↓↓	1.83	1.93	1.98	1.85	1.85
2.54	2.16	2.13	2.34	2.49	2.49
↑↑↑↑↑↑	1.78	1.85	1.98	1.83	1.93

进风口大小合适（12.5 Pa静压差）

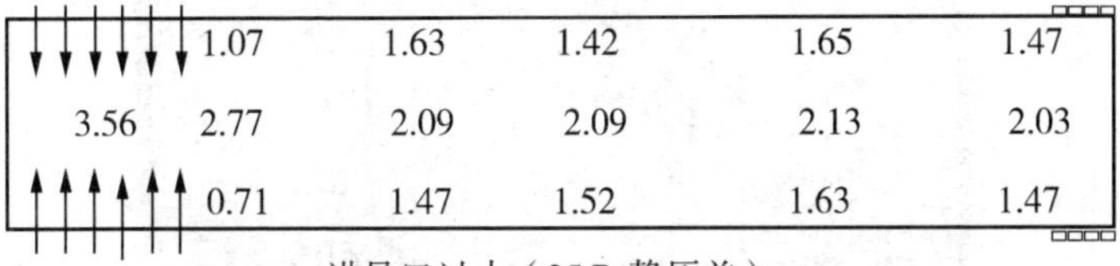

↓↓↓↓↓↓	1.07	1.63	1.42	1.65	1.47
3.56	2.77	2.09	2.09	2.13	2.03
↑↑↑↑↑↑	0.71	1.47	1.52	1.63	1.47

进见口过小（25 Pa静压差）

图1.30　某隧道式通风鸡舍不同进风口大小时的风速分布（m/s）

进风口位置安装的湿帘、纱窗等都会增大静压差。湿帘在选择时除了关注蒸发效率还要特别注意湿帘的压降数据，这样才能选配合适面积的湿帘。例如，某品牌150 mm厚的7090型湿帘，风速2 m/s时的压降超过50 Pa，这显然会大大增加静压差，减小风机通风量。我们建议湿帘的压降控制在15 Pa以内。

有些猪舍为了防止异物进入湿帘，会在湿帘外侧增加一层纱窗。这层纱窗会增加通风的阻力，阻力与线径、目数、气流速度、进风口的长宽比有关。实际使用中，纱网一般取湿帘面积的2~3倍，以减少对通风的影响。

空气穿过猪舍时也会有一些压力的沿程损失，造成静压差逐渐加大，这一部分压力同风速和猪舍内表面的光滑程度有关，一般情况占比不大，但猪舍建设时也应尽量保证内墙面和吊顶光滑。此外，风机、湿帘的维护保养对于维持隧道式通风猪舍较低的静压差也非常关键。脏的风机百叶甚至可以增加 12 Pa 的静压差。

　　静压差是一个很关键的监控指标，隧道式通风猪舍风机两侧的静压差尽量控制在 25 Pa 以内。低静压差带来低的运行费用。在猪舍风机一侧安装静压计是必要的，红油静压计的价格本身也很低（图 1.31）。安装时有一点需要注意，舍内的气管开口距离风机应不大于 6 m。

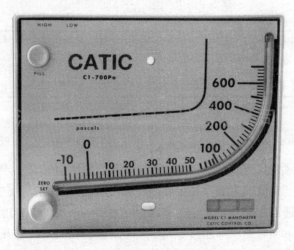

图 1.31　红油静压计

（二）隧道式通风风机的选择

　　了解过隧道式通风系统的运行机理后，会发现系统最关键的部件是风机，所需要的风量都是由风机提供的，所以选择优良的隧道式通风风机很关键。选择风机时，首先要求厂商提供第三方机构的通风性能检测报告，拿到报告后我们再对比 3 个性能指标：风量、能效、风量比，并考虑一些其他因素。

1. 风量

无湿帘时，一般按照 12 Pa 左右的通风量选配风机（采用湿帘时一般按照 25 Pa 左右）。比如一栋猪舍需要约 300 000 m³/h 风量，33 000 m³/h 风量的风机需要 9 台，38 000 m³/h 风量的风机则只需要 8 台。这很明显是个关键指标。

2. 能效

另一个关键指标是能效，能效是指每瓦功率可以产生多少风量。能效指标帮助使用者选出运行费用最低的风机。风机能效越高越省电。

3. 风量比

风量比是选购风机时最容易被忽略的指标，但是这个指标和风量、能效同样重要。我们都知道静压差增大，风机的风量会减少，但不同风机静压差增大对应的风量折减情况各不相同。衡量静压差增加时风量的折减情况可以使用风量比这个指标。指标的定义是风机 0.20 英寸（1 英寸约为 2.54 厘米）水柱（约 51 Pa）静压差风量比 0.05 英寸水柱（约 12.5 Pa）静压差下的风量。有一点很重要，高风量比的风机往往能效较差，高能效的风机往往风量比较低，需要找到一个平衡点。

美国佐治亚大学的相关资料有如下的指标供大家参考：选择风机时至少能效达到 32 m³/（h·w），风量比不小于 0.67。[实际上有能效 32 m³/（h·w），同时风量比超过 0.8 的风机]。

4. 风机结构

风机结构形式很多，很多结构的改善会体现在风机的性能改善上。风机驱动形式分为直驱和皮带驱动，直驱风机更方便清洗，减少了更换皮带的麻烦。风机百叶设置分为外侧百叶风机和内侧百叶风机。相对而言，内侧百叶风机更为合理，有以下几点原因：外侧百叶风机，风机的主要构件均暴露在舍内环境中，相对而言，腐蚀的可能性更大；内侧百叶相对外侧百叶更好清理；

外侧百叶风机冬季容易结露，会加快风机主要构件的腐蚀。镀锌板方形风机一般下部留有排水孔，但是排水孔本身又破坏了猪舍的气密性。

5. 风机的材质和配件要求

电机为知名品牌，防护等级 IP55 及以上，对于轴承可以单独要求品牌；外框、拢风筒为玻璃钢或可靠镀锌板、镀铝锌板等防腐耐久材质，结构强度可靠；扇叶为玻璃房、铸铝、不锈钢、尼龙等耐腐材料，结构强度可靠；结构构件、紧固件采用不锈钢或其他防腐耐久材质。

6. 价格

风机价格也是我们需要考量的重要因素。隧道式通风是目前在新建猪舍中使用最普遍的一种通风方式，但是相关的研究和介绍性资料还比较少。文中提出一些目前应用隧道式通风时应当注意的关键点，希望对隧道式通风的使用者有所帮助。

（三）冬季通风注意事项

隧道通风方式更多地是为了解决夏季降温的问题，在猪舍的空间内形成相对稳定的风速。但是实际生产过程中很多的通风问题却是发生在冬季，甚至一些现代化猪舍在冬季也会面临舍内空气质量不好、有贼风、湿度过大、温度不均等诸多问题。而这些问题很多是由于猪舍内没有形成合适的气流分布引起的。形成有效气流分布的关键在于冬季进风口的设置和管理，可以说进风口是冬季猪舍通风管理的关键。

（四）猪舍气流分布的概念

猪舍舍内的气流分布（又称为气流组织）是指合理地布置进风口和出风口，使新风由进风口进入舍内后与舍内空气充分混合、置换并进行湿热交换，均匀地消除舍内的余热和余湿，从而使舍内（尤其是猪只活动空间）形成均匀而稳定的温湿度、气流速度和洁净度。猪舍合适的气流分布要实现以下几点目标：在不同季节环境下为猪只提供所需新风；控制新风的方向和速度以实现充分混合；让所有猪只都获得新风，避免滞留区（通风死角）；尽量在猪只活动区域达到预想的温度和风速，避免贼风。

如果这些目标没有实现，猪舍内就会出现各种各样的通风问题，尤其在冬季，通风问题可能更为突出。

（五）猪舍常见通风问题

由于目前新建猪舍项目中采用负压通风、吊顶进风口的比例最大，下面的讨论也主要围绕这一类型的猪舍进行。该类猪舍气流分布不佳，出现通风问题主要有以下几点原因。

（1）静压差不足导致进风风速小，有死角，有贼风：图1.32表示的是较小静压差无法形成合适的气流速度，使新风没有和舍内空气有效混合就下降到猪的活动区，引起贼风、温度不均、通风死角等问题。

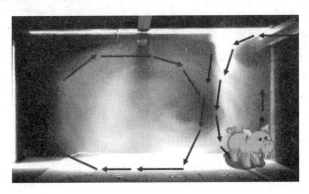

图1.32 较小静压差产生的气流分布

猪舍进风口理想的进风风速是4~5 m/s。要保证这一风速，就要有合适的静压差。图1.33表示的是合适的静压差所产生的气流分布。一般情况下进风口的静压差在10 Pa时风速可以达到约4 m/s。

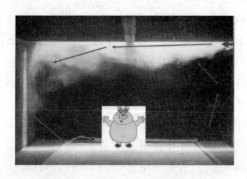

图 1.33　合适静压差产生的气流分布

我们以一个分娩舍单元为例，1 个单元 34 头分娩母猪，该单元冬季最小通风量为 34（m³/h）×34＝1156（m³/h）。按进风口风速 4 m/s，1156（m³/h）÷4（m/s）÷3600（s/h）＝0.08（m²）。我们只需要 0.08 m² 的进风口面积。这是一个非常小的数字，要知道一张 A4 纸的面积是 0.62 m²。可这个数字还包含了没封闭好的大风机百叶、没封闭好的导流板、没封闭好的门窗等计划外进风口的面积。气流分布有问题更多的是因为进风口太大，猪舍气密性不佳，难以形成有效风速（合适的静压差）。因此猪舍交付验收和日常检查时要把气密性的检测和保持作为一项主要工作。

猪舍检查验收时可以利用发烟设备、红外线成像仪等设备检查漏风处，及时进行补漏。也可开启 1 台大风机，测试舍内外静压差来简单评估猪舍气密性情况，静压差越大，猪舍气密性越好。

对冬季不开启的大风机要采用塑料布、密封板等方式进行密封以减少漏气。一台没有封闭的 36 风机的百叶可以漏掉超过 400 m³/h 的风量。有导流板或卷帘的猪舍要特别注意气密性检查。以卷帘为例，要求无凹陷、无裂缝，四周有可靠封边，发现孔洞要及时修补，钢丝绳要张紧，避免褶皱引起漏风。

（2）进风口出现结露：结露的出现一般有以下几种原因。

风机间歇运行时，自动控制的进风口的开闭速度不够快（应控制在 5 秒以内），导致舍内热空气溢出，引起结露。有些进风口调节设置不合理，存在安装密封不严，控制精度低，行程不一致，开口过大等问题，导致舍内热空气溢出引起结露。吊顶进风口本身的保温性能过差，与舍内热空气接触引起结露。

在北方地区，出现结露情况很可能会引起进风口结冰冻住，严重影响通风效果。如果吊顶采用玻璃棉毡保温还会影响吊顶的保温性能。为了避免这些情况出现，尤其在北方地区，应该尽量避免风机间歇运行，进风口选择保温性能较好的型号，并注意调节控制、日常检查。如果出现结露问题，应及时咨询专业工程师确定问题原因，制订解决方案。

（3）檐口进气口面积不足：檐口进气口面积足够，才能保证吊顶进风口合适的气流分布。如果檐口进气口不足，会额外增加静压，这会导致风机风量减少，影响吊顶进风口的运行（图 1.34）。为了保证足够的檐口进气口，一般用通过吊顶进风口进风的最大总风量除以 1.5~2 m/s 的风速确定檐口进气口面积。以一个 100 头存栏育肥猪舍为例，每头猪最大 60 m^3/h 风量，通过吊顶进风口通风（春秋季节通风量），总风量 60 000 m^3/h。60 000 （m^3/h）÷ 1.5 （m/s）÷ 3 600 （s/h）= 11.11 （m^2）。如果猪舍长 30 m，两侧墙设置两道檐口进气口，则檐口进气口宽度为 11.1 （m^2）÷ 30 （m）÷ 2 = 0.19 （m）。

为了平衡阁楼气压屋脊通风口是必需的，但是尽可能在计算檐口进气口时，不要把屋脊进风口计入。如果在你的猪舍上没有檐口，可以考虑让新风从山墙进入阁楼，山墙开口要带防风罩，面积计算方法也一样。

檐口进气口位置应设置不大于 2 cm 孔洞的防鸟网。有一点需要注意，不建议在檐口进风口位置设置纱窗、防虫网，作为阻尼网，它们大大增加了进风的阻力，而且还容易因为杨絮、柳絮等异物引起堵塞，影响猪舍的通风效果。

图1.34　猪舍檐口进风口

（六）常见猪舍进风口类型和布置

合理地选择、布置、控制进风口非常重要，是实现良好气流分布的关键因素，可以有效避免上文所述的一些通风问题。

现在市场上有很多不同类型的进风口可供选择。目前国内常用的是无驱动的四开口、两开口的进风小窗和有驱动的单开口、双开口的进风小窗。

进风口可以根据猪舍大小和形状来布置。冬季进风口的布置和管理，应该以让进风气流吹得尽量

图1.35　无驱动四开口进风小窗

远，覆盖猪舍的所有区域为目标。进风气流能吹多远（射程）实际上同新风温度、舍内温度、进风口的尺寸和类型、风口距离吊顶的距离等很多因素都有关系，计算相对复杂。例如，在进风口下部安装采暖翅管就可以有效增加射程。为了方便，有一个简单算法，静压差每增加 2.5 Pa，气流可以多吹 0.6 m。因此，如果系统运行在 10 Pa 静压差，进风风速 4 m/s，气流将吹 2.4 m。在 15 Pa 和 25 Pa 的静压差，则预计分别吹 3.6 m 和 6 m。

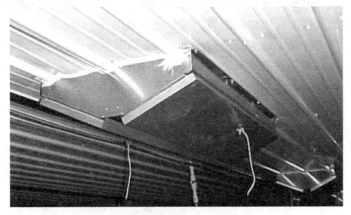

图 1.36　有驱动两开口进风小窗

　　举个例子，在 1 个 12.5 m 宽的猪舍中间走道设置一排有驱动两开口进风小窗，那就必须要达到 20 Pa 的静压差，才能让气流吹到侧墙，覆盖所有猪舍区域，并帮助在靠墙位置形成排粪区。如果系统运行在 10 Pa 静压差下，新风可能在围栏中部就落到了猪活动区。这就会出现通风问题。

　　因此，考虑进风口布局时我们通过这种类型的进风口运行时可以实现的静压差，来确定进风口之间的间距。图 1.35 所示的无驱动四开口进风小窗，因为没有驱动调节，没有配重，很难在小通风量时形成较大静压差。我们布置这种进风口时，只能按照每个进风口最大覆盖面积 6 m×6 m。而图 1.36 所示的有驱动两开口进风小窗因为可以通过驱动有效调节进风口的开口大小，可以实现较大静压差，布置这种进风小窗可按照每个进风口最大覆盖面积 12 m×8.5 m。

此外，为了保持有效气流分布，不要在吊顶板或靠近吊顶的位置挂任何会影响气流的东西。电线管道、料线和水管道如果阻挡了气流，会使气流迅速下沉，形成贼风，阻碍空气充分混合。气流路径范围 2 m 内不应当存在阻挡物。采用平滑的吊顶板，可以增加气流向前流动的距离，覆盖更大范围。

当然，除了以上提到的进风小窗还有其他一些特殊的进风口类型，如多孔弥散式吊顶、织物透气风管、开孔通风管等。它们也有各自的适用范围和注意事项（图 1.37）。

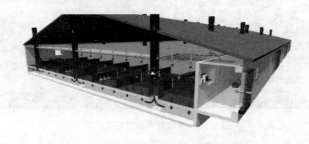

图 1.37　弥散式吊顶进风气流模式示意图

以弥散式吊顶为例，新风是从舍外进入走廊的（在走廊内可利用加热器进行预加热），然后通过走廊上部开口进入阁楼，阁楼整个空间作为静压箱，让阁楼内形成稳定的气压且风速很小，新风通过覆盖整个猪舍的多孔弥散式吊顶缓慢进入舍内，然后从地沟下通过烟囱风机排出舍外。这种气流分布的特点是可以把污染物压到下部，空气质量好，猪舍内的温度场和风速场也都均匀稳定。这种气流分布很适合北方寒冷地区，尤其是对热舒适性要求比较高的保育舍、分娩舍。

关于猪舍环境控制系统目前国内的研究还很少，在设计和运行阶段的问题还很多。文中指出的注意事项，希望对读者有所帮助，也希望在该领域有更多的研究工作。

七、猪舍照明系统

光环境是猪舍环境的重要组成部分，但是对于猪舍光环境进行系统研究的并不多，也没有比较可行的照明建议指标。书中对现有的一些资料做一个梳理，提供一个简单可行的建议指标。

猪舍装什么光源、装多少、装在哪儿，是猪场规划设计时会遇到的一个问题，尤其是随着行业的发展，大跨度全封闭猪舍越来越多，舍内的光照几乎完全由照明系统提供，合理的照明系统设计就显得愈发重要。

（一）猪舍光照指标

要回答上面这个问题我们就需要了解不同阶段猪对光照强度、光照时间的需求。目前有一些相关的标准（表1.20~表1.22）。

表1.20 美国农业生物工程学会标准建议猪舍光照指标

猪舍类型	光照强度（lx）	光照时间（h/d）	备注
配种舍/后备舍	>100	14~16	对发情很有必要
妊娠舍	>50	14~16	刺激发情
分娩舍	50~100	8	如果没烤灯，建议24小时有照明
保育舍	50	8	24小时有照明
育肥舍	50	8	—

备注：分娩和保育舍夜晚光照强度调低。

表1.21 加拿大服务计划建议猪舍光照指标

猪舍类型	光照强度（英尺烛光）	光照强度（lx）	光照时间（h/d）
配种舍	10~15	108~161	14~16
妊娠舍	>5	>54	14~16

猪舍类型	光照强度（英尺烛光）	光照强度（lx）	光照时间（h/d）
分娩舍	10~15	108~161	8
保育舍	5~10	54~108	8
育肥舍	5	54	8

备注：光照强度指的是地面上 40 cm 测量强度，下同。

表 1.22　Donald G. Levis 博士建议的猪舍光照指标

猪舍类型	光照强度（lx）	光照时间（h/d）
后备舍	270~300	10~12
配种妊娠舍	150~200	10~12
分娩舍	200	8~10

　　分娩舍、保育舍、育肥舍光照强度 110 lx。110 lx 为灯具计算采用的光照强度（未考虑利用系数），在猪眼部形成的有效光照强度也在 50~60 lx。对于保育育肥阶段而言，光照并不是一个重要指标，猪即使在黑暗中也能找到饲料，这个阶段的猪舍照明更多地是为了方便饲养人员巡视，能够及时发现病弱猪只，观察猪只表现判断舍内环境情况以便及时调整。对于刚断奶的猪，足够的光照也可以帮助它们及时找到水源。

　　对分娩阶段光照影响的研究也不多，有研究报道称 16 小时、400~500 lx 的高强度光照会增加母猪采食量、泌乳量，但似乎并没有形成共识，而且提供长时间高强度光照的能耗本身也不低。

　　光照对养猪生产的主要影响还是集中在后备、配种妊娠阶段。猪场的繁殖成绩是受季节性影响的，但是由于热环境和光环境的共同作用，我们很难单独评估光环境的影响。在自然环境下，春季和初夏日照时间增加，会抑制猪发情以避免在冬季分娩，但是在现代生产环境下，这一影响不易评估，许多早期研究也没有统一的结论。

针对后备猪，普遍的建议是 16 小时甚至更长时间的光照，加拿大也有研究表明在完全黑暗的环境下会延迟猪的发情，但是总的来讲光照的影响难以评估，表 1.23 是 Donald G. Levis 博士汇总的不同研究的结果。

表 1.23 不同诱情条件下后备猪的发情比例

研究编号	日照时间增加		日照时间减少	
	有公猪诱情[b]	无公猪诱情	有公猪诱情[b]	无公猪诱情
1	74.0	13.9	89.4	52.6
2	72.4（195）[a]	2.9（227）[a]	62.1（196）[a]	54.1（212）[a]
3	79.0（192）[a]	31.0（200）[a]	80.0（205）[a]	12.0（199）[a]

备注：a 括号内数字为平均发情日龄；b 开始公猪诱情的日龄是 165～173 天。

结合以上结论，Donald G. Levis 博士认为对于后备猪而言，相比 16～18 小时的光照，在 270～500 lx（冷白色荧光灯）的光照强度下 10～12 小时，并提供有效的公猪诱情（关键点）是更经济有效的方案。

针对光照与母猪断奶发情间隔的研究也有一些，但是并没有统一的结论。

总的来说，相对热环境而言，猪舍光环境对养猪生产的影响相对较小，对于繁殖性能有一定影响（后备、配种妊娠阶段），但是目前并没有很有说服力的研究结论。综合以上这些信息，本书也给出一个建议指标，供大家参考（表 1.24）。

表 1.24 建议猪舍光照指标

猪舍类型	光照强度（lx）	光照时间（h/d）
后备舍	270～300	10～12
妊娠舍	50～100	8～10
分娩舍	50～100	8～10

猪舍类型	光照强度 (lx)	光照时间 (h/d)
配种舍	150~200	10~12
保育舍	50	8
育肥舍	50	8

（二）猪舍照明设备选择与安装

了解过猪舍光照指标的情况后，还要进行灯具数量的计算和选择。以育肥舍为例，育肥舍尺寸为长 60 m，宽 12 m，总面积 720 m²，吊顶高 2.4 m；光照强度要求为 50 lx；利用系数为 0.5（利用系数与灯具，安装高度，顶棚、墙体、地面反射比均有关，建议选用 0.5，也可根据猪舍具体情况咨询照明工程师）；灯具总的光通量 = 面积 × 光照强度 ÷ 利用系数 = 720（m²）× 50（lx）÷ 0.5 = 72 000（lumens）。1 个 36 W 普通直管荧光灯（冷白光）的光通量是 2200 lumens，则大致需要 33 个。

（三）灯具类型的选择

目前猪舍灯具主要选用节能灯或 T8 型标准直管荧光灯，也已经有项目使用 LED 灯。无论是节能灯、直管荧光灯或者 LED 灯都最好配备可靠的三防灯罩（防水、防尘、防腐）（图 1.38）。

图 1.38　常见三防灯罩

因使用三防灯罩不利于散热，可能会使部分灯具的使用寿命受到影响，因此在灯具选择时要注意甄选。

（四）灯具安装方式

多采用吸顶方式安装。母猪在限位栏饲养时，为保证母猪眼部光照强度，也有装在母猪头部上方的方式，如图 1.39 所示。

图 1.39　灯具装在限位栏前端

（五）常见猪舍照明系统问题与改进建议

现阶段很多猪场项目对于猪舍照明系统还不太重视，比较常见的问题有以下几点。

1. 光照强度不足

大跨度全封闭猪舍自然采光不足，且没有配备足够的照明设备。猪长时间得不到足够照明会影响后备猪发情、断奶母猪发情再配，昏暗的舍内环境也不利于饲养人员对猪群的观察，很多问题无法及时发现，此外也不符合动物福利的要求（英国有相关法律要求，无自然光照猪舍需提供不少于 40 lx，8 小时的光照）。根据猪舍情况合理选择光源，对原有照明系统进行改造。多数情况通过更换光源就可以解决。

2. 光照时长不足

很多猪舍虽然配备了相应的照明设备，但没有为猪提供足够的光照时长，这对后备猪发情，断奶母猪发情再配，分娩母猪采食、泌乳都有不利影响。参照本章建议指标对不同猪舍提供相应的光照时长，可以通过温控器或自动控制开关设定照明系统的开启、关闭时间，也可通过加强人员管理解决。

3. 灯具选择不合理

白炽灯由于节能性差，已经基本淘汰。目前猪舍中主要使用的节能灯和直管荧光灯都有较好的节能性，但大多数猪舍并没有配套合适的三防灯罩。由于猪舍环境相对较差，暴露在这样环境中的灯具使用寿命会缩短，而且不安全。因此灯具应选择品质可靠的三防灯。

现代化猪场的规划和建设是一个多学科交叉的领域，有很多问题还等待我们探索和研究。希望本章的内容对您有所启发。

第二章　猪的品种与育种技术

第一节　常见猪的品种及特性

随着世界各地的人们对猪的不断驯化和选育，逐渐形成了不同的类群和品种。中国是世界上养猪数量最多的国家，且拥有丰富的猪品种和遗传资源，是世界猪遗传资源的重要组成部分。据2011年5月出版的《中国畜禽遗传资源志·猪志》统计，我国已认定的地方猪品种有76个，培育猪品种18个，引入猪品种6个。外来猪种是指从国外引进的猪种。自19世纪以来，我国从国外引入的猪品种有十多个。其中，对我国猪种的改良影响较大的有大约克夏猪、长白猪、巴克夏猪、苏联白猪、皮特兰猪、杜洛克猪、汉普夏猪等。这些猪种中有的在我国经过纯种繁育和驯化，在外形和性能上发生了一定的变化，已成为我国猪种资源的一部分；有的则随着养猪生产的发展，由于不适应不断变化的市场需要，已被逐步淘汰，所剩无几。目前，在我国影响较大的外来猪种主要是大约克夏猪、长白猪和杜洛克猪，其次是皮特兰猪、巴克夏猪和汉普夏猪。

一、大约克夏猪

（一）产地及分布

大约克夏猪（Large Yorkshire）原产于英国北部的约克郡（Yorkshire）及其邻近地区。当地原有猪种体型较大，毛色白，其后以当地猪种为母本，引入中国广东猪种和本国含有中国猪种血统的茉塞斯特猪杂交育成，于1852年正式确定为新品种，称为约克夏猪。按其体型分大、中、小三型。分布最广的大约克夏猪因其体型大，全身被毛白色，又称为大白猪（Large White），是世界著名的瘦肉型猪种，在世界猪种中占有极其重要的地位。大约克夏猪引入我国后，经多年培育驯化，已经有了较好的适应性（图2.1、图2.2）。

图2.1　大约克夏公猪　　　　　图2.2　大约克夏母猪

（二）体型外貌

体重85~105 kg的大约克夏猪，体长80~102 cm，胸围88~125 cm。成年公猪体重250~300 kg，母猪体重230~250 kg。体型匀称，全身被毛白色，允许有少量黑斑。耳竖立；鼻直或微凹；肩胛宽；背腰平、宽、直；后躯丰满；四肢较高，肢蹄健壮；乳头数7对。

（三）生产性能

大约克夏母猪初情期在5月龄左右，8月龄体重达120 kg以上可以配种，但以 10 月龄 130 kg 以上体重配种为宜。产仔多，母性好，初产母猪平均产仔数 9~10 头，经产母猪平均产仔 10~12 头。在良好的饲养条件下，后备猪生长发育较迅速，5~6 月龄体重可达到 100 kg，100 kg 活体背膘厚 12 mm 以下，眼肌面积 37~47 cm^2，料重比 2.5。屠宰率 71%~74%，胴体瘦肉率 60%~65%。

（四）推广利用

大约克夏猪是我国引进的主要品种之一，经过驯化和选育，已基本适应了我国北方的寒冷气候和南方的温暖气候，目前已遍布全国各地。在猪三元杂交或四元杂交生产体系中，常用大约克夏猪做母本或第一父本，生产杂交二元母猪（大约克夏猪×长白猪，或长白猪×大约克夏猪）。也有用大约克夏猪做父本，与地方猪种杂交，在日增重等方面也取得了很好的杂交效果。

（五）选育方向

大约克夏猪以母系选育为主，着重产仔数、泌乳量、断奶仔猪数、断奶至发情的间隔、初情日龄、乳头数等繁殖性能以及生长速度等性状的选育。

二、长白猪

（一）产地及分布

长白猪（Landrace）原产于丹麦，又称兰德瑞斯猪。因其体躯较长，皮肤、被毛全白，在我国俗称长白猪，是我国引进的优良瘦肉型猪种之一。1887 年，丹麦人将当地的土种猪与大约克夏猪杂交，经过长期选育，于 1952 年基本达到选育目标，1961 年正式定为丹麦全国唯一的推广品种（图 2.3、图 2.4）。

图2.3　长白公猪　　　　　图2.4　长白母猪

（二）体型外貌

长白猪体躯长，体重达 85~105 kg 时，体长 82~105 cm，胸围 86~120 cm。被毛白色，允许有少量黑斑。外貌清秀，性情温和；头小颈轻；耳向前倾或下垂；鼻嘴狭长；颜面直；肩胛部较轻；背腰平直；后躯丰满；前轻后重，体躯流线型。乳头数7~8对。20 世纪 60 年代我国引入的长白猪体质纤弱，但经过长期的驯化和选育后，肢蹄变得坚实，四肢病显著减少。

（三）生产性能

长白猪母猪初情期在 6 月龄左右，10 月龄体重达 130~135 kg 时配种。初产母猪平均产仔 10 头，经产母猪平均产仔 11~13 头。成年公猪体重 250~350 kg，成年母猪体重 200~250 kg。对饲料营养水平要求较高，在良好饲养条件下，生长发育较快，5~6 月龄体重可达 100 kg 以上，料重比 2.4 以下。100 kg 体重活体背膘厚 13 mm 左右，眼肌面积 35~45 cm^2，屠宰率 69%~75%，胴体瘦肉率 65%左右。

（四）推广利用

长白猪具有繁殖性能高、生长快、饲料转化率高、瘦肉率高等特点。作为我国引进的主要品种之一，经过驯化和选育，适应性已得到很大提高。在猪三元杂交或四元杂交生产体系中，主要用长白猪作父本与大约克夏母猪杂交生产二元母猪。长白猪与我国地方猪如北京黑猪、荣昌猪、金华猪等杂交，杂交后代日增重（666 g）、瘦肉率（48%~50%）和饲料转化率（3.5~3.7）等指标均得到了显著提高。因此，在今后提高中国商品猪瘦肉率方面，长白猪将成为一个重要的父本品种。但是，长白猪也存在体质较弱、抗逆性较差、对饲养条件要求较高等缺点，在环境恶劣和较差的饲养条件下，与长白猪的杂交组合不能取得理想的杂交优势。因此，在今后的饲养过程中，保持品种优良特性的同时要着重培养其肢蹄结实性、适应性和遗传稳定性，选育具有中国特色的长白猪。

（五）选育方向

长白猪以母系选育为主，着重选育产仔数、泌乳量、断奶仔猪数、断奶至发情间隔、初情日龄等繁殖性状，兼顾生长速度、肢蹄等性状的选育。

三、杜洛克猪

（一）产地及分布

杜洛克猪（Duroc）原产于美国东北部，起源于新泽西州的新泽西红毛猪、纽约州的红毛杜洛克猪。1883 年，泽西红和杜洛克这两个种群正式合并为杜洛克-泽西猪，后被人简称为杜洛克猪，是世界著名的优良瘦肉型猪种之一（图 2.5）。

图 2.5　杜洛克公猪

（二）体型外貌

杜洛克猪全身被

毛颜色从金黄色到暗棕色深浅不一，其中樱桃红色比较受欢迎，允许皮肤上出现黑色斑点，但不允许有白毛。头中等大，嘴短直，耳中等大、略向前倾或半垂；背腰平直，腹线平直；体躯深广，肌肉丰满，后躯发达，四肢粗壮结实。乳头数 6 对左右。

（三）生产性能

母猪初情期 200 日龄，以 10 月龄、体重 140 kg 以上初配为宜。繁殖性能较差，平均窝产仔数 9 头左右。体型大，成年公猪体重 350 ～ 420 kg，成年母猪体重 300 ～ 380 kg。150～160 日龄可达 100 kg 体重，料重比 2.6，100 kg 体重活体背膘厚 9 ～ 11 mm，眼肌面积 42 cm^2，屠宰率 74%，胴体瘦肉率 65% 以上。

（四）推广利用

杜洛克猪适应性强，分布广，具有生长速度快、饲料利用率高、胴体瘦肉率高、肌内脂肪含量较高等特点，是我国引进的主要瘦肉型品种之一。在养猪生产中，其最大贡献是做商品猪的主要杂交亲本，尤其是用作杜（长×大×DLY）三元杂交的终端父本，或者四元杂交父系父本（皮杜、汉杜公猪），另外，也有导入适当血缘用于改良当地品种。

（五）选育方向

杜洛克猪以父系选育为主，着重生长速度、瘦肉率等性状的选育。

四、皮特兰猪

（一）产地及分布

皮特兰猪（Pietrain）原产于比利时的布拉特地区皮特兰村，1919—1920 年，用黑白斑本地猪与法国贝叶猪杂交，再与英国的泰姆沃斯猪（Tamworth）杂交选育而成，1955 年被欧洲各国普遍认可，成为最近十几年欧洲比较流行的猪种，我国于 20 世纪 80 年代开始引进皮特兰猪进行选育和杂交利用（图 2.6、图

2.7)。

图 2.6　皮特兰公猪　　　　　　图 2.7　皮特兰母猪

（二）体型外貌

皮特兰猪毛色灰白，有黑白斑点，有的杂有红毛。头颈部清秀，耳小、直立或略前倾。体躯短，背宽，脊沟明显，后腿肌肉特别发达，呈双肌臀。有效乳头数 6 对。

（三）生产性能

皮特兰母猪初情期 6 月龄、体重 80~85 kg。160 日龄体重达 100 kg，100 kg 体重活体背膘厚 9 mm 以下，料重比 2.5，眼肌面积 49 cm²，屠宰率 74%，胴体瘦肉率 70% 以上，是世界上胴体瘦肉率最高的猪种，在欧洲主要作为父系品种广为流行。但其肉色较差，肌内脂肪较少。

（四）推广利用

我国于 1994 年引进皮特兰猪，时间较短，分布少，数量也少。该猪在杂交体系中是很好的终端父本，能显著提高商品猪的瘦肉率。由于皮特兰猪 100 kg 体重之后生长速度减慢、耗料多、应激综合征发生频率高，在杂交利用时，最好与杜洛克猪或汉普夏猪杂交，以杂种一代公猪作为终端父本，这样既可利用其瘦肉率高的优点，又避免了 PSE 猪肉的出现。

（五）选育方向

皮特兰猪以父系选育为主，在保持高瘦肉率特点的基础上，着重生长速度、饲料转化率以及应激综合征等性状的选育。

五、巴克夏猪

（一）产地及分布

巴克夏猪（Berkshire）原产于英国中南部的巴克郡和威尔郡，在18世纪这种英国本地猪就开始出名，起初是一种体型大长、骨粗、耳大下垂、成熟迟的猪种。成年猪的体重450～500 kg。在18世纪初至30年代期间，英国当地引入了骨细皮薄、肉质好、早熟、体型中等、毛色为黑色或黑白花的中国猪种暹罗猪种与巴克夏猪进行杂交，1830年后，在杂种猪中大量出现毛色为黑色的个体，体躯上呈现"六白"的特征，1862年被正式确定其为一个品种，1884年成立了第一个巴克夏猪品种协会。我国在清光绪末年，由德国侨民将该品种猪引入青岛，随后外侨陆续将其带入全国各地，一些农业院校及农事部门也相继从国外引入巴克夏猪，并与我国地方猪进行杂交改良。中华人民共和国成立初期，先后从澳大利亚、英国、日本也引进过巴克夏猪。但早期引进的巴克夏猪都是一种体躯肥胖的脂肉兼用型猪，20世纪50年代末以来，随着人们对胴体要求

图2.8　巴克夏猪

的改变，巴克夏猪逐渐向肉用型方向发展，近年来，中国引进的巴克夏猪体躯稍长，胴体品质趋向于肉用型（图2.8）。

（二）体型外貌

巴克夏猪的鼻端、尾帚、四肢下部为白色，其余全身为黑色，为"六端白"特征。其体型较大，耳直立、稍向前倾，鼻短微凹，胸深广，背腹线平直，臀部丰满，四肢较短而直。性情温驯，体质结实。乳头 7 对左右。

（三）生产性能

巴克夏猪性成熟较早，5~6 月龄就可以配种，8 月龄体重达80 kg 适宜初配，初产母猪平均产仔 7~8 头，经产母猪平均产仔8~9 头。巴克夏猪适应性较强，耐粗饲，在以青饲料为主，适当配搭一些精料的条件下，220 日龄可达 90~100 kg。平均背膘厚25 mm，眼肌面积 35 cm²，屠宰率 70%，胴体瘦肉率 60% 以上。

（四）推广利用

巴克夏猪在引入初期，夏季经常出现呼吸困难和热射病，经过长期风土驯化后，表现出良好的适应性，生产性能也有一定程度的提高。20 世纪 30 年代起到 20 世纪 70 年代，在东北、华北、西北和华南等广大地区，巴克夏猪在养猪生产中杂交利用广泛，曾对促进猪种的改良起到一定作用，在与中国地方猪品种的杂交选育过程中，形成了新金猪、北京黑猪、山西黑猪等培育品种。另外，巴克夏猪与我国地方猪种杂交生产巴本二元杂交商品猪（巴克夏猪×本地猪）；巴克夏猪做终端父本，大约克夏猪做第一父本配本地母猪（巴克夏猪×大约克夏猪×本地猪）生产巴大本三元杂交商品猪，这两个杂交模式优势明显，特别是胴体品质好，肉质鲜嫩，风味独特，是生产优质猪肉和腌制腊肉的好原料。

（五）选育方向

巴克夏猪着重肉质、生长速度等性状的选育。

六、汉普夏猪

（一）产地及分布

汉普夏猪（Hampshire）原产于美国肯塔基州的布奥尼地区。据传，1825—1830年，在英国苏格兰的汉普夏州曾经饲养过这种白带猪，后来由Makay引入美国并与一种薄皮猪杂交而使皮肤变薄，1893年集中饲养在美国肯塔基州布恩县的农家，改称为薄皮猪，1904年统一命名为汉普夏猪，1939年成立汉普夏种猪协会。早期的汉普夏猪是一种脂肪型猪种，在20世纪50年代之后才逐渐向瘦肉型方向发展，该品种的饲养量当时在美国仅次于杜洛克猪，居第二位。1936年，我国著名的畜牧学专家许振英教授在洛氏基金委员会支持下购入汉普夏猪，并与中国本地猪江北猪（淮猪）杂交，开展选育工作，抗日战争时期选育工作中断。1983年，中国种畜进出口公司第一次从匈牙利引入了一批汉普夏猪用于杂交，近年来，我国各地的种猪场陆续从美国引进了少量汉普夏猪（图2.9）。

图2.9 汉普夏猪

（二）体型外貌

汉普夏猪外貌最突出的是"白带"特征，即在肩和前肢有一条白带环绕，其余被毛全为黑色，故称"银带猪"，在飞节上不允许有白斑。头清秀，嘴较长而直，耳中等大小而直立，背腰平直或呈弓形，体躯较长，肌肉发达。性情活泼。成年公猪体重315~410 kg，母猪250~340 kg。

（三）生产性能

汉普夏猪 6 月龄发情，初产母猪平均产仔 7~8 头，经产母猪平均产仔 8~9 头。乳头数 6 对。150~160 日龄达 100 kg 体重，料重比 2.7，100 kg 体重活体背膘厚 9~10 mm，眼肌面积43 cm^2，屠宰率74%，胴体瘦肉率65%左右。

（四）推广利用

汉普夏猪具有瘦肉率高、眼肌面积大、背膘薄、胴体品质好等优点，但其饲料转化率稍差。在三元杂交中以汉普夏猪做终端父本亦有很好效果，如汉普夏×（长白×金华）、汉普夏×（大约克×金华）、汉普夏×（长白×桂墟）等。

汉普夏猪与其他瘦肉型猪相比，生长速度过慢，饲料报酬稍差，在今后的育种工作中，需要克服这些缺点，培育出适合市场需要的优良种猪。

（五）选育方向

汉普夏猪以父系选育为主，着重生长速度、饲料转化率等性状的选育。

第二节 猪的遗传性状

现代养猪生产成功与否主要由"种（良种猪）""料（配合饲料）""舍（猪舍环境控制）""病（猪病防治）""管（经营管理）"等五大基本要素构成。其中，良种对畜牧生产的贡献率达到40%，良种猪是关键。猪育种工作的根本目的，就是充分利用丰富的遗传资源，采取科学有效的选育方法，培育出适合市场需求的优良种猪，建立完整的繁育体系，在营养、环境、健康、管理等因素的保障下，发挥出改良种猪的最大遗传潜能，实现高产（增重快）、优质（瘦肉多）、高效（经济效益好）的现代养猪生产。

提高猪的生产性能有两个基本途径，一是实现猪生产性状的遗传改良；二是所处环境条件的控制。猪的遗传改良是提高生产力的内在因素，而环境控制则是其外部条件。猪的遗传改良只有通过挖掘遗传潜力（基因频率和基因型频率）才能实现，需要较长的时间，但其影响是永久的；环境控制仅需通过改进饲养管理条件就能实现，在短期内就会有明显的效果，然而其影响是暂时的和可逆的。所以，从提高猪的生产性能或经济效益这些目标考虑，必须同时实现猪生产性状的遗传改良和环境条件的改善，并且二者要同步进行和密切配合。猪群遗传改良的实质是选育出生产性能和经济价值高的优良基因型群体，并将其优良基因迅速传递到扩繁群的过程。

猪育种大体经历了传统的"相畜"选育到近代的动物形态机能选育，特别是以数量遗传学为基础的现代育种。随着猪遗传育种工作的不断完善和深入开展，尤其是良种繁育体系的建立和推广，陆续培育出了独具特色的良种猪，为现代养猪生产奠定了坚实的基础。现代分子生物技术的发展与应用，也为猪种选育提供了新手段，开辟了新途径，前景广阔。

猪的性状包括数量性状和质量性状两大类。数量性状是指在一个群体内不同个体间表现为连续变异且能够测量的性状。数量性状较易受环境的影响，在一个群体内不同个体的差异一般呈连续的正态分布，难以在个体间明确地分组。数量性状也可称为经济性状，主要包括繁殖性状、肥育性状、胴体性状、肉质性状。质量性状指属性性状，即能观察而不能测量的性状，不存在连续性的数量变化，而呈现质的中断性变化。质量性状较稳定，不易受环境条件上的影响，它们在群体内的分布是不连续的，如猪的体型外貌，猪毛色的白、棕红、黑、花等；猪耳形的立耳、半立、垂耳等；奶头的内陷乳、瞎乳等；遗传缺陷中的锁肛、脐疝、阴囊疝、雌雄间性等；猪的血型（目前已知猪有 15 个血型系统，63 个以上的血型因子）；致死、半致死等一类性状。

一、繁殖性状

繁殖性状是一类重要的经济性状，猪的繁殖力直接关系到养猪生产力水平的高低。猪的繁殖性状属于低遗传力性状，主要的性状有以下几种。

（一）产仔数

与产仔数相关的性状主要有两个，即总产仔数和产活仔数。总产仔数是指一头母猪一窝所生全部仔猪的数量，包括死胎、木乃伊胎、弱仔、健仔。产活仔数指出生 24 小时内同窝存活仔猪的数量，包括弱仔。产仔数是一个复合性状，受排卵数、受精率和胚胎成活率三个因素的影响。产仔数的遗传力非常低，只有 0.1 左右，就是繁殖力高居世界首位的太湖猪，其总产仔数和产活仔数的平均遗传力也仅在 0.09、0.14。

（二）初生重和初生窝重

初生重指仔猪出生 12 小时内称取的个体重量，初生窝重指一窝仔猪出生时所有活仔的总重量。初生重是养猪生产中评价仔猪质量的一个重要指标。研究表明，初生重的遗传力为 0.1，不宜作为选择指标；初生窝重的遗传力为 0.2~0.3，称量和记录比较容易，可作为选择的指标。除遗传因素外，初生重还受品种、母猪胎龄、妊娠期营养等因素的影响。

（三）泌乳力

泌乳力一般用 21 日龄时全窝仔猪（包含寄入仔猪）的总重

量来表示，是衡量母猪泌乳性能高低的一个重要指标，直接影响仔猪的成活和生长，在养猪生产中要根据母猪带仔数量，适当增加母猪采食量和饮水量。由于母猪排放乳汁时无法准确度量排乳量，以致其遗传力估值较低，国外文献报道为0.15，浮动范围在0.08~0.38。

（四）断奶性状

断奶性状包括断奶仔猪数、个体重和窝重。断奶仔猪数指断奶时同窝仔猪头数（包含寄入仔猪）；断奶个体重指仔猪断奶时个体重量；断奶窝重指断奶时同窝活仔（包含寄入仔猪）总重量。断奶仔猪数的遗传力估值为0.12。断奶窝重的遗传力为0.2，在实践中可把它作为选择性状。

（五）断奶至发情间隔（WTSI）

断奶至发情间隔指母猪从断奶到第一次发情配种所间隔的天数，是母猪非生产天数（NPD）的一部分。遗传力估值范围为0.05~0.1。

（六）初产日龄

初产日龄指后备母猪第一胎产仔时的日龄。

（七）母猪年生产力

母猪年生产力是衡量母猪繁殖力的一个重要指标，即每头母猪每年育成的断奶仔猪数。公式如下：

$$p_n = \frac{L_S(1-P_m)}{G+L+L_{wc}}$$

式中：P_n为母猪年生产力；L_s为母猪窝产活仔猪数；P_m为初生至断奶期间仔猪死亡率；G为母猪怀孕天数；L为母猪哺乳天数；I_{wc}为母猪断奶至再发情配种间隔的天数。

（八）情期受胎率

$$情期受胎率 = \frac{妊娠母猪头数}{情期配种母猪数} \times 100\%$$

（九）分娩率

$$分娩率 = \frac{全年实际分娩母猪头数}{上年9月9日至当年9月8日累计配种母猪数} \times$$

100%

（十）母猪年平均分娩窝数

$$母猪年平均分娩窝数 = \frac{全年总分娩窝数}{1～12月累加平均存栏母猪头数} \times$$

100%

二、肥育性状

在瘦肉型猪的遗传改良中，随着消费者对瘦肉的需求量不断增长，选择增重快和饲料转化率高的品种，并对这些品种的肥育性状进行改良就显得十分重要。肥育性状主要有生长速度、饲料转化率、采食量等，均属中等遗传力性状。

（一）生长速度

生长速度通常用日增重来表示；指从仔猪断奶后到上市屠宰为止期间的平均日增重，遗传力估值平均 0.34。在性能测定时，按测定始重（25～30 kg）至结测末重（90～100 kg）的平均日增重。计算公式如下：

$$平均日增重（g）= \frac{末得-始重}{测定天数}$$

生长速度也可用达到某一体重时的日龄来表示，如达 100 kg 体重日龄，该性状遗传力估值 0.55，属高遗传力性状。

（二）饲料转化率

饲料转化率指每单位增重所消耗的饲料量（饲料消耗/增重）。

$$料重比 = \frac{测定期总耗料}{结测体重-始测体重}$$

当该比值过大时，说明生产一定体重的育肥猪需要消耗较多的饲料，养殖成本就会上升，效益就会下降甚至赔钱，反之，则成本就会降低，养猪效益就高。饲料转化率遗传力估值 0.31，属中等遗传力性状。

（三）采食量

采食量是度量食欲的性状。在不限饲的条件下，猪的平均采食量称为采食能力或随意采食量。在生产中通过控制采食量以达到控制体脂肪沉积的目的。采食量的遗传力估值 0.38，属中等遗传力性状。

由于肥育性状遗传力中等，可以通过选择来获得较大的选择反应。1926 年、1927 年到 1994 年间，持续对丹麦长白猪日增重、饲料转化率等性状选择，使其日增重从 632 g 提高到 960 g，饲料转化率从 3.44 下降到 2.38，尤其是近年来通过使用 BLUP（最佳线性无偏预测）法对猪育种值进行估计，使育种工作更见成效，如 1990—1994 年，日增重的进展为 82.1 g，饲料转化率下降 0.13 个饲料单位就是一个有力的证明。

三、胴体性状

猪胴体组成取决于瘦肉、脂肪和骨骼所占的比例及分布。由于猪胴体性状指标有很多，以下将介绍常用的胴体组成性状。

（一）胴体重

猪的胴体重是指屠宰后去掉头、蹄、尾、血、毛和内脏（保留板油和肾脏）后的重量。

（二）屠宰率

屠宰率即胴体重占宰前活重的百分比。

$$屠宰率（\%）= \frac{胴体重}{宰前活重} \times 100\%$$

（三）胴体长

一般测量左侧胴体。胴体直长指耻骨联合前缘至第一颈椎前沿的直线长度；胴体斜长指耻骨联合前缘至第一肋与胸骨结合处前沿的长度。

（四）背膘厚

一点测背膘，是在第 6、7 肋间用游标卡尺测量皮下脂肪厚度（去掉皮肤厚度）；多点测背膘时，是以肩部最厚处、胸腰椎接合处和腰荐结合处三点皮下脂肪厚度的平均值来表示。

（五）眼肌面积

眼肌面积是指背最长肌横断面的面积。于最后肋骨处垂直切断背最长肌，用玻璃纸或硫酸纸描下眼肌断面轮廓，再用相关软件求得面积值。也可用游标卡尺度量背最长肌横断面的最大高度和宽度，按下列公式计算：

$$眼肌面积（cm^2）= 眼肌高×眼肌宽×0.7$$

（六）皮厚

在第 6、7 肋骨处用游标卡尺测量的背部皮肤厚度。

（七）腿臀比例

沿倒数第 1、2 腰椎间垂直切下的后腿重量占整个胴体重的百分比。

$$腿臀比例（\%）= \frac{后腿重}{胴体重}×100\%$$

（八）花、板油比例

花、板油的重量占胴体重的百分比。

$$花、板油比例（\%）= \frac{花、板油重量}{胴体重}×100\%$$

猪的胴体性状属于高遗传力性状，其估值在 0.4~0.6，详见表 2.1。该表中所列出的估值是根据众多的研究结果综合而来，这些高遗传力性状可通过个体选择获得较大的遗传进展。但是对于种猪而言，其胴体性状又无法直接度量，必须通过活体性状进行估测获得。

表 2.1　猪胴体性状的遗传力

性状	均值	范围	性状	均值	范围
瘦肉量	0.40	0.2~0.60	腰部瘦肉率	0.50	0.40~0.61
瘦肉切块率	0.46	0.31~0.91	肌肉厚	0.20	0.10~0.30
瘦肉切块重	0.42	0.30~0.60	眼肌面积	0.48	0.16~0.79
瘦肉率	0.46	0.35~0.85	边膘厚	0.45	0.22~0.60
肥肉率	0.60	0.40~0.75	背膘厚	0.40	0.13~0.50
脂肪切块率	0.63	0.52~0.69	平均背膘厚	0.50	0.30~0.74
腿臀率	0.53	0.51~0.65	腹膘厚	0.30	0.20~0.40
臀部瘦肉率	0.63	0.45~0.78	胴体长	0.60	0.40~0.87
肩部率	0.47	0.38~0.56	屠宰率	0.31	0.20~0.40
瘦肥率	0.31	0.20~0.45	椎骨数	0.75	0.55~0.85

表 2.1 是按照张文灿（1982 年）、杨兴柱等（1987 年）、中国农业大学（1984 年）、Smith 等（1965 年）、PIC（1987 年）、Cleveland（1988 年）、Kennedy 等（1985 年）、Jensen（1985 年）、Pond/Manner（1984 年）、David（1983 年）和 Bereskin 等（1987 年，1988 年）所著文献相关内容汇总的。

据报道，猪的活体性状如平均背膘厚与眼肌面积和胴体瘦肉切块重量的遗传相关很高，分别达到 -0.80 和 +0.88；活体背膘厚和眼肌面积与胴体瘦肉率的遗传相关也很高，约为 -0.75 和 +0.60；活体背膘厚与胴体瘦肉量的遗传相关达 -0.60；活体背膘厚与胴体瘦肉率的遗传相关达 -0.60。以上数据充分证明这些活体指标不仅可用来替代瘦肉率（量），而且通过对这些活体性状的直接选择，还能使种猪群的瘦肉率（量）得到明显的提高，获得显著的选择反应与进展。

四、肉质性状

肉质的优劣需要通过多种肉质指标来判定，常见的有 pH 值、肉色、滴水损失、系水力、肌肉嫩度、大理石纹（肌内脂肪含量）、风味等。

（一）肉色

构成肉色的主要物质是肌红蛋白（Mb）和血红蛋白（Hb），起主要作用的是 Mb。正常情况下 Mb 呈紫色，当 Mb 与氧结合时，形成氧合肌红蛋白（MbO_2）而呈鲜红色；当结合氧释放后，则形成了高铁肌红蛋白（MMb）而呈褐色。因此，Mb 与氧的结合状态，在很大程度上影响着肉色，且与肌肉的 pH 值有关。其遗传力约为 0.30。

（1）评定部位：胸腰椎结合处背最长肌横断面。

（2）评定时间：新鲜肉样，宰后 1~2 小时；冷却肉样，宰后 24 小时，在冰箱中 4 ℃左右存放。

（3）光照条件：在室内正常光照条件下进行，不允许阳光直射肉样，或者在阴暗处评定。

（4）评定标准：实行 5 分制，分值越高，肉色越深。1 分为灰白肉色（异常肉色），2 分为轻度灰白色（倾向异常肉色），3 分为正常鲜红色，4 分为正常深红色，5 分为暗黑色（异常肉色）。3 分和 4 分肉色均为正常肉色，在填写评定结果时要注明肉样是鲜样还是冷却样以及评定时间。在评定时，如果肉样颜色处在两级之间，可在两级之间增设 0.5 分一级。

（二）滴水损失

（1）取样部位：倒数第 3~4 肋间处背最长肌。

（2）测定时间：屠宰后 45~60 分钟内。

（3）评定方法：从背最长肌切取长 5.0 cm、宽 3.0 cm、厚 2.0 cm 的长方体，于天平称重（W_1），用细铁丝钩住肉样一端，使肌纤维垂直向下，装入塑料袋，扎紧袋口，并确保肉样不与袋壁接触，悬挂于 4 ℃的冰箱内 24 小时，取出肉样秤重（W_2）。按下式计算结果：

$$滴水损失（\%）= \frac{W_1 - W_2}{W_1} \times 100\%$$

（三）系水力

肌肉中水分约占70%，系水力的遗传力约为 0.65。

（1）取样部位：第 1~2 腰椎处背最长肌切取厚度为 1.0 cm 的薄片，再用直径为 2.5 cm 的圆形取样器（圆面积约为 5.0 cm²）进行取样。

（2）测定时间：宰后 2 小时内。

（3）测定方法：切取肉样置于不吸水的硬橡胶板上，用感量为 0.01g 的扭力天平称取肉样重量，然后将肉样夹在两层医用纱布之间，上下各垫上 18 层滤纸（中速滤纸），滤纸外层各放一块硬质塑料垫板，放到钢环允许膨胀压缩仪平台上，匀速摇动摇把，加压到 35 kg 并保持 5 分钟（用定时器控制时间），撤除压力后立即称量压后的肉样重。按下式计算结果：

$$失水率（\%）= \frac{压前肉样重（g）-压后肉样重（g）}{压前肉样重（g）} \times 100\%$$

如果计算系水力，还需在测定失水率的同时，取绞碎的肉样测定水分含量，按下式计算：

$$系水力 = 1 - \frac{压前肉样重（g）-压后肉样重（g）}{压前肉样重（g）} \times 100\%$$

（四）pH 值

宰后肌肉活动的能量主要依赖于糖原酵解以及磷酸肌酸分解，其产物分别为乳酸及磷酸、肌酸，宰后这些酸性物质在肌肉内潴积，从而导致肌肉 pH 值下降。肌肉酸度的测定最简单快速的方法是 pH 值测定法。

（1）测定部位：最后胸椎处背最长肌中心部、头半棘肌中心部。

（2）测定时间：宰后 45~60 分钟，测定背最长肌的 pH 值，宰后 24 小时，测定背最长肌的 pH 值。

（3）测定方法：按照 pH 计使用说明书操作，将电极直接插入测定部位的肌肉中。如果猪屠宰后 45 分钟内无法保证开膛、劈半，可在宰杀后煺毛前，从最后肋骨距背中线 5 cm 处开口取背最长肌肉样，置于玻璃器皿中，将电极直接插入肉样测定，连续测定三次，取平均值，记录为 pH 1。宰后 24 小时后再次测定，记录为 pH 24。

（4）评定标准：pH 1 正常值的范围在 6.0~6.5，若 pH 1 < 5.9，并伴有灰白肉色，质地松软和汁液外渗，可判定为 PSE 肉。pH 24 正常值为 5.5，变化范围在 5.3~5.7，当 pH 24 > 6.0 时，并伴有暗红肉色，质地坚硬，肌肉表面干燥，可判定为 DFD 肉。

（五）肌肉嫩度

肌肉嫩度是消费者对食肉口感惬意程度的重要指标，影响嫩度的主要因素包含遗传、营养、日龄等，其遗传力估值约为 0.40。

肌肉嫩度的评价方法有主观和客观两种。所谓主观评价方法即通过人品尝肌肉来判定肌肉嫩度，如通过舌头与颊接触时产生的触觉，嫩肉感觉细而软和，老肉感觉粗而木质化；牙齿咬断肌肉纤维的容易程度，易嚼碎的嫩，不易嚼碎的老。这种检测方法非常现实、直观、简单、易行，但受人的主观因素的影响较大，如人的年纪、味觉的不同，牙齿的好坏等。这种检测方法只能做比较评价，无法量化，所以很难做到公正。下面介绍客观的评价方法。

（1）仪器设备：肌肉嫩度测定仪、圆形钻孔肌肉取样器（直径 1.27 cm）、冰箱、恒温水浴锅、温度计、塑料薄膜等。

（2）测定部位：第 13～16 胸椎处背最长肌，或者用完整的半腱肌。

（3）测定方法：将肉样装入塑料薄膜中扎好，置于 15～16 ℃条件下 24 小时进行尸僵前处理，然后再置于冰箱 4 ℃条件下熟化 24 小时，完成后在室温放置 1 小时。将温度计插入肉样中心处，包扎，使袋口向上，放入 80 ℃恒温水浴锅中加热至肉样中心温度达到 70 ℃为止，取出肉样，冷却至 20 ℃。测剪切力值：将肉样按与肌纤维垂直的方向切取宽度为 1.5 cm 的肉片，再用取样器顺肌纤维方向钻切肉样块，做 10 个重复，按测定仪使用说明操作，记录剪切力值，计算算术平均数。

（4）评分标准：肉样剪切力值愈高，表示肉愈老化；剪切力值愈低，表示肉愈嫩。

（六）肌内脂肪

肌内脂肪是指肌肉组织内所含的脂肪，主要以甘油酯、游离脂肪酸及游离甘油等形式存在于肌纤维、肌原纤维内或它们之间，含量及分布受品种、年龄及肌群部位等因素影响，其遗传力估值为 0.20～0.40。

主观大理石纹评定方法如下：

（1）测定部位：最后胸椎与第 1 腰椎结合处背最长肌横断面。

（2）评定时间：在 0～4 ℃环境存放 24 小时，与肉色评分同时评定。

（3）评分标准：对照大理石纹评分图，脂肪呈痕（迹）量分布评 1 分；呈微量分布评 2 分；呈少量分布（理想分布）评 3 分；呈适量分布（理想分布）评 4 分；呈过量分布评 5 分。两分之间允许评 0.5 分。结果用平均数表示。

客观评定采用鲜样测定，一般肉用型猪脂肪含量 3.0%～4.0%为理想值，2.0%～2.9%为较理想值，1.5%～2.0%为尚可接受值，低于 1.5% 为较低值。对于中国地方猪品种，肌内脂肪含量超过 4.0% 也属正常范围。

（七）风味评定

（1）肉样部位：股二头肌和半腱肌。

（2）评定时间：可分为鲜肉样（宰后 7 小时）和熟化（在 0~4 ℃环境）2~3 天的肉样两种。

（3）评定指标：白水煮熟后肌肉的颜色、嫩度和滋味，按良好、中等和不良三级评定。切成厚度均匀的薄片，在品尝两个以上不同的样品时，评定人员需用浓茶漱口。

（4）评定人员：评定人员需要经过一定培训，或请有经验的厨师和家庭主妇参加。

五、毛色

猪的毛色是品种的重要表型标志，尽管其与经济性状关系不大，但在进行杂交育种或利用杂种优势时，按照各种毛色的遗传规律，可以获得育种目标所确定的或市场所需要的毛色类型。

（一）猪的毛色类型

猪的毛色由毛囊中的黑色素决定，黑色素主要由酪氨酸酶将酪氨酸以及与之密切相关的化学物质氧化之后形成。黑色素分两种，一种是真黑色素，它以黑色和褐色两种形式存在；一种是褐黑色素，它以黄色和红色两种形式存在。黑色素是一种结合蛋白质，各种猪的类型都含有它，如白色的大约克夏猪含量为 0.07%，大黑猪含 6.18%。猪的毛色类型主要有以下几种：

1. 全白色

猪全身被毛为白色，如大约克夏猪、长白猪、三江白猪、湖北白猪、哈白猪等。

2. 全黑色

被毛全黑，我国的许多地方品种如民猪、黄淮海黑猪、内江猪等都属此类；培育品种如北京黑猪、山西黑猪等，以及国外的巴克夏猪、波中猪等，也都是全黑。

3. 白环带

这类猪在腰部或颈、肩部为白色，躯体两端为黑色。如我国的金华猪、华中两头乌猪、宁乡猪以及美国的汉普夏猪都属此类。

4. 棕红色

全身被毛棕红色或金黄色，如云南大河猪、贵州可乐猪以及美国的杜洛克猪、泰姆华斯猪等均属此类。

5. 花猪

这类猪的被毛黑白相间，且不规则，如广东大花白猪、皖南花猪、皮特兰猪等。

6. 污白毛

这类猪被毛白而带污灰色，如蒙古猪、匈牙利的曼格利察猪等。

（二）猪的毛色基因

猪的毛色是质量性状，一般认为控制猪毛囊中黑色素产生与分布的基因位点主要有 5 个。

C 座位基因控制黑色素合成的数量和强度，有 Ce 和 Cch 两个等位基因，Ce 基因控制污白毛猪（曼格利察猪）的基因。B 座位基因控制产生色素的种类，B 基因产生真黑色素，b 基因产生褐黑色素。A 座位基因控制真黑色素和褐黑色素的分布位置，白色基因 I 是上位基因，能抑制其他基因的表现。E 座位基因是决定毛色的主要基因，控制着黑色素的扩展程度，其中 Ed 为显性黑色，E 是正常黑色，ep 为六白，如波中猪和巴克夏猪，ei 为金黄色或红色，如杜洛克猪等。S 座位基因在决定色素沉着时，颜色是连续分布或者呈现不规则的白色斑块相间，当显性时，被毛出现单一的一种颜色，隐性时则出现花斑。

除了以上 5 个位点外，还有一个 D 座位淡花基因，控制色素表现的深浅程度，但不影响色素的本质，因此可看作是一个修饰基因。另外还有 Bt 白带基因，它使猪身体中躯产生宽度不一的白带，是一个显性基因，如汉普夏猪的白环带就是由 Bt 控制的。

（三）猪的毛色遗传

1. 白毛对非白毛

大白、长白等白色猪与其他毛色类型的猪杂交，子一代一般为白毛，即白毛对非白毛及野猪毛色为显性。

2. 白环带与六端白

白环带猪（如汉普夏猪和宁乡猪）与棕红色猪（如杜洛克猪）和黑毛色猪（如巴克夏猪）杂交，白环带趋向显性。

3. 黑色与棕红色

黑毛色（如汉普夏猪）对棕红色（如杜洛克猪）属于完全显性。将有六白特征的巴克夏猪和波中猪与杜洛克猪杂交时，其后裔的毛色有红色和黑色斑点，即所谓虎斑毛色。

4. 黑色对污色

黑毛色对污白毛色呈显性遗传。

（四）猪毛色的选择

在杂交育种过程中，如果选择目标是隐性基因控制的毛色类型，那么仅淘汰由显性基因控制的毛色类型即可，如用黑毛猪与白毛猪杂交育种时，希望选留黑色品种，则在选择过程中只淘汰白毛个体就可使显性白毛基因的频率降为零。

对于隐性毛色基因的淘汰可采取测交的方法来判定：①让被测者与非白毛隐性纯合子交配；②让被测者与已知含有非白毛基因的杂合子交配；③让被测者与猪群中的猪进行随机交配；④让被测者与其有亲缘关系的猪或与一已知杂合子的女儿交配。

六、遗传疾患

猪的遗传疾患又称遗传缺陷，是指由基因突变或染色体畸变引起的某种形态缺陷、生理机能失常或生化紊乱。据估计，仔猪中患缺陷的比例至少有 1% 是由遗传和环境因素共同作用引起的。

猪的遗传疾患种类多达 100 多种，其中较常见的有以下几种。

（一）锁肛

患病猪出生时肛门被膜或组织封闭，肠内容物无法正常排出，即为锁肛。患病的公仔猪出生后通常 1～3 天内全部死亡，需要采用手术疗法抢救；母仔猪通常在阴门（直肠到阴道的开口）形成一直肠阴道瘘，使粪便通过阴门排出而得以成活。患病猪之间杂交所产生的后代仔猪中 50% 有此缺陷。

（二）阴囊疝

由肠通过大腹股沟管落入阴囊而形成，是发生在公猪上的显性缺陷，发生在左侧的频率高于右侧。在所有家畜中，猪阴囊疝的发病率最高。如果猪群中此病的发病率高，则应该同时淘汰患病猪及其父母与同胞。

（三）脐疝

猪肚脐部的支撑肌肉松弛使一部分肠子和肠系膜突出到腹壁外形成脐疝。一些患病猪会因小肠绞在一起而死亡，但大多数会达到上市体重。有研究称，脐疝是由遗传造成的，但由脐部感染导致的情况更为常见，所以，在该缺陷原因尚不清楚的情况下，不推荐淘汰有亲缘关系的个体。

（四）隐睾

隐睾指公猪在出生前有一个或两个睾丸滞留在腹腔内。只有一个睾丸降至阴囊的称单睾，两个睾丸都在腹腔的公猪是不育的，隐睾约有 50% 发生在左侧，40% 在右侧，10% 为双侧。隐睾至少与两对隐性基因有关，需要从育种群中淘汰患病猪及其父母与同胞。

（五）震颤

震颤又叫抖抖病，常在仔猪刚出生后发生，表现为头颈和四肢有节奏地颤抖。该病发生的原因有：①猪瘟病毒、伪狂犬病毒、细小病毒等经胎盘感染引起；②源于一个伴性隐性基因，定位在 X 染色体上；③源于一个常染色体隐性基因；④母猪妊娠期误服入杀虫的有机磷药物——敌百虫。如果猪群中该病发生率较高，并且是由遗传因素引起的，可通过淘汰患病猪以及它们的父母和同胞来减少发生率。

（六）乳头缺陷

常见的乳头缺陷有内陷乳头和瞎乳头。内陷乳头的乳头端呈漏斗状凹陷，乳头短，乳汁不能通过乳头管，仔猪难以吮含，属无效乳头，又名火山乳头，该缺陷具有遗传因素。瞎乳头的乳管发育不全或堵塞，乳汁不能正常排出，大多数情况下，瞎乳头是由外伤引起的，不具有遗传原因。

（七）腿部缺陷

常见的腿部缺陷有外翻腿和屈腿。外翻腿又称八字腿，仔猪出生后由于肌肉发育不良，两前肢或后肢向两侧或向前斜伸，不能站立或行走，有证据表明它与伴性遗传、肌肉虚弱的遗传倾向、病毒感染、营养不足和地面太滑等因素有关。屈腿属于致死缺陷，患病猪腿部呈直角向后弯曲且僵硬，此症呈隐性遗传，也有可能与病毒感染、植物与化合物中毒、高热及营养缺乏有关。如果发病率高，且具有遗传性，需要淘汰患病猪同胞及其父母。

第三节　猪的育种原理与选择方法

在猪的遗传改良过程中，为了不断提高猪的主要经济性状，如增加产仔数，加快生长速度，提高瘦肉率，降低饲料消耗，改善胴体品质，最终获得高的经济效益等，必须制定预期育种目标，通过系统的育种措施，对猪群进行长期的选择。

一、育种原理

选择实际上就是挑选一些优秀的个体进入后备群，使之成为下一代的繁殖种畜。依据遗传学原理，种畜可以把优良的性能遗传给后代，从而达到改良猪群性能的目的。广义上来讲，选择分为自然选择和人工选择两种。自然选择即生物依靠自然进化实现优胜劣汰，这种选择适用于所有生物。人工选择是人为地将某些性能优良的个体留作繁殖种畜，将性能差的个体予以淘汰，其目的是增加群体中有利等位基因的频率，从而增进畜群的遗传潜力。自然选择过程十分缓慢，其变化也不一定适合人们的需要，因此，必须通过人工选择对猪群进行改良，加快猪群向高产、高效、优质的方向发生遗传转变。

二、育种目标确定原则

育种的最终目的是使养猪生产获得最大的经济效益。因此，在确定育种目标时，首先要考虑选育性状是否具有显著的经济价值；其次，选育的性状要具有从遗传上改良的可行性；再次，育种目标要立足长远，而且在实施过程中，还要随着生产条件和市场需求的变化以及育种目标的实现情况，不断修订育种目标。

三、选种方法

优良种猪是长期选择和培育的结果，种猪的性能只有通过不断地选择才能巩固和提高。运用各种选择方法的目的是尽可能充分利用所有信息，准确地选择种猪，获取最大的遗传改良量。猪的选种方法有单性状选择、多性状选择、综合指数选择，另外还有表型选择、基因型选择、标记选择等。

（一）单性状选择

单性状选择即只选择一个性状，除了个体本身的表型值外，信息的最主要来源是家系均值。

1. 个体选择

个体选择也称大群选择，依据个体本身的性能测定结果进行选择。选择的性状必须是中高度遗传力的性状，如生长速度、饲料转化率或背膘厚等。该方法的特点是简单易行，可加大选择强度，缩短世代间隔。缺点是信息来源较少，准确度较低。

2. 家系选择

根据家系均值进行选择，选择和淘汰也以家系为单位进行。家系是指全同胞和半同胞家系。这种方法适用于遗传力较低的性状，如对产仔数的选择可获得较好的选择效果。与家系选择有关的是同胞选择。对于产仔数这一限性性状，公猪可用同胞选择，母猪用家系选择。同胞选择还可用于对肥育性状和胴体组成性状的选择（同胞测定）。

3. 家系内选择

根据个体表型值与家系均值的偏差（家系内离差）进行选择。这种方法适用于低遗传力性状，选择准确性要高于其他方法。该方法可根据性状的遗传特性和家系信息来源制定合并选择指数，公式为：

$$I = P_x + \left[\frac{r-t}{1-r} \times \frac{n}{1-(n-1)\,t} \right] \times P_f$$

式中：I 为合并选择指数，P_x 为个体 x 的表型值，P_f 为家系均值，n 为家系含量，r 为同胞相关（全同胞为 0.5，半同胞为 0.25），t 为有家系成员间的表型相关。

合并选择还可综合亲本方面的遗传信息，制定出一个包括亲本本身及所在家系、个体本身及其所在家系成绩等在内的合并选择指数，用指数值来代表个体的估计育种值。

4. 后裔测定

根据个体所有后裔的表型均值进行选择，主要用于公猪的评定。后裔测定是评定种畜遗传素质最准确的方法，准确度高于个体或同胞选择，但缺点是世代间隔太长。

（二）多性状选择

猪的生产性能由许多个性状决定，各性状间存在不同程度的遗传相关，因此，在制订选育方案时往往要选择几个性状同时进行，以保证生产性能获得最大的遗传改良，取得最佳的经济效果。

1. 顺序选择法

每次只选择一个性状，直到该性状达到选育目标后再选择第二个性状，依次轮流选择。这种方法对一个性状来说，改良速度较快，但要改良多个性状，需要很长时间，特别是这种方法没有考虑到性状间的相关性，容易顾此失彼。所以，这种方法在猪的选择中已不使用。

2. 独立淘汰法

对选择的性状制定一个淘汰标准，当各个被选个体的性状未达到标准就被淘汰。这种方法容易把某些性状表现优异而个别性状表现不足的种猪淘汰掉，同时也增加了选种的难度。独立淘汰法适用于遗传上有缺陷或结实度较差的个体。

3. 综合选择法

综合选择法是将多个性状综合到一起，根据性状的遗传力、性状间的遗传相关、表型相关以及各性状的经济加权值来计算综合选择指数，按照指数的高低对个体进行选择。综合选择指数法是 Hazel 在 1943 年提出来的，以使育种群的经济价值得到最大改进为目标。这种方法比较全面地考虑了各种遗传和环境因素，同时也考虑了育种效益，因此，能较全面地反映一头种猪的种用价值。实践证明，该方法明显优于其他选择方法，但需要注意的是，随着选择性状的增多，每一性状的遗传进展将会放慢。综合选择指数的计算方法有标准选择指数和简化选择指数，标准选择指数的计算较为复杂，下面介绍简化选择指数，公式如下：

$$I = W_1 h_1^2 p_1 / \overline{p_1} + W_2 h^2 p_2 / \overline{p_2} + \cdots + W_n h_n^2 p_n / \overline{p_n}$$
$$= \sum W_i h_i^2 p_i / \overline{p_i}$$

式中：I 为选择指数；W_i 为各性状的加权值；h_i^2 为各性状的遗传力；p_i 为各性状的表型值；$\overline{p_i}$ 为各性状的群体均值。当个体表型值大于群体均值时，$p_i / \overline{p_i} > 1$；反之，$p_i / \overline{p_i} < 1$。这样，每个性状都与群体均值比较，消除了度量单位，在指数中所占的比重就不会有很大的偏差。

为了方便选种操作，通常将各性状处于群体平均值的个体的指数定为 100，指数超过 100 的个体，说明其性能在群体平均值以上，指数值越大，其性能越好。以上式为例，指数公式可变换为：

$$I = b_1 p_1 / \overline{p_1} + b_2 p_2 / \overline{p_2} + \cdots + b_n p_n / \overline{p_n} = \sum b_i P_i / \overline{p_i} = \sum b_i = 100$$

式中，b_i 为变化系数，它的计算过程如下：

$$b = 100 / (W_1 h_1^2 + W_2 h_2^2 + \cdots + W_n h_n^2)$$
$$b_1 = b W_1 h_1^2$$
$$b_2 = W_2 h_2^2$$
$$\cdots$$
$$b_n = W_n h_n^2$$

例如，杜洛克猪选择日增重和背膘厚两个性状，各性状相关参数如下：日增重群体平均值 $\overline{p_1} = 800\ \text{g}$，遗传力 $h_1^2 = 0.3$

背膘厚群体平均值 $\overline{p_2} = 15\ \text{mm}$，遗传力 $h_2^2 = 0.45$

根据这两个性状在本群体中的重要性和经验，将日增重和背膘厚的加权系数分别定为 0.7、0.3。由于日增重是向上选，数值越大越好；背膘厚是向下选，数值越低越好，所以，日增重加权系数 W_1 应为+0.7，背膘厚加权系数 W_2 应为-0.3。

计算 b 值：

$b = 100 / (W_1 h_1^2 + W_2 h_2^2) = 100 / [0.7×0.3 + (-0.3×0.45)]$
$= 1333.33$

计算两个性状的 b_i 值：

$b_1 = b W_1 h_1^2 = 1333.33×0.7×0.3 = 280$

$b_2 = b W_2 h_2^2 = 1333.33× (-0.3) ×0.45 = -180$

选择指数为：

$I = 280^{p_1 / \bar{p}_1} - 180^{p_1 / \bar{p}_1}$

将日增重 $\overline{p_1} = 800$ g，背膘厚 $\overline{p_2} = 15$ mm 代入上式，得：

$I = 280 p_1 / 800 - 180 p_2 / 15 = 0.35 p_1 - 12 p_2$

例如，1 号杜洛克公猪日增重为 850 g，背膘厚 11 mm；2 号杜洛克公猪日增重为 810 g，背膘厚 14 mm。问，哪一头公猪最适合选留？

把 1 号、2 号公猪的日增重和背膘厚分别代入上式，求得：

$$I_1 = 165.5, \quad I_2 = 115.5$$

即 1 号杜洛克公猪综合性能成绩优于 2 号公猪，最适合选留。

在猪的选育方案中，设定选择指数的平均数为 100，标准差为 25。当个体选择指数低于 100 时说明其性能在平均数以下，不宜留作后备种猪。掌握了指数的平均值、标准差和个体的指数值后，我们就能直观地判断出任一种猪的生产性能在群体中处于什么水平，如：群体中最优的 16% 部分，其指数为平均数+1 个标准差；群体中最优的 2.5% 部分，其指数为平均数+2 个标准差；群体中最优的 1.5% 部分，其指数为平均数+3 个标准差。

例如，某一头猪的选择指数值为 150，超过平均 2.0 个标准差［（150-100）/25 = 2.0］，那么这头猪就处于群体中最优的2.5%部分。

随着计算机的发展和统计方法的进步，经典的选择指数法已逐渐被最佳线性无偏预测法（BLUP）所代替。BLUP法能够同时估计不同测定群体间的遗传和环境差异，并充分考虑亲属间的亲缘关系和相关测定信息，使个体育种值的预测更精确，选择的效果更佳。

在使用选择指数法时，为了有效地达到期望效果，必须有足够大的选育群体及测定信息，以此来估计合适的遗传参数；根据目标性状确定合适的经济加权值；避免过高地近交；选择合适的选育性状。

第四节　猪的生长性能测定与遗传评估

种猪生产性能测定是指将种猪置于相对一致的环境条件和营养水平下饲养至一定体重或日龄，采用标准方法对生长性状进行度量的全过程。种猪性能测定是提高种猪质量，为遗传评估和选种选配提供科学数据的一项重要技术手段，是育种的基础。没有种猪性能测定就没有准确的遗传评估，也就没有猪的真实遗传进展。种猪性能测定分为场内测定和测定站集中测定。下面介绍场内种猪生产性能测定流程。

一、种猪生长性能测定

（一）测定前的准备
1. 测定舍准备
对测定舍内地面、墙壁进行清洗和消毒；对测定设备进行检查。

2. 待测猪准备

提前对保育舍内 60~70 日龄、体重在 20 kg 以上，健康、无遗传缺陷，符合品种特征，三代种猪系谱完整的种猪进行挑选，每窝选两公两母。

（二）始测

1. 转群

把待测种猪转入测定舍，按照品种、性别、大小进行分圈，以每圈 10 头左右为宜。

2. 称重

在测定舍饲养一周后，对挑选过的 25~30 kg 体重的待测种猪逐头进行空腹称重。

3. 记录

记录下每头测定种猪的圈舍号、品种、耳号、初生重、乳头数、21 日龄窝重、断奶重、出生胎次、同窝仔数、始测体重、测定日期等信息，公猪还要记录血缘。

（三）结测

对体重在 85~130 kg 范围内的种猪进行结测，最好是 100±10 kg 体重。

1. 测定前的准备

将电子笼秤、测膘仪提前充电，对笼秤进行校准；准备耦合剂或植物油。

2. 保定

把待测种猪小心地赶入电子笼秤内，使其保持四肢平稳站立，头部平抬，背腰平直，无弓背、凹腰现象。

3. 活体测膘

（1）超声波测膘原理：利用超声波（声波振动频率大于 20 000 Hz）的反射与折射等物理特性，当探头发出的超声波与猪体的不同组织（皮肤、脂肪、肌肉、结缔组织）接触后，由于其声阻不同，就产生不同的反射，反射信号被接收并在显示屏上呈现出相应的灰阶，根据灰阶确定具体位置，测量出背膘、眼肌等数值。测定部位：猪体左侧，倒数第 3~4 肋骨、离背中线4~5 cm 处背膘厚度和眼肌深度（或扫描出眼肌截面）。

测量方法：先把测量部位皮毛间的污物清理干净，接着涂上适量植物油或耦合剂，用手触摸找到最后一根肋骨，将探头置于最后一根肋骨处，然后向猪头方向缓慢平移，通过 B 超显示屏图像找到倒数第 3~4 根肋骨，捕捉到高质量的图像后进行冻结，在测膘仪上操作，以皮肤表皮为起点（为了提高工作效率，可包含猪皮厚度），至脂肪层最下缘为终点，即为背膘厚度；以眼肌上方筋膜的下缘为起点，至倒数 3~4 肋骨中间的筋膜最上缘为终点，即为眼肌深度。

4. 称重

在电子笼秤上称量出测定种猪的空腹净重。

5. 记录

记录下每头测定种猪的圈舍号、品种、耳号、结测体重、背膘、眼肌、测定日期。

(四) 数据录入

测定记录及时输入种猪育种软件进行 100 kg 体重日龄、100 kg体重活体背膘厚等性状的育种值估计和综合指数计算。

1. 达 100 kg 体重日龄

校正日龄 = 测定日龄 − [（实测体重 − 100）／ CF]

其中：CF =（实测体重／测定日龄）× 1.826 040 （公猪）

CF =（实测体重／测定日龄）× 1.714 615 （母猪）

2. 100 kg 体重活体背膘厚

校正背膘厚 = 实测背膘厚 × CF

其中，$CF = A \div \{A + [B \times （实测体重 − 100）]\}$

A 和 B 的值由表2.2给出：

表 2.2 A 和 B 取值

品种	公猪		母猪	
	A	B	A	B
约克夏	12.402	0.106 530	13.706	0.119 624
长白猪	12.826	0.114 379	13.983	0.126 014
汉普夏	13.113	0.117 620	14.288	0.124 425
杜洛克	13.468	0.111 528	15.654	0.156 646

二、猪的遗传评估

猪的遗传评估的理论和方法在过去的 30 多年中进展较为缓慢。20 世纪 50 年代初，美国学者 Henderson 提出 BLUP（best linear unbiased predictien）法，即最佳线性无偏预测，20 世纪 70 年代在牛的遗传评估中得到广泛应用，并成为多数国家奶牛育种值估计的常规方法。20 世纪 80 年代中后期，一些国家把 BLUP 法应用于猪的遗传评估中，大大提高了猪的遗传改良速度。加拿大从 1985 年开始使用 BLUP 法对猪进行长期选育，其背膘厚的改良速度提高了 50%，达 90 kg 体重日龄的改良速度提高了 100%~200%（Sullivan 和 Dean，1994 年）。目前，这一方法已成为猪遗传评估的主要方法。

BLUP 法的基本原理是根据遗传学理论和生产实践，将观察值表示成对其有影响的各遗传和环境因子效应之和，这个表达式称为线性模型。由于模型中一些效应是固定的，一些效应是随机的，又称为线性混合模型。根据线性模型理论，线性混合模型可以用矩阵的形式表示：

$$Y = Xb + Zu + e$$

式中，Y 是观察值向量，b 是固定效应向量，X 是 b 的结构矩阵，u 是随机效应向量，Z 是 u 的结构矩阵；e 是随机残差向量。

用 BLUP 法估计育种值（estimated breeding values，EBVs）具有以下优点：一是能够充分利用父母、同胞、后代等亲属的资料，提高育种值估计的准确性；二是消除了环境因素造成的偏差；三是依靠群体间的遗传联系，能够对不同世代的种猪进行准确比较，这一点对连续的育种工作，对于青年种猪和成年种猪之间的比较是非常重要的。

BLUP 法是一种特殊的统计分析方法，它需要以科学的选种选配、准确的性能测定、完整的记录系统、人工授精系统以及数据处理系统等多项育种工作为基础，以先进的计算设备为手段，以优秀的计算软件为工具，以严密的育种组织为保证，才能达到预期的理想效果。

在《全国猪遗传评估方案》中，采用的是多性状动物模型最优线性无偏预测法（MTBLUP）来估计个体育种值。

（一）生长性能的育种值估计模型

$$y_{ijk}\mathrm{lm} = \mu_i + hyss_{ij} + l_{ik} + g_i l + a_{ijk}\mathrm{lm} + e_{ijk}\mathrm{lm}$$

其中，i 为第 i 个性状（1 为达 100 kg 体重日龄，2 为达 100 kg 体重活体膘厚）；$y_{ijk}\mathrm{lm}$ 为个体生长性能的观察值；μ_i 为总平均数；$hyss_{ij}$ 为出生时场、年、季、性别固定效应；l_{ik} 为窝随机效应；$g_i l$ 为虚拟遗传组固定效应；$a_{ijk}\mathrm{lm}$ 为个体的随机遗传效应，服从（0，$A^{\sigma_e^2}$）分布，A 指个体之间的亲缘关系矩阵；$e_{ijk}\mathrm{lm}$ 为随机剩余效应，服从（0，$I^{\sigma_e^2}$）分布。

（二）母猪的繁殖性能育种值估计模型

$$y_{ijk} = \mu + hys_i + l_j + a_{ijk} + p_{ijk} + e_{ijk}$$

其中，y_{ijk} 为总产仔数的观察值；μ 为总平均数；hys_i 为母猪产仔时场年季固定效应；l_j 为母猪出生的窝效应，服从（0，$I^{\sigma_l^2}$）分布；a_{ijk} 为个体的随机遗传效应，服从（0，$A^{\sigma_a^2}$）分布，A 指个体之间的亲缘关系矩阵；p_{ijk} 为母猪永久环境效应，服从（0，

$I^{\sigma_p^2}$）分布；e_{ijk} 为随机剩余效应，服从（0，$I^{\sigma_e^2}$）分布。

（三）父系指数的模型

$$INDEX = 100 + \sum W_i A_i$$

在公式中，W_i 为第 i 个性状的经济加权值；A_i 是第 i 个性状的估计育种值 EBV，父系指数中包括的性状主要有达 100 kg 体重日龄和 100 kg 体重背膘厚。父系指数的各性状经济加权值见表 2.3。

表 2.3　不同品种父系指数达 100 kg 体重日龄和背膘厚的加权值

品种	达 100 kg 体重日龄	背膘厚
大约克	-3.79	-15.4
长白猪	-3.62	-14.7
杜洛克	-4.2	-14.1

实际计算公式：

$$I = -0.7 \times EBV_{day}/\sigma_{day} - 0.3 \times EBV_{bf}/\sigma_{bf}$$

将父系指数做标准化，即平均数 100，标准差为 25，则变为：

$$I = 100 + 25 \times (I - \bar{I})/\sigma_I$$

其中，EBV_{day} 为达 100 kg 体重日龄的 EBV；EBV_{bf} 为 100 kg 体重活体背膘厚 EBV；σ_{day} 为该场参与此次遗传评估所有个体达 100 kg 体重日龄 EBV 的标准差；σ_{bf} 为该场参与此次遗传评估所有个体 100 kg 体重活体背膘厚 EBV 的标准差；σ_I 为标准化之前的指数的标准差；$\bar{I}$ 为标准化之前的指数的平均数。

（四）母系指数的模型

$$INDEX = 100 + \sum W_i A_i$$

式中，W_i 为第 i 个性状的经济加权值，A_i 是第 i 个性状的估计育种值 EBV，母系的指数中包括的性状有达 100 kg 体重的日龄、100 kg 体重背膘厚度和总产仔数。母系指数的各性状经济加权值见表2.4。

表2.4 不同品种母系指数各性状经济加权值

品种	达100 kg体重日龄	背膘厚	总仔数
大约克	−2.54	−10.33	34.88
长白猪	−2.50	−10.17	34.33
杜洛克	−3.16	−12.85	43.40

实际计算公式：

$$I = -\ (\ 0.3 \times EBV_{day}/\sigma_{day} + 0.1 \times EBV_{bf}/\ \sigma_{bf}\ ) + 0.6\ (\ EBV_{tnb}/\sigma_{tnb}\ )$$

将父系指数做标准化，即平均数100，标准差为25，则变成为：

$$I = 100 + 25 \times.\ (I - \bar{I})\ /\sigma_I$$

其中：EBV_{day}为达100 kg体重日龄EBV；EBV_{bf}为100 kg体重活体背膘厚EBV；EBV_{tnb}为总产仔数EBV；σ_{day}为该场参与此次遗传评估所有个体达100 kg体重日龄EBV的标准差；σ_{bf}为该场参与此次遗传评估所有个体100 kg体重活体背膘厚EBV的标准差；σ_{tnb}为该场参与此次遗传评估所有个体总产仔数EBV的标准差；σ_I为标准化之前的指数的标准差；$\bar{I}$为标准化之前的指数的平均数。

2014年，全国种猪遗传评估中心专家组根据我国种猪选育现状，将父系指数中的日龄和背膘厚的相对重要性调整为70%和30%（原指数比例为52%和48%）；将母系指数中的日龄、背膘厚和产仔数的相对重要性调整为30%、10%和60%（原指数比例为26%、24%和50%）。

第五节　种猪外貌选择

外貌即外形，指体型、体质、被毛、皮肤、肢蹄等肉眼能够观察到的外部特征与特性。猪是一个有机统一体，从猪的外貌特征可透视猪的内部机能，猪的外形不仅反映其外表，而且也反映了猪的体质、生产性能和健康状态。

种猪体型外貌的评定和改良是育种过程中不可分割的重要内容。体型外貌评定对于改良种猪的外貌结构、体型特征、生产性能和延长其使用寿命具有重要的作用。有研究证明，母猪的体型外貌与其使用年限高度相关；与繁殖性能成负相关，即体型过于发达的母猪，其繁殖性能也较差。另外，体型的结实性还间接影响着期望的育种目标。这一点对于父系猪的选育尤其重要。现已发现，种猪某些体型外貌特征与该个体本身或其后代的生产性能之间存在着明确的关联，如体长、体高较大的个体一般生长速度较快，腹部紧凑的个体一般具有高的瘦肉率等（表2.5）。

猪的耳形、毛色、头形、腮肉、体长、乳腺、生殖器官、肢蹄、步态等体型性状与生产性能和种猪卖相密切相关，并且具有一定的遗传力，影响下一代的体型，因此可通过选育改良体型（表2.6）。但是，评定的体型性状越多，对猪体型描述得越详细，所需经费、时间也就越多。最重要的是，选择的性状越多，单个性状能取得的遗传进展就越慢。所以，要根据自身猪群的特点和客户的评价，选择一部分表现欠缺的性状有针对性地进行选育提高，如体长、乳头、肢蹄等。

表2.5 体型性状与生产性能的相关性

性状		遗传力（%）	遗传相关（%）		
			日增重	背膘厚	饲料效率
前肢	前视	6	6	10	21
	侧视	6	11	8	23
	系部	31	44	14	−15
后肢	后视	22	−29	4	71
	侧视	23	8	−16	−8
	系部	30	−13	6	3
脚趾（比例）		9	3	−25	−21
运动		13	−35	26	23

表2.6 体型性状的遗传力

性状	范围	平均值
前肢	0.04~0.32	0.18
从前视的前肢	0.06~0.47	0.27
前肢骨	0.06~0.47	0.27
前肢系部	0.31~0.48	0.40
前脚趾	0.04~0.21	0.13
后肢	0.04~0.21	0.13
从后视的后肢	0.06~0.47	0.27
后肢跗关节	0.01~0.23	0.12
后肢系部	0.07~0.30	0.19
后脚趾	0.09~0.13	0.16
背部	0.15~0.22	0.19
运动	0.08~0.13	0.11

外貌评定虽然方便简单，但需要熟练的技术和经验，而且每个评定人员关注部位的重要程度有差异，所以，在评定前，先对

一头种猪进行讲解，达成一定的共识，再进行评定，这样就缩小了人员之间的误差。

一、外貌评定时应注意的事项

（1）评定时要先明确选育目标和方向，并熟悉该评定品种的外形特征。

（2）猪是有机、统一的整体，各部分是相互联系的，评定时要先观察整体，看其各部分结构是否协调匀称，体格是否健壮，步态是否协调，而后观察分体，评定分体时要抓住重点，各个部分不可同等对待。

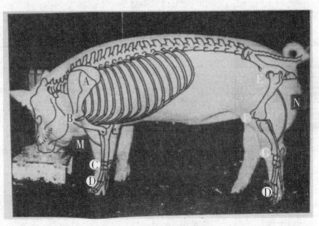

图2.10　理想的骨骼结构

A. 肩胛骨；B. 肩关节；C. 腕关节；D. 系部；E. 髋关节；

F. 膝关节；G. 跗关节；M. 股骨和桡骨围成的夹角；N. 股骨与胫骨围成的夹角

注意前腿（M）和后腿（N）角度。

（3）评定时，不仅观察其外形，还应注意其机能动态。特别是采食、排粪、撒尿等行为，病态表现的猪不予鉴定。

（4）评定的种猪年龄应相对一致，年龄差异过大时应注明每头猪的出生日期。

（5）评定的场地应平坦，避免因地形高低不平，猪姿势不正而影响评定结果。

（6）外貌评定时，人与被评定个体间以保持 3 倍于猪体长的距离为宜。从猪的正面、侧面和后面，进行一系列的观测和评定，再根据观测所得到的总体印象进行综合分析并评定优劣。

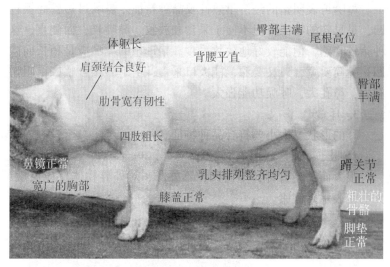

图 2.11　理想的肢蹄结构
背腰平直，肋骨和腹部区域深度理想，腿臀丰满，尾根着生点高。

二、猪体外形部位划分

根据各部位特点及功能，将猪体分为头颈、前躯、中躯、后躯等四部分。

（一）头颈

从肩端画一条垂直于地面的垂线，身体前面部分即为头颈部，主要包括头、额、颈、眼、耳、嘴和鼻等。

1. 头

头部是猪品种特征表现最显著的部位，首先要求它符合品种标准，从而保证其遗传稳定性；头部骨多肉少、肉质差，所以猪的头部不宜过大，一般要求以中等大小为宜；父系公猪头部应雄壮，母系母猪头部应清秀、无肉髯。

2. 鼻嘴

鼻嘴可表明猪的经济早熟性及品种特征。鼻嘴过短，面侧过凹，是早熟的特征，但不便于采食和放牧。鼻嘴长，面侧直，这种猪较晚熟，但能较好地放牧采食。猪理想的鼻嘴应是稍长而微凹，嘴筒要宽，口叉要深，能大口采食，上下唇接合整齐，咀嚼有力，鼻孔大，呼吸功能强大。

3. 耳

耳的形状、大小要符合品种特征。

4. 眼

眼大而明亮有神，不内凹，不外凸，对外界物体反应灵敏、无泪斑表示猪健康。

5. 额

额的宽度与前躯的宽度一般成正相关，头宽则前躯也较宽。

6. 颈

应中等长度，颈部肌肉较丰满，颈与头、前躯应结合良好，无凹陷。

（二）前躯

从肱骨头前缘和肩胛骨后角各画一条垂线，两条垂线间所包含的部分构成前躯，主要包括肩、鬐甲、胸和前肢等。

1. 肩

肩要宽而平坦。肩宽则胸围大，肩胛宽广则多肉，与前后衔接良好，无凹陷。

2. 鬐甲

鬐甲要平而宽，两肩之间无凹陷，表示发育良好、体质结实。

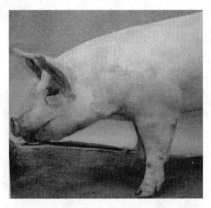

图 2.12　理想的前肢肩胛

颈部和面颊部长度适中，无肉髯。

3. 胸

胸腔是呼吸器官和心脏所在，要求宽深而开阔，以示发育良好，生产力高。可从两前肢间的距离来判断，距离宽，胸部则发达，机能旺盛，食欲良好，对公猪的胸部要求应更严格。

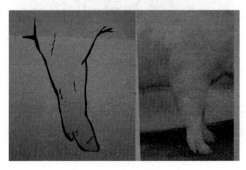

图 2.13　理想型前肢

注意前肢和肩部间的结合和角度

4. 前肢

要求正直，左右距离宜宽，没有"X"形或"O"形；走路姿势不扭摆，两侧前后肢在一条直线上前进；管围粗；系部宜短而坚实，无卧系；蹄大小适中，形状端正，蹄壁角质坚滑，无裂纹（图2.13、图2.14）。

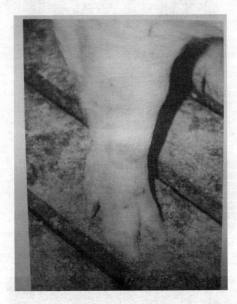

图2.14　理想的前蹄

两个脚趾大小一致，稍微分开，形成对系部的
适宜坡度和缓冲力，有助于提高运动性能和稳定性。

（三）中躯

从肩胛骨后角和腰角各画一条垂线，两条垂线间所包含的部分构成中躯，主要包括背、腰、腹、乳头和乳房等。

1. 背

要求宽平而直，与肩部、腰部的衔接良好，没有凹凸，在发育良好的情况下，弓背是允许的，但背部很窄、过分凸起（鲤鱼背）以及形成凹背都是不好的。凹背是腰椎或体质软弱的象征，表示与邻近椎骨相连的韧带松弛，这是一个重要的缺点。年龄较大的母猪和我国一些地方猪品种，背部允许稍凹（图2.15）。

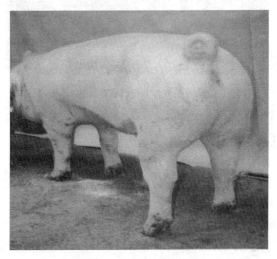

图2.15　从后部看中区图

具有理想的肋骨宽度、深度、开张，腿臀丰满。

2. 腰

腰要平、宽、直，肌肉结实，以与背臀结合自然而无凹陷者为好；忌"水蛇腰"（腰狭长而软）。

3. 腹

腹部不仅容纳消化器官，也容纳了母猪的主要生殖器官，因此要求其容积大、结实和富于弹性，并与胸部结合自然而无凹陷。父系猪腹部应紧凑，母系猪腹线应为弧形。

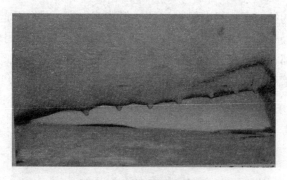

图2.16　从侧面看腹部图

腹部紧收，腹线平直；乳头大小和发育良好，排列整齐。

4. 乳头和乳房

乳头分布均匀，排列整齐，特别是前后排应间隔稍远，最后一对乳头要分开，以免哺乳时过挤。左右两侧的乳头应平行，中间间隔不能过狭或过宽，过狭时不仅背腰相应的较狭，而且哺乳时容易引起仔猪争执；太宽时，则一侧乳房常常压在母猪身下影响仔猪进食。有效乳头数应不少于12个，长短适中，无瞎乳头、内陷乳头、副乳等。乳房应发育良好，在乳头的基部有明显的膨大部分，以形成"莲蓬乳"或"葫芦乳"最为相宜。发育良好的乳房，泌乳时乳房涨大，各个乳房之间分得很清楚，干乳时，收缩完全。排列良好的乳头，左右间隔适当，每个乳头间隔均匀，后面的乳头间隔较前面的略宽（图2.16）。

（四）后躯

腰角以后的部分即为后躯，主要包括臀、大腿、后肢、尾和外部生殖器官等。

1. 臀部

要求宽、平、长，微倾斜。臀长表示大腿发育良好，臀宽表示后躯开阔，骨盆发育良好，这部分不仅肌肉丰满，而且和母猪生殖器官的发育密切相关，农谚指出："贴板屁股大阴孔，生产仔猪不用劲"。臀部过斜，必然压缩大腿的发育，亦不相宜。母系猪的臀部肌肉不要求过于发达。

2. 大腿

大腿是猪肉价值最高的部位之一，是制造火腿的原料，应宽广深厚而丰满，一直到飞节仍有大量的肌肉（图2.17、图2.18）。

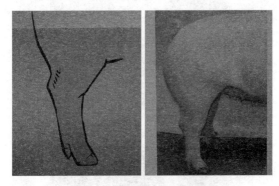

图2.17　理想的后腿结构

注意髋部–膝关节–飞节间的角度

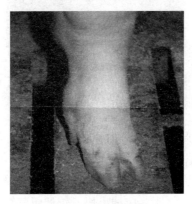

图2.18　理想的后蹄

两个脚趾大小一致，稍微分开，形成对系部的适宜坡度和缓冲力，
有助于提高运动性能和稳定性。

3. 后肢

由后方观察后肢的宽度，要正直、距离阔，"前开会吃，后开肯长"，故四肢间的距离，不论左右前后，都应宽广。管围要粗壮，无卧系（图2.19）。

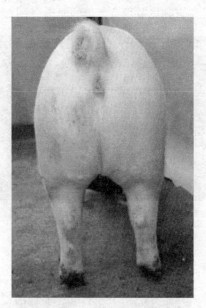

图2.19　理想的后肢结构

从后面看，腿形很好，肢间距宽，臀部宽、长、平，肌肉丰满。

4. 尾

尾根要求粗壮，尾长不超过飞节。

5. 外部生殖器官

公猪睾丸要大而明显，大小对称一致，无单睾、隐睾、大小不一或疝气等缺点，阴茎应抽出快，较长而色鲜红或紫红。母猪阴户应发育良好，阴户稍向上翘，"生门向上者易孕"。这是因为骨盆平正时，骨盆腔较大，母猪生殖器官较发达，交配时，公

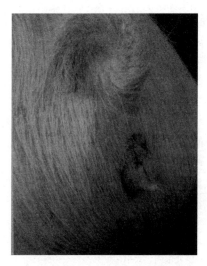

图 2. 20　大小和形状都发育良好的外阴

猪和母猪的生殖器官易密接（图 2.20）。

（五）其他

皮肤、被毛要求柔软，皮肤有弹性而坚韧，不过薄，无皱纹；被毛稀密适中。

三、外貌评分标准

在对种猪进行外貌评定时，要根据所评定种猪在繁育体系中所处的角色，即父系猪还是母系猪，再按照选育方案中期望要提高的性状的重要性，并给予相应的分值，以此来制定出不同的评分标准。总分实行 100 分制，70～80 分为合格；81～90 分为优良；91～100 分为优秀；70 分以下为不合格，不能做种猪选留。每头种猪的评分结果以不同的品种、性别进行分组，每组的评分从高到低排序，母猪排名前 25% 的给予选留，公猪排名前 5% 的再结合血缘进行选留（表 2.7）。

种猪的选择，应以指数和 EBV 选择为主、体型选择为辅，切不可过度强调体型外貌，特别是在选择母系猪时，否则将导致指数性状的选择强度降低。

表2.7　父系猪体型外貌评定标准

项目	要求	分值
品种特征	体质：健康、结实、活泼，眼明有神；毛色、耳形：符合品种特征	10
前躯	丰满，肌肉发达，深度适中	10
中躯	背腰长度适中，腹部紧凑	20
后躯	腿臀部丰满	25
乳头和生殖器官	乳头排列整齐，6 对以上有效乳头，乳区发育良好，无瞎乳、副乳、内陷乳头；生殖器官发育良好，公猪包皮无积尿，睾丸饱满、大小一致	10
肢蹄	粗壮，结实有力	20
步态	协调一致	5
合计		100

表2.8　母系猪体型外貌评定标准

项目	要求	分值
品种特征	体质：健康、结实、活泼，眼明有神，清秀，无肉髯；毛色、耳型：符合品种特征	15
前躯	胸宽、深	10
中躯	背腰平、宽、直，肋弓开张良好，腹部弧线流畅	20
后躯	腿臀部发育良好	15
乳头和生殖器官	乳头排列整齐，7 对以上有效乳头，乳区发育良好，无瞎乳、副乳、内陷乳头；生殖器官发育良好，母猪阴户大小适中，不上翘	20
肢蹄	健壮，结实有力	15
步态	协调一致	5
合计		100

第六节　选配计划制订

选配计划是指在选种的基础上，有计划地为母猪选择合适的与配公猪，其目的是有意识地组合有益基因，以产生大量品质优良的后代，提高猪群的品质，实现猪的遗传改良。选配是选种的继续，选种是选配的基础。选配分为品质选配和亲缘选配两种，两者之间侧重点不同，但又有所联系。

品质选配是以公、母猪的生产性能为依据进行的交配，又分为同质选配和异质选配。同质选配是将性能成绩相近的公、母猪进行交配，如生长速度快的公猪与生长速度快的母猪交配，增加后代群体的基因频率（基因型频率），将可能出现生长速度优于父母的后代个体。异质选配是将具有相同性能，但某一性能不同的公、母猪进行交配，如公、母猪生长速度都很快，但母猪背膘较厚，为了改良后代的背膘成绩，就选择背膘薄的公猪与之交配。

亲缘选配是根据公、母猪的亲缘关系进行的选配。如果双方存在亲缘关系，就叫近亲交配（近交）。在随机交配的情况下，不可避地会出现近交，但若把公、母猪的亲缘系数控制在比较小的范围之内，就称为远亲交配（远交）。近交可以固定优良性状、纯化优良性状的基因型，使其能较准确地遗传给后代且很少发生分化，从而提高猪群的一致性和整齐度。人们利用这一优点，在品种培育及品系建立、繁育上都成功使用了近交，如新淮猪、福州黑猪、哈白猪等都是近交的成果。近交能使隐性有害基因在近交后代群体中暴露的概率增大，可及早将带有害性状的个体淘汰，减少在群体中的频率，提高猪群质量。

近交也能使繁殖性能、生理活动及与适应性有关的性状都较近交前有所衰退，主要表现为繁殖力减退，死胎和畸形增加，生活力下降，适应性变差，体质变弱，生长缓慢，生产性能下降，尤其是遗传力较低的性状（如产仔数、断奶仔猪数等），后代平均数会低于亲本的平均数，见表 2.9。所以，在常规育种中应慎重使用近交。

表 2.9　几个主要性状的近交衰退情况

近交系数	产活仔数	出生重（kg）	断奶窝仔数	断奶重（kg）	154 日龄重（kg）
0.1	−0.3	−0.032	−0.5	−0.437	−1.04
0.2	−0.6	−0.045	−1.1	−1.256	−4.91
0.3	−0.9	−0.050	−1.8	−2.295	−9.99
0.4	−1.2	−0.058	−2.5	−3.416	−14.85
0.5	−1.5	−0.081	−3.1	−4.460	−17.64

在实际生产中，品质选配和亲缘选配往往是相互结合进行的。为此，可按照以下流程制订选配计划：

（1）选配技术人员必须掌握种猪选育相关知识以及猪群选育方向。

（2）按血缘关系对核心群种猪进行分群、分类。熟悉每头纯种公猪的血缘、生产性能、体型特点，保证每一血缘至少有两头可用公猪；了解所有母猪的测定成绩、繁殖性能、健康状况、体型体况等。

（3）每一头生产公猪、母猪及后备种猪利用电脑软件分别对其进行遗传评估和亲缘系数配对计算。

（4）核心群公猪、母猪要求亲缘系数为"0"，最高不能超过 3.125%；繁殖群可控制在 12.5% 以内。

（5）选配人员根据育种方案、种猪生产性能、繁殖性能、体型特点、血缘分类、公猪使用频率、已配纯繁窝数等信息，用综合指数排前 5% 的公猪配排名前 25% 的母猪，即用最优的公猪配最优的母猪（同质选配）。其他的母猪根据育种目标和单性状育种值灵活使用同质选配和异质选配。

（6）为了防止某个血缘在核心群中比例过高而使近交系数上升过快，影响选配计划的制订，可有计划地为每个血缘的公猪限制选配 30~50 头核心群母猪。

（7）每头母猪选配两头公猪，一个主选，一个次选。配种工作一旦实施，核心群母猪 1~3 胎的与配公猪就固定使用首次配种时的血缘，当后代个体出现性能下降、遗传缺陷和畸形猪时再调换另外一个血缘的公猪。

（8）后备种猪选配计划每批选留时制订，经产母猪每半个月制订一次（制订前都要重新计算亲缘系数和综合育种值）。

（9）当猪群中出现某一性状极优秀的个体时，为迅速巩固这一特定性状，可采用亲缘选配。若选留公猪，用父女配；若选留母猪，用母子配。亲子交配以限配一次为度，对后代执行严格的选择与淘汰。全群亲缘选配的总量以控制在 10% 内为宜。

第七节　分子育种技术

猪的育种技术大致经历了表型选择→育种值选择→基因型选择的过程。表型选择是通过观察或测定，根据性状表现的优劣来进行选择。表型选择虽然在一些性状上，如毛色、畸形等质量性状上获得了一定的进展，但对大多数数量性状（如生长速度、瘦肉率等）的遗传进展较慢，且效果不稳定。育种值选择是借助有效的统计学方法，对性状的表型值进行剖分，并从中估计出能够真实遗传的部分，即育种值，从而提高选种的准确性，加快遗传进展。1948 年，美国学者汉德森提出最佳线性无偏估计（best linear unbiased prediction，BLUP）的育种方法，该方法可以通过对系统环境效应进行估计和校正，使育种值估计的准确性大幅提高。后经过各国育种工作者的系统研究，BLUP 在实际育种中得到广泛应用，已经成为世界各国家畜遗传评定的规范方法。20世纪80年代以来，分子遗传学特别是基因工程技术的发展，使得以此为理论基础的分子育种学应运而生。分子育种主要通过确定性状所对应的基因型进行选择。与常规育种技术相比，分子育种技术可进行早期选择，准确性更高，育种周期短，育种成本低。目前分子育种技术主要包括标记辅助选择技术、基因组选择技术及转基因育种技术等。

一、标记辅助选择技术

狭义的分子标记指的是 DNA 水平上的标记。自 20 世纪 80 年代发展至今，已经有了十多种标记，包括限制性片段长度多态性标记、随机扩增多态性标记、微卫星多态性标记、单核苷酸多态性标记等。分子标记具有不受表型效应的影响，不受环境和时间的影响，数量多，遍布基因组等优点。

猪的个体评估目前基于表型信息和系谱信息居多，但对于低遗传力和阈性状等，利用 BLUP 不能取得很好的效果。但通过对控制某数量性状的主效基因位点或区域进行精准定位，筛选与性状显著相关的遗传标记，进行辅助选择育种，即标记辅助选择（MAS）。现阶段 DNA 标记辅助育种技术仅仅是一种辅助手段，还必须与常规育种技术特别是数量遗传学方法相结合，故称之为标记"辅助"育种。

MAS 的基本思路是：首先，选定猪的一些遗传多态性标记，制作出这些标记的遗传连锁图；然后，找到与目标性状紧密连锁的遗传标记；最后，根据选育目标，选出具有与目标性状连锁的遗传标记个体作为种用，进而实现猪改良目标。

在猪的选择中，对遗传力较低的性状（如繁殖性状）、测量费用高的性状（如抗病力）、表型值在生长早期难以测定的性状（如瘦肉率）、限性表现的性状（如泌乳量）等，采用标记辅助选择，则可提高选择的有效性和遗传年改进量。猪标记辅助选择比较成功的例子就是基因诊断盒的应用，如利用高温应激综合征（MHS）基因诊断盒检测猪的高温应激综合征；用雌激素受体 *ESR* 基因诊断盒固定猪的高产仔数基因；PIC 公司利用 DNA 标记技术清除掉核心群的氟烷敏感基因后，使猪的死亡率由过去的 0.4%~ 1.6% 降至 0，同时商品猪的肉质也得到明显的改善等，各方面均取得了显著的效果。

二、基因组选择技术

尽管 MAS 育种技术一定程度上加快了特定性状的遗传进展，但仅靠单位点或少量位点的选择无法准确估计个体的育种潜能，因此从根本上延缓了育种进程。随着猪基因组计划的开展，猪的基因组图谱被不断完善，并在基因组学和芯片技术发展的基础上诞生了全基因组选择育种技术。全基因组选择实质上是全基因组的标记辅助选择，其不再单独考虑某单个位点的遗传效应，而是通过覆盖整个基因组的标记信息评估个体的育种值。但相对于 MAS 和常规动物模型 BLUP 方法，基因组优势主要表现在：（1）对全基因组上的变异效应做出准确估计；（2）对繁殖、胴体等性状进行早期选择，降低饲养成本，缩短世代间隔；（3）对低遗传力、难以测定的复杂性状的选择准确性高。因此，基因组选择方法必然成为动物分子育种的热点和趋势。

基因组选择的基本思路是：首先，建立参考群体。参考群体中的每个个体要有完整、准确的表型记录和基因组信息。参考群体的规模要足够大，后代优良个体应不断地被补充到参考群体；然后，根据参考群体的表型和基因型信息估计出 SNP 效应；最后，根据估计出来的标记效应，估计出预测群体中个体的育种值。对于预测群体中的个体，应尽量做到有基因型信息、与参考群体间的系谱记录，同时对于早期可记录的部分性状（如初生重等）应尽可能记录。

大量的研究证明，相较于传统选择，基因组选择方法能够大大提高估计的准确性。Christensen 等人利用猪的 60K SNP 芯片对丹麦杜洛克猪的 30~100 kg 日增重（n=2668 头）和饲料转化率（n=1474 头）进行研究，发现基于全基因组选择估计出的育种值准确性显著高于传统 BLUP 估计出的准确性。有研究表明，通过对 9745 头挪威长白猪的生长（达 40 kg 日龄、40～120 kg 日龄、40~120 kg 采食量）和屠宰性状（瘦肉率、胴体比例），基因组选择比传统 BLUP 能够增加 8%~34% 的遗传进展。

因此，自 2001 年基因组选择提出以后，美国、加拿大、丹麦、荷兰、澳大利亚、新西兰等国家均对猪展开了大规模的研究和应用，并且取得了显著的进展。在我国，受国家 863 课题"基于高密度 SNP 芯片的牛、猪基因组选择技术研究"资助，中国农业大学、华中农业大学等科研院所与北京奶牛中心、广东温氏育种公司等龙头育种公司联合攻关，在全国范围内大规模开展家畜全基因组选择研究与应用。

三、转基因育种技术

自 20 世纪 80 年代以来，转基因技术是动物遗传育种领域的研究热点，它在改良动物生产性能、提高畜禽抗病力及生产药用蛋白等非常规畜产品方面具有广阔的应用前景。从简单的技术操作来讲，转基因技术就是将外源基因移入到动物细胞体内，并将细胞移植到受体子宫内，使其完成胚胎发育，并最终繁殖后代，其中部分后代细胞中携带有转入的外源基因并能够表达。利用能表达外源基因且可稳定遗传的个体作为种畜，选育新的品系。目前的动物转基因技术在育种学领域主要用于品种改良、构建生物反应器、构建疾病模型等。目前动物转基因的效率比较低，且费用高，耗时较长，因而成功率不高，加之关于转基因食品的安全争议不断，这些因素都制约着传统的转基因育种的发展。

2013年以CRISPR-Cas9为基础的新型基因组编辑技术应运而生，该技术被视为继基因组选择育种后又一次分子育种的巨大飞跃。该技术可以直接在分子水平上对目的基因进行精准编辑，实现对特定DNA片段的删除、插入或修饰，不但突破了转基因技术瓶颈，提高成功率，还能避开物种间杂交不育的生殖隔离，在较短时间内培育出常规方法不能育成或难以育成的品种，从而加快育种进程。

近几年，基因组编辑技术已经在猪等育种中进行了大量研究，在改善动物生产、肉质品质、抗病能力等方面取得了突破性进展。肌肉生长抑制素（MSTN）基因对肌肉生长具有负调控作用，其功能缺失会导致动物肌肉肥大，表现为"双肌"性状。2015年，Wang等人通过CRISPR-Cas9技术对猪胎儿进行基因编辑，获得了MSTN基因敲除猪，与对照组相比，瘦肉率明显增加。猪繁殖与呼吸综合征（PRRS），又称蓝耳病，是严重威胁我国乃至全世界养猪业发展的重要传染病之一，常常造成严重的经济损失。Whitworth等人利用CRISPR-Cas9技术成功获得CD163敲除猪，该猪对蓝耳病病毒耐受，是对该种致命性猪病的重大突破。

四、分子育种前景及展望

分子标记的产生与应用，开创了分子育种的新领域，因此，以现代生物技术为基础的动物分子育种逐渐进入生产应用阶段。现阶段，MAS育种技术由于其自身的弊端，难以满足现代育种的要求。尤其是进入全基因组、高通量测序时代，以及相关理论的完善，全基因组选择育种技术已经在国内外主要家畜中得到大力推广应用，是当前最为高效的育种方法。随着基因分型和测序价格的不断下降，基因组选择育种的成本将大大降低，该育种技术必将是未来分子育种的主要手段。尽管转基因育种尤其是基因编辑育种有广阔的发展前景，且发展非常迅速，但目前技术还不成熟，离在实际生产中推广应用还需要较长的时间。

虽然分子育种技术目前还没有完全用于猪育种工作中，但随着现代生物技术的不断发展和完善，其必将在选育新品种、抗病育种等领域取得突破。当然，同其他技术的发展一样，分子育种技术的发展与推广应用也存在着利与弊，只有与常规育种技术有机结合，才能实现猪品种改良、食品安全和种质资源保护与利用的可持续发展。

第八节　猪的繁育体系建设

猪的繁育体系是衡量一个国家或地区养猪业发达程度的重要标准。它将原种猪的选育提高、良种猪的繁育推广和商品猪的生产紧密结合起来，形成"上育""中繁""下推"的金字塔式繁育体系。它由种猪育种体系和杂交繁育体系两大部分组成。

一、种猪育种体系

当前世界育种体系主要有两种，一种是大型专业化育种公司构建的封闭式育种体系，进行多个专门化品系选育及配套系筛选，主要以 PIC、TOPIGS、HYPOR、JSR 和 SEGHER 等公司形成的选育配套系为代表；另外一种是养猪发达国家中小型种猪场通过专业机构进行的信息联合和公猪资源共享，通过联合遗传评估开展纯种猪选育，从而形成公众型联合育种体系，主要有美国国家种猪登记协会（NSR）、加拿大育种者协会（CSBA）、加拿大种猪改良中心（CCSI）、丹麦种猪繁育计划（DanBred）。在法国这两种育种体系并存，种猪基因公司（Nucleus、Gene +、ADN）等以公司加农场的形式与中小种猪场合作，为法国70%的养殖企业提供种猪，同时也向国际市场销售种猪；这些合作社型的种猪基因公司纳入了全法国种猪育种体系，拥有全国80%的猪场数据库，另外，也有专业化的种猪育种公司。

我国从20世纪90年代开始，在全国范围内启动了猪的联合育种工作，初步建立了种猪繁育体系（图2.21）。近年来，我国实施的全国生猪遗传改良计划，遴选了近百家国家核心育种场，建立了10万头规模的核心育种群，制订了统一的遗传评估方案，规范了种猪测定方法，有效地开展了种猪测定、遗传评估、选种选配以及基因交换等相关育种工作，使种猪繁育体系塔尖工作更加牢固，但是在实施过程中还存在测定数据没有很好地被利用、部分种猪没有经过性能测定、种猪更新率低、场间遗传交流少、缺乏公共公猪站、育种团队不够稳定等问题。

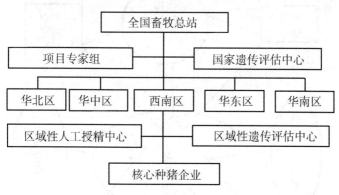

图2.21　全国猪联合育种框架图

为了更好地推动全国猪群体遗传改良计划，结合我国种猪育种体系现状，充分发挥区域性种猪联合育种体系的优势，即将组织机构（畜牧技术推广部门）、技术支撑机构（大专院校、科研院所）、第三方检测评估机构（种猪性能测定中心、遗传评估中心）、种猪场、种公猪站等五方机构有机组合起来，充分发挥各方优势，共同构成联合育种主体（图 2.22）；运用多性状动物模型 BLUP 法进行猪的遗传评估，选择出最优秀的种公猪集中到种公猪站，通过猪的人工授精技术，建立场与场之间的遗传联系，实现优秀基因共享，联合育种，培育出符合市场需求的优质瘦肉型猪新品系。在此基础上实现全国性遗传评估及联合育种，这对规范种猪场的性能测定、遗传评估，加速育种新技术在养猪业的推广应用，提高我国种猪育种技术水平和猪种质量，加速生猪的产业化进程，稳定市场，有重要的现实意义和经济价值。

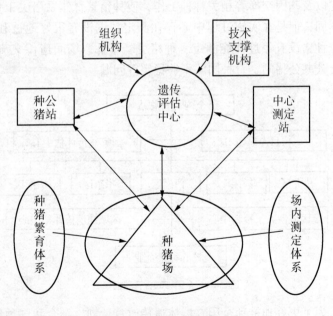

图 2.22　联合育种体系框架图

二、杂交繁育体系概述

一个完整的金字塔式杂交繁育体系，由上至下依次为曾祖代（GGP）、祖代（GP）、父母代（PS）、商品代（C）等四个层级。按照饲养代次及猪场经营范围，又可划分为原种场（核心群）、一级纯繁场（纯繁群）、二级扩繁场（杂交群）和商品场（生产群）等。其中，核心群和纯繁群母猪占整个体系的2.5%，繁殖群占 11.0%，生产群占 86.5%，呈典型的金字塔结构（图2.23、图2.24）。

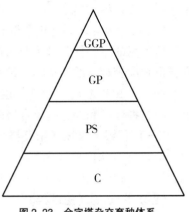

图2.23　金字塔杂交育种体系

（一）原种场（核心群）

原种场处于金字塔塔尖位置，在繁育体系内猪群的遗传改良上起核心和主导作用，因此又称这部分猪群为核心群。原种猪场的核心工作是根据繁育体系和育种方案的要求，进行纯种（系）的选育和新品系的培育，为此必须配套自己的测定设施，或与专门的测定站相结合，

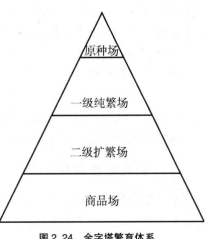

图2.24　金字塔繁育体系

开展持续的测定和严格的选择，以期获得最大的遗传进展。主要任务是为下一层（一级纯繁场）扩大或更新补充纯繁群提供优秀的后备种猪，也可直接向生产群提供终端父本公猪或为人工授精站提供优良种公猪。

（二）一级纯繁场（纯繁群）

纯繁场的主要任务是按照选育方案进行本品种选育和纯种繁育，也须配套相应的种猪测定设备，职能与原种场相似，可作为原种场的纯种扩繁场，为下一层（二级扩繁场）提供用于杂交生产的纯种母猪和经过测定合格的生产公猪。

（三）二级扩繁场（杂交群）

扩繁场不承担种猪选育工作，仅进行杂交生产，为下一层（商品场）提供健康、合格的杂交后备母猪。

（四）商品场（生产群）

商品场位于金字塔结构的底层，构成繁育体系的基础，它拥有的母猪头数占完整繁育体系母猪总头数的85%以上。主要职能是按照杂交计划的要求，利用终端父本进行商品猪生产，为市场提供健康、优质的商品肉猪，满足市场需要。

在金字塔式的繁育体系中，核心群内获得的遗传进展经扩繁群传递下去，最终体现在商品群，使商品代猪的生产性能得以提高。这里猪群的流动是自上而下的，不允许逆向流动，即祖代猪只能生产父母代猪，而父母代猪只能提供商品代猪，商品代猪是整个繁育体系的终点，不能再作种用。

三、杂交繁育体系模式

杂交繁育体系模式有二元、三元和四元杂交等，在我国常见的是二元杂交和三元杂交模式，以三元杂交为主（图2.25）。

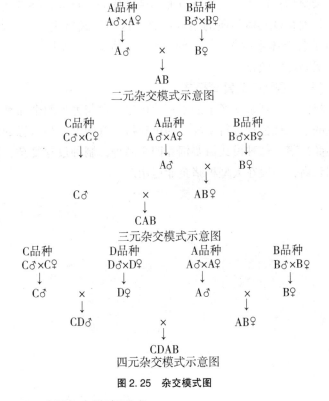

图 2.25　杂交模式图

（一）二元杂交繁育模式

二元杂交猪是用一个品种的公猪与另一个品种的母猪杂交，杂种一代全部作为商品育肥猪。这种杂交方法多以地方品种或当地培育品种为母本，引入的外来优良品种为父本，如地方良种、本地品种、地方良种、引入品种、地方良种、国内培育的新品种、引入品种。

（二）三元杂交繁育模式

三元杂交猪是由两个品种杂交所生的母猪，再与第三个品种的公猪杂交，生产出含有三个品种血缘的商品育肥猪。它是利用二元杂交母猪产生繁殖性能方面的杂交优势，再通过终端父本获得生长发育及胴体品质的杂种优势。这种模式简化了制种过程，比四元杂交体系少饲养一个品种（或品系），从而可以降低费用，提高经济效益。

（三）四元杂交繁育模式

将两个品种杂交产生的子一代母猪，再与另外两个品种杂交产生的子一代公猪进行交配，即可获得含有四个品种血缘的四元杂交商品猪。这种模式需要饲养四个品种，制种过程复杂，饲养费用较高，一般在大型种猪企业运用。

第三章　种猪精准饲养管理技术

第一节　种公猪的精准饲养管理

俗话说"母猪好，好一窝，公猪好，好一坡"，这充分说明了种公猪在养猪业中的地位和作用。种公猪的健康管理和优良性能，是猪场生存的根本保障。《国家中长期动物疫病防治规划（2012—2020年）》的颁布和当前猪病的流行情况，使得猪场疫病净化势在必行，而种公猪的疫病净化工作是猪场疫病净化的开端。因而做好种公猪的高效健康管理就成为提高猪场生产性能关键的生产技术。

一、种公猪的引种

（一）引种频率和种源的确定

引种时要制订翔实的引种淘汰计划，有选择性地引进种猪。种公猪年淘汰率为30%~50%，根据场内的要求，种公猪的使用年限一般为1~3年。所以种公猪要每年更新，更新比例每年不低于30%，这样有利于优秀种源的补充和保持合理的年龄结构。猪群应保持合理的公母比例，按照场内的生产方式及母猪存栏确定种公猪总体数量，本交情况下公、母猪比例为1∶30，人工授精情况下公、母猪比例为1∶200。引种时选择适合自己猪场要求的品种和数量，根据母猪群的品种数量和公猪的存栏状况按照既定的比例确定引种的品种和数量。

种公猪的来源十分重要，为达到引种目的，确定种源，引种前应充分调查供种场猪群生产性能与健康状况。生产性能调查要考察供种场育种工作、产活仔数、断奶仔猪数、饲料转化率、生长速度、体型外貌等生长指标。健康状况调查要调查供种场血清学监测报告与成活率，以判断全群的健康水平。供种场猪群健康状况应高于需种场。然后根据调查的结果判断是否能够满足要求。一般推荐选择适度规模、信誉度高、管理规范、售后服务良好的国家生猪核心育种场猪场引种。

（二）种公猪育种指标

后备公猪的选择要重点突出生长速度快、背膘薄、饲料转化率高和肢蹄结实等特征。选留要求种公猪本品种特征明显，眼睛要有神，反应灵敏，步态矫健，健康活泼，性欲旺盛。背线平直或微弯，腹部线条好，前胸深宽，后躯发达，背臀肌肉丰满，四肢粗壮，后肢要直，蹄质结实，无"X"形腿、"O"形腿、镰刀腿、大小蹄、卧系、肉飞节等。尾根要粗，尾尖卷曲。毛色正常，无卷曲、旋毛。乳头匀称，无瞎乳头。左右睾丸外露，稍下垂，大而明显对称，切忌单睾或隐睾，包皮不能过大或积尿液。无任何疾病及外观遗传缺陷。再结合父系指数进行选留，所选后代父系指数在 110 以上，同时父系指数不能低于其父亲，母系指数采用平均母系不低于 100 为标准（表 3.1），可根据实际情况调整。

表 3.1 推荐的选留公猪育种指数

项目	公猪		
	杜洛克	长白	大白
父系指数	≥100	-	-
母系指数	—	≥95	≥95

续表

项目	公猪		
	杜洛克	长白	大白
产活仔 EBV	—	≥0.1	≥0.15
达 100 kg 体重日龄 EBV	≤-2.0	≤-1.0	≤-1.0
初产同窝活仔数（头）	≥9.34	≥11	≥11
经产同窝活仔数（头）	≥9.34	≥12	≥12
达 100 kg 体重日龄（天）	≤155	≤160	≤160
校正背膘（mm）	≤9	10	10.8
21 日龄窝重（kg）	—	≥60	≥60

杜洛克以父系选育为主，主选生长性能。杜洛克的体型外貌要符合本品种特征。毛色以棕红色为主，肢蹄粗壮，腿臀肌肉丰满发达，体躯高大；有效乳头数 6 对以上，排列均匀；生殖器官发育良好，公猪性欲旺盛。长白、大白以母系选育为主，主选繁殖性能，兼顾生长性能。长白、大白体型外貌选育要符合本品种特征。头部清秀，无肉腮，皮毛光亮，体型匀称；肢蹄粗壮，背腰宽平直；有效乳头数 7 对以上，排列均匀，腹线良好；生殖器官发育良好，公猪性欲旺盛。

（三）运输过程注意事项

运输前应准备好《动物运载工具消毒证明》《动物检疫合格证明》《种猪免疫卡》，以及种猪的系谱、发票、供种场的免疫程序、购种合同等，部分地区还需要引种方畜牧部门出具的"引种证明"。

在种猪的运输中要最大限度地减少应激。注意运输的头数，同一辆车运输多头公猪时，要将其间隔开，防止互相咬伤，每个隔栏的猪不宜过多，以每头猪能够躺卧为准。运送车辆车厢内底板最好铺有垫料（沙子、锯末、秸秆），防止肢蹄损伤，最好用场内部专用车辆，防止车辆带毒传染种猪，在装猪前用消毒液对经过干燥并且冲洗干净的车辆进行消毒，消毒后 15 分钟开始装猪，车辆最好配备有手电筒、水桶、药品等应急物品。长途运输尽可能走高速公路，以避免堵车、急刹车、急转弯等情况，运输途中每运输 2 小时要停车观察 1 次，装车前种猪不要饲喂过量的饲料。夏季运输时，尽可能选择气温较为凉爽的早上或者晚上，押运人员在途中应勤给猪喂水、洒水，防止太阳直射，注意通风；冬季运输注意保暖防风，但需要在车辆侧面或者背面留有通风处。种猪选好后，应尽快启程，避免停留时间过长，猪的应激增大。

种猪到场后，为了确保种猪尽快适应新的环境，应做到舍内温度适宜，圈舍宽敞，尽量减少应激，以利于种猪尽快恢复到调运前的状态。把饲料和饮水放置在种猪容易找到的地方。回到场后当天只给饮水，不供饲料。在回场后的 5 天内要限量饲喂，以免食量过多诱发胃肠疾病。保持圈舍卫生，在饲料中添加适当的抗生素、维生素和氨基酸等药品，消除种猪应激、发病的因素。

二、隔离

（一）引种前的评估

对预选的猪，采用实验室检测的方法对猪瘟、蓝耳病、伪狂犬病、口蹄疫等进行检测，进一步确保引种安全。同时，应正确记录所选种猪的耳牌号、耳刺号，并在体表做出标记，索要系谱进行存档。

（二）隔离方法

隔离的目的主要是降低减少新引入猪群所携带的未知病原入侵原有猪群的风险。引种后，应在专门的栋舍对后备猪进行隔离。隔离舍与其他生产猪舍至少间隔 200 m 或者进行严格的物理隔离，隔离期 30～45 天。隔离期间由专人饲养，每日进出隔离舍要洗澡消毒，减少跟场内其他工作人员接触。引种前，彻底清洗、消毒隔离舍，检查设备，准备消毒药、常用药、工具等。猪群到场后，首先根据日龄、体重、性别、品种分栏。第1周每天进行临床观察、添加相关药物消除运输应激和建立档案管理卡片（包括耳号、出生日期、系谱信息、免疫记录、调教信息、治疗情况等）。尽早提供干净、清洁的饮水。从第2周起，根据免疫程序开始免疫，对适龄的公猪进行调教，记录公猪调教信息（包括日期、采精量、精液质量）。在隔离期间根据供种场提供的信息结合本场的情况制订保健、治疗、驱虫等计划，出现临床症状应及早进行治疗，并严格记录。经过临床观察和采血化验，符合要求后解除隔离。

三、公猪的营养与饲喂

公猪对群体的繁殖力起重要作用，有部分生产者为解决种公猪超重问题采取的方式主要是"限制饲喂"，即通过降低饲料蛋白质和能量水平来降低公猪的日增重，但是过度限饲或限饲会对种公猪的繁殖性状（包括性欲、精子数量、精子质量）产生不同程度的影响。所以使公猪既能生产出大量高质量的精液，又能获得良好体况和健康的全价平衡日粮是公猪生产获得利润的关键。

（一）饲料营养

符合公猪生产要求的全价日粮有利于精子发生，提高精子的活力和公猪的性欲。公猪的营养水平取决于生产因素，如公猪年龄、采精频率、环境温度、遗传及健康状况等。物质因素如能量与赖氨酸之比、日粮中粗纤维含量以及日粮中是否含有抗生素都影响公猪的繁殖性能。因此不同公猪日粮中的能量、蛋白质、矿物质和维生素等的浓度至关重要，种公猪的营养需要量及饲料配方、推荐日饲喂配合饲料量如表3.2和表3.3所示。

表格 3.2 规模化猪场种公猪营养需要量及饲料配方

饲料营养	使役种公猪饲料营养推荐量	种公猪配合饲料配方实例	
		原料	配合饲料配方（kg）
消化能（Mcal/kg）	3	东北玉米	350
粗蛋白（%）	16	小麦	50
钙（%）	0.94	大麦	50
总磷（%）	0.75	稻谷	70
有效磷（%）	0.42	碎米	45
赖氨酸（%）	0.8	小麦麸	50
蛋氨酸（%）	0.26	大豆皮（颗粒）	75
含硫氨基酸（%）	0.52	苹果渣	50
苏氨酸（%）	0.56	全脂米糠	50
缬氨酸（%）	0.78	膨化全脂大豆	45
异亮氨酸（%）	0.66	优质膨化豆粕	100
		进口鱼粉	25
		预混料	40
		合计	1000

表格 3.3 推荐日饲喂配合饲料量

种公猪体重（kg）	配合饲料日喂量（kg/d）	种公猪体重（kg）	配合饲料日饲喂量（kg/d）
130	2.64	250	3.04
140	2.63	260	3.09
150	2.67	270	3.14
160	2.7	280	3.19
170	2.74	290	3.24
180	2.78	300	3.29
190	2.82	310	3.33
200	2.86	320	3.38
210	2.9	330	3.42
220	2.94	340	3.47
225	2.96	345	3.50
230	2.97	350	3.53
235	2.99	355	3.56
240	3.01	360	3.58

注：基于表 3.2 公猪日粮的营养水平。

（二）饮水

公猪的饮水量为 10~20 L/d，可以通过敞口的水槽、单个饮水器或两者结合的方式给水。饮水系统的水流量最低流速为 1.7 L/min。最好选择便于管理的、单独的饮水系统，因为它能给每头公猪提供其所需的充足饮水。推荐使用高容量低压力的饮水器，定期维护很关键。在公猪舍安装水表，用以监控耗水量，能够及早发现耗水异常问题并予以纠正。每年至少进行 2~3 次水质检测，以便了解水的杂质、矿物质和细菌水平，对比畜禽饮用水水质安全指标《无公害食品　畜禽饮用水水质》（NY 5027—2008），采取相应措施（表 3.4）。

表格 3.4　畜禽饮用水水质安全指标

项目		标准值	
		畜	禽
感官性状及一般化学指标	色	≤30°	
	浑浊度	≤20°	
	臭和味	不得有异臭、异味	
	总硬度（以 $CaCO_3$ 计）（mg/L）	≤1500	
	pH	5.5~9.0	6.5~8.5
	溶解性总固体（mg/L）	≤4000	≤2000
	硫酸盐（以 SO_4^{2-} 计）（mg/L）	≤500	≤250
细菌学指标	总大肠杆菌（MPN/100 mL）	成年畜 100，幼畜和禽 10	
毒理学指标	氟化物（以 F^- 计）（mg/L）	≤2.0	≤2.0
	氰化物（mg/L）	≤0.20	≤0.05
	砷（mg/L）	≤0.20	≤0.20
	汞（mg/L）	≤0.01	≤0.001
	铅（mg/L）	≤0.01	≤0.10
	铬（六价）（mg/L）	≤0.01	≤0.05
	镉（mg/L）	≤0.05	≤0.01
	硝酸盐（以 N 计）（mg/L）	≤10.0	≤3.0

四、公猪的调教与采精

（一）后备猪调教

1. 调教月龄

后备公猪 6~7 月龄进行诱导和爬跨，7~8 月龄进行调教采精。

2. 物品准备

调教时事先准备采精手套、干净毛巾、集精袋（杯）、成年公猪的口水等分泌物。

3. 开始调教

先诱导公猪性欲，可以通过按摩包皮、睾丸等刺激性欲，也可以模仿母猪哼叫，或者用成年公猪的口水（泡沫）等分泌物；当公猪有爬跨欲望时，辅助其爬上假畜台，然后尝试采精。

4. 调教过程中的注意事项

第一、二次可能采精失败，但注意保持公猪的爬跨欲望，如果公猪没有性欲和爬跨意向，不要强求，耐心调教等待时机，不要打骂、强行采精，公猪连续几次调教失败后且公猪表现出厌烦、没有兴趣时，应赶回栏舍，次日再调教，当公猪消除顾虑、熟悉后自然会爬跨射精。

在公猪很兴奋时，要注意公猪和采精员的安全，采精栏位必须设置有安全角。公猪爬跨后一定要进行采精，不然公猪很容易对假母猪失去兴趣。调教时，不能让两头或者两头以上公猪同时在一起，以免引起公猪打架，影响调教和造成不必要的经济损失。

（二）采精准备

1. 集精杯制备

平时存放集精杯要扣盖，使用时，先带上无菌手套，将采精袋装入杯内，一手在杯口固定袋口，另一手扩充袋子与杯子壁贴紧，再取三层过滤纸经过两次对折罩在杯口，并用皮筋固定袋口，然后轻轻盖好放入 37 ℃恒温箱预热备用。

2. 毛巾及清洗盆

平时毛巾要洗净晾干，使用时，先准备一盆清水，将毛巾浸湿后拧干放在采精时触手可及的地方，用过以后立即清洗，保持洁净，避免脏污。

3. 采精手套及其他准备

双手保持洁净干燥，以右手采精为例，右手先戴采精手套(采精有难度的可以戴两层应急备用)，另外再戴一层薄膜手套(保证采精手套绝对无污染)，同时左手戴两层薄膜手套（用以排挤包囊内尿液)。

4. 驱赶公猪

驱赶公猪前，先确认待采公猪耳号及栏号，然后检查采精栏门的开关状态（只有赶猪时开启，其他时间保持关闭)，在公猪栏通往采精栏的走道上，要提前充分准备好赶猪通道，确保人、猪安全。

（三）采精公猪上架及注意事项

将公猪赶入采精栏后，经过长期调教、训练形成良好的爬跨习惯的公猪，会自动爬上假畜台（架)，但也有个别迟迟不爬架的，应对措施如下。

1. 公猪性欲低下

这种情况下，采精员一可以模仿母猪哼叫，诱导公猪；二可以抚摸捋挤公猪包皮，直接刺激公猪性欲；三可以赶一头温顺的母猪与待采精公猪隔栏亲密接触，采精公猪一旦被激起性欲可以一触即离。以上方法尝试持续 1 小时无效的，此头公猪采精终止，择日再采。

2. 公猪好奇心重，精力不集中

遇到这种情况要清空采精栏内除假畜台以外的所有物品，然后引导公猪关注假畜台，并适当刺激公猪包皮及性欲。

3. 公猪胆小怕人以及警戒心强

遇到这种情况要进行人员清场并控制噪声和异动，彻底消除公猪戒虑，让公猪安心地主动爬上假畜台。

（四）收集精液

1. 开始采精

记录待采猪只耳牌和采精人员信息；在确定公猪正确爬跨后，采精员轻轻靠近，先按摩公猪包皮、排挤残尿液并用毛巾擦净，待公猪伸出龟头后，再用干净毛巾轻轻地快速擦拭，擦完后取用一个准备好且预热到 37 ℃以上的集精杯。

2. 操作手法

脱去右手的外层手套，右手呈空拳，当龟头从包皮口伸入空拳后，用中指、无名指、小指锁定龟头，并向左前上方拉伸，龟头一端略向左下方，顺势向前带出公猪整个阴茎至锁定状态。

3. 精液收集

公猪射精的最开始部分（5~10 mL，含有大量病菌、污染物）要适当废弃，不可接入采精杯，随后可能出现的精清也可以适量废弃，直到射出白浊的浓精才开始收集。公猪射精时间一般为 10~20 分钟。期间以及最后会有部分稀薄精液，可以不收集，另外也要防止精胶掉入集精杯里面的采精袋内。

4. 其他

公猪可能由于各种原因突然收缩阴茎，甚至爬下假畜台，这时应耐心等待，公猪一般会再次射精，要注意二次收集（极少数公猪会如此反复）。

（五）精液收集与传送

1. 收集结束

当公猪射精完毕后，阴茎会自动变软并逐渐收缩。或有公猪射完精，采精员不松手公猪就不下架，这时可以缓慢放手，直至阴茎自己收缩。

注意：要保证公猪的射精过程完整，即使最后射出的精液不收集，也不要中止采精，不完整的射精会导致公猪生殖疾病而过早被淘汰。

2. 精液传送

收集精液结束后，马上关闭采精门，及时把集精杯转移到安全洁净的传送台上，并小心地取下杯口的过滤纸，随手掩折采精袋口，防止灰尘落入。随后清洗消毒，擦干后放入收集好的精液袋内，采精袋要排出空气、包扎严密。

（六）采精完成

1. 公猪回栏

采精完毕后，应看着公猪安全跳下假畜台，接着先巡查采精公猪回圈的通道是否堵截得当，并进行安全检查（漏粪口盖好）。缓慢将公猪放出采精栏，尾随其后轻轻驱赶，直到公猪回到原来的起居圈栏（不可随意调换圈栏）。

2. 卫生清理

当天采精结束后，打扫采精工作区域，及时冲洗假畜台、采精栏、桌面、地面等，用肥皂清洗毛巾并漂洗干净，确保环境与采精工具干净、卫生。

五、精液稀释及人工授精化验室管理

（一）精液稀释前的准备工作

打开实验室空调，温度设置为 22~25 ℃。依次打开实验室设备电源，并保持相应温度恒定。各种设备温度要求：全自动加热搅拌稀释器为恒温 37 ℃，恒温预热器为 37.5 ℃，恒温水浴锅为 37 ℃，精液检查专用的加热板为 37 ℃。之后，陆续打开精液检查专用的电子显微镜、安装有精子质量分析软件的电子计算机、自动稀释装置的智能控制蠕动泵及分装器、电子计量秤、精液生产分装的全自动灌装机、原精空气传输气泵。在公猪舍采集好的新鲜精液将通过气动传送管道运到化验室，其原理是通过抽风装置将气压输送到化验室和公猪舍，两边都有控制开关，将两边气门关好，按下发送开关就可从一端发送到另一端，整个传送过程大概需要 20 秒。

准备好接应原精及稀释精液所需物品，100~300 mL 稀释杯和 1000 mL 稀释杯。

（二）公猪原精液的质量检查

1. 采精量

后备公猪的射精量一般为 150~200 mL，成年公猪为 200~600 mL，精液量的多少因品种、年龄、采精间隔、气候和饲养管理水平等不同而变化。

2. 精液颜色

正常精液的颜色为乳白色或灰白色，如果精液颜色有异常，诸如带有绿色、黄色、红色、红褐色等，则说明精液不纯或公猪有生殖道病变，凡发现有颜色异常的精液，均应弃去不用，同时对公猪进行检查，然后对症处理治疗。

3. 精液气味

正常公猪的精液具有特有的微腥味，有特殊臭味的精液一般混有尿液或其他异味，一旦发现，不应留用，并检查采精时是否有失误，以便下次纠正做法。

4. pH 值

以 pH 计或 pH 试纸测量，正常范围为 7.0~7.8。

5. 精子活力检查

精子活力的高低与受配母猪的受胎率和产仔数有较大的关系。因此，每次采精后及使用精液前，都要进行活力检查，精子活力检查时必须使用 37 ℃的恒温板，以维持精子自身的温度需要。一般先将载玻片放在保温板上预热至 37 ℃左右，再滴上精

液，盖上盖玻片，然后在显微镜下进行观察。精子活力采用10
级制，在显微镜下观察一个视野内做直线运动的精子数，若有
90%的精子呈直线运动则其活力为0.9；有80%呈直线运动的，
则活力为0.8，依此类推。新鲜精液的精子活力以高于0.7为正
常，稀释后的精液，若活力低于0.6时，则弃去不用（表3.5）。

表3.5 河南精旺公猪站原精质量评定标准

等级	条件
优	采精量200 mL以上，精子活力0.85以上，精子密度3.0亿/mL以上，精子畸形率5%以下，颜色、气味正常
良	采精量150 mL以上，精子活力0.75以上，精子密度2.0亿/mL以上，精子畸形率10%以下，颜色、气味正常
合格	采精量100 mL以上，精子活力0.65以上，精子密度0.8亿/mL以上，精子畸形率15%以下；颜色、气味正常
不合格	采精量100 mL以下，精子活力0.65以下；精子密度0.8亿/mL以下；精子畸形率15%以上。

备注：优、良、合格条件全部符合才可评为该等级；不合格中条件符合一项即评
为不合格。

6. 精子密度

精子密度指每毫升精液中含有的精子数，是用来确定精液稀
释倍数的重要依据。正常公猪的精子密度为2.0亿~3.0亿/mL，
个别可达5.0亿/mL，检查精子密度常用以下两种方法。

（1）精子密度仪计数法：方法极为简单，检查时间短，准
确率高，若用国产分光光度计改装，也较为适用。该法有一缺
点，就是会将精液中的异物按精子来计算，应予以校正。

（2）红细胞计数法：该法最准确，但是速度慢。具体操作
步骤：用不同的微量取样器分别取具有代表性的原精100 mL和
3%的KCl溶液900 mL，混匀，在计数板的计数室上放一盖玻片，

取少量上述混合精液加入计数板中，在高倍显微镜下计数 5 个中方格内精子的总数，将读数乘以 50 万即得出原精液的精子密度。

7. 精子畸形率

畸形率是指异常精子的百分率，一般要求畸形率不超过 20%，其测定可用普通显微镜，但需伊红或姬姆萨染色。相差显微镜可直接观察活精子的畸形率。公猪使用过频或高温环境会出现精子尾部带有原生质滴的畸形精子。畸形精子种类很多，如巨型精子、短小精子、双头或双尾精子、顶体脱落、精子头部残缺或与尾部分离、尾部变形。要求每头公猪每两周检查一次精子畸形率。

（三）精液稀释的稀释液配制

（1）根据当天精液生产计划，确定稀释液的配置量。

（2）超纯水的制作：打开纯水机电源，将取水管放入水池中，按下 UP 键，10 秒后观察显示屏上数值指标为 18.25 时再将水管放入储水桶内放水，储水多少根据当天需要量决定，当取水结束再按 UP 键可停止取水，为延长纯水机使用寿命，每天要进行排污，以免杂质堵塞管道影响水质，更重要的是水质不达标会影响精液质量。

（3）将超纯水加入全自动稀释加热搅拌器，加热至 30 ℃以上时，再加入适量的稀释液进行搅拌混匀，最终加热至 37 ℃左右。搅拌器的搅拌时间不应超过 20 分钟。

（4）装稀释液的包装袋一周换一次。导管也要及时进行清洗消毒。

（四）精液的稀释

（1）精液采集后应在 15 分钟内开始稀释。

（2）未经品质检查或者检查不合格（活力 0.7 以下）的精液不能稀释。

（3）精液要求等温稀释，稀释液与精液两者温差不超过 1 ℃，一般情况下稀释液应预热至 33~37 ℃，以精液温度为标准来调节稀释液的温度，绝不能反过来操作。

（4）稀释时，将稀释液沿盛精液的杯壁缓慢加入精液中，然后轻轻摇动或用消毒玻璃棒搅拌，使之混匀。

（5）如做高倍稀释时，应先进行低倍稀释，稍后再将余下的稀释液沿壁缓慢加入。

（6）稀释倍数的确定：活率≥0.7的精液，一头母猪按每个输精剂量含40亿个有效精子，输精量为80~90 mL，确定稀释倍数。

（7）稀释后要求静置片刻，再做精子活力检查，如果精子活力低于0.7，不能进行分装。

（五）精液的分装保存

（1）精液稀释后，检查精子活力，若无明显下降，按每头份80 mL分装。

（2）精液稀释后的自动灌装及自动打印、封签。将添加好稀释液的精液放置在Minitube灌装机压力舱内，精液管放置在转盘上，将干净的导流管金属头放入精液，另一端用夹子固定在压力舱上，关好气门。在触摸屏上选择精液编号对应的猪的耳号信息，选择开始，进入自动分装程序，灌装机将自动完成分装、封口、贴签等环节，其中封签内容包含公猪精液的品种、耳号、生产日期、生产商等关键信息，这样就能更好地提高生产效率。每份精液灌装结束后，点击结束，再点空车运行，直到最后一瓶精液贴签完成，整个过程结束后打开气门取出空精液桶和导管放入水中冲洗以备下次使用。

（3）认真检查核对、确认精液瓶上公猪精液的品种、耳号、生产时间、产品标签，以便对产品进行追踪，实施可追溯化的管理体系。

（4）将分装好的精液置于22~25 ℃的室温中，用毛巾盖好，冷却1~2小时，缓慢降温后，再放置到17 ℃恒温箱中，不同品种的精液应该分开放置，避免拿错，精液要平放，可叠放。

（5）保存过程中要求每隔 12 小时将精液轻柔翻动一次，防止精子沉淀而使精液保存时间缩短或使精子死亡。

（6）冰箱中应该放有灵敏温度计，每天检查温度并进行记录，若停电要全面检查贮存的精液品质。

（7）尽量减少精液保存箱开关的次数，以免引起保存温度的波动而给精子活力带来影响。

（8）每天做好公猪精液的生产采精记录，内容涵盖以上所有检查精液指标数据以及分装保存信息等。这样就能够建立健全公猪的精液生产质量管理数据库，为公猪生产和精液产品的可追溯性提供重要的数据支撑。

（六）注意事项

（1）稀释精液时，一定要将稀释液缓慢注入原精液中，切不可逆向操作。

（2）稀释液与原精液温差一定不能超过 1 ℃。

（3）稀释完成后，不要立即进行分装，要静置 5~10 分钟，再次镜检后活力不低于 0.7 方可分装。

（4）精液运输的关键在于保温和防震。公猪站与猪场之间的精液运输采用专业的精液运输箱来运送，要求达到 17±1 ℃恒温。或者采用泡沫箱，添加空气防震袋、毛巾、冰块等控制运输温度及防震，确保精液质量。

（5）运输后不同品种精液应分开放置，以免拿错。精液应平放，可叠放。从放入冰箱开始，每隔 12 小时要小心摇匀精液一次（上下颠倒几次），冰箱应一直处于通电状态，尽量减少冰箱门的开关次数。出现温度异常或停电，必须普查贮存精液的品质。

（七）人工授精化验室管理

1. 基础建设要求与仪器设备要求

具体要求请参照《种公猪站建设技术规范》（NY/T 2077—

2011）。

2. 日常管理要求

人工授精站实验室是精液检查、处理、贮存的场所，为了生产出优质的、符合输精要求的精液，一定要把好质量关，保证出站的每一瓶精液的活力不低于 0.7，72 小时之内存活率不受影响。

（1）实验室要求整洁、干净、卫生，每周彻底清洁一次。

（2）非实验室工作人员在正常情况下不准进入实验室，原则上采精员也不准进入实验室。

（3）所有仪器设备应在仔细阅读说明书后，由专人按操作规程使用和维护保养。

（4）各种电器设备应按其要求选择适当的插座，除冰箱、精液保存箱、恒温培养箱等外，一般电器要求人走断电。

（5）所有器皿应以洗洁精或洗衣粉清洗干净，再以蒸馏水漂洗，60 ℃干燥（玻璃用品干燥温度可高于 100 ℃）后，以锡纸包扎器皿开口，玻璃器皿 180 ℃环境下进行干热灭菌 1 小时。

（6）稀释液的配制、精液检查、稀释、分装一定按照人工授精操作规程进行。

（7）实验室仪器设备保持清洁卫生。实验室内使用的仪器设备，如显微镜、干燥箱、水浴锅、17 ℃精液保存箱、冰箱、37 ℃恒温板、电子天平、显微镜镜头（目镜和物镜）等必须保持清洁卫生。

（8）实验室地板、实验台保持干净清洁。

（9）下班离开实验室前检查电源、水龙头、门、窗是否关闭好，做到万无一失方可离开实验室，确保安全。

（10）防火防盗，注意安全。

3. 精液质检

精液质量决定人工授精的成败，猪场每次人工授精前必须按照要求检查精液的品质。

（1）精液量：以电子天平称量精液，按每克 1 mL 计，避免以量筒等转移精液盛放容器的方法测量精液体积。

（2）颜色：正常的精液是乳白色或浅灰白色，精子密度越高，色泽愈浓，其透明度愈低。如带有绿色或黄色，则混有脓液或尿液；若带有淡红色或红褐色，则含有血液。这样的精液应舍弃不用，并会同兽医寻找原因。

（3）气味：猪精液略带腥味，如有异常气味，应废弃。

（4）pH 值（酸碱度）：以 pH 计测量（pH 计使用方法见说明书）。

（5）精子活率检查：活率是指在 35~38 ℃时呈直线运动的精子的百分率，在显微镜下观察精子活率，一般按 0.1~1.0 的 10 级评分法进行，鲜精活率要求不低于 0.7。

（6）精子密度和畸形率，参见前文内容。

4. 实验室设备管理及维护

（1）实验台每次生产完成后要用干净毛巾彻底擦洗一遍，确保实验台上无残留精液、稀释液或灰尘等。

（2）自动灌装机每次使用完以后要及时用干净的湿毛巾擦拭压力舱及传送带周围喷洒的精液，以防止精液渍在机器上影响机器正常运作。

（3）载玻片、量筒、玻璃烧杯、导流管、移液器等用完之后要在当天进行清洗，以防精液残留造成污染，影响精液质量。

（4）化验室储藏间、工作区、休息室、卫生间也要每天打扫，及时清理垃圾，确保地面无污水及灰尘。

（5）清洗载玻片时要先将盖玻片与载玻片分离开，整理出盖玻片放入垃圾桶内，然后再用超声波清洗机清洗载玻片，载玻片的清洗要进行三遍，第一遍用一次过滤水加热 900 秒，第二遍用超纯水加热 600 秒，第三遍再用超纯水清洗，不加热，清洗干净后将其放在晾干架上自然晾干，最后放在紫外线灯下照射消毒，以备使用。

（6）导流管的清洗一定要先用活水（自来水）冲洗5~10分钟，利用水压将残留在管内的精液冲洗掉，切记要用手将导流管的金属球的凹槽里的精液清洗干净，然后再用超纯水清洗三遍，将其挂起自然晾干，最后再放入100℃鼓风干燥箱中高温消毒30分钟，自然冷却后再使用，以免再次使用时污染下批精液，影响精液质量。

六、公猪的日常管理

（一）公猪的膘情管理

首先是公猪的饲料日粮要保证新鲜适口，营养均衡，根据公猪的体况评分表（表3.6），调整公猪饲料量。特别注意每周需要校正公猪的配料器。

表3.6 公猪体况评分表

分值	体况	腿骨位置	体型
5	过肥	无法检测	球根状
4	肥	无法检测	趋于隆起
3.5	良好	很难定位	管状
3	正常	仅可触到	管状
2.5	偏瘦	容易定位可见突出物	管状但腹侧平（板）状
2	瘦	可见	可触到肋骨和脊椎
1	过瘦	容易看到	骨结构明显（肋骨和脊骨）

注：公猪体况分值保持在3分，过肥的公猪性欲较低，公猪的体型和皮毛覆盖情况可确定体况分值。

（二）保证充足、清洁的饮水

水不仅是动物机体最重要的组成部分，也是生产性能（公猪精液生产力）所必需的元素，所以保证公猪的饮水需求是一项最基本的生产工作。每天检查饮水设备是否正常运转，每周需要检测饮水设备的流量。

（三）制订采精计划

对于成年公猪来说，每间隔 3~4 天采精一次，精液的质量较好，而对青年公猪可以适当地延长采精间隔到 4~5 天。

1. 杜洛克品种猪的采精频率

对于成年杜洛克种公猪来说，每间隔 3 天采精一次。在整个采精阶段，精子的密度、活率、总精子数等 3 个指标的变化趋势极其相似。总体上都呈现出先上升后下降的变化趋势，且均在采精间隔为 3 天时达到最大。其中，精子密度在采精间隔 3 天时显著高于采精间隔为 5 天和 1 天（$P < 0.05$），但与采精间隔为 4 天和 2 天时差异不显著（$P > 0.05$）；精子活率和总精子数在采精间隔为 5 天、4 天、3 天、2 天时各组之间差异不显著（$P > 0.05$），但均显著高于采精间隔为 1 天（$P < 0.05$）；精子的活力和精液量在采精间隔为 5 天、4 天、3 天、2 天时各组之间差异不显著（$P > 0.05$），但均显著高于 1 天（$P < 0.05$）（表 3.7）。

表 3.7　采精间隔对精液质量参数的影响

检测指标	采精间隔				
	5 天	4 天	3 天	2 天	1 天
精液量（mL）	214.75±38.43[a]	200.00±60.43[a]	210.63±57.37[a]	204.25±54.54[a]	154.75±15.97[b]
密度（亿/mL）	5.16±0.97[b]	5.86±1.69[a]	6.66±0.97[a]	6.18±0.71[a]	4.56±0.74[b]
活力	0.92±0.03[a]	0.92±0.02[a]	0.93±0.01[a]	0.92±0.02[a]	0.88±0.02[b]

续表

检测指标	采精间隔				
	5 天	4 天	3 天	2 天	1 天
活率	0.75 ± 0.02^a	0.75 ± 0.04^a	0.80 ± 0.03^a	0.75 ± 0.06^a	0.64 ± 0.02^b
总精子数（亿/mL）	1104.7 ± 201.9^a	1172.2 ± 305.7^a	1381.7 ± 447.7^a	1262.9 ± 178.8^a	702.2 ± 142.3^b

注：同行数据肩标小写字母不同表示差异显著（$P < 0.05$），相同表示差异不显著（$P > 0.05$）。

2. 长白品种猪的采精频率

成年长白种公猪的最佳采精频率为至少要间隔 4 天采精 1 次。采精频率与精液量、密度、活率呈负相关趋势，与精子畸形率呈负相关趋势。24 月龄左右的长白种公猪，试验得出的最佳采精频率为：公猪精液量的最佳采精频率每 3 天 1 次，公猪精液密度的最佳采精频率是每 5 天 1 次，公猪精液精子活率的最佳采精频率是每 4 天 1 次，公猪精液畸形率的最佳采精频率是每 5 天 1 次。

3. 大白品种公猪的采精频率

成年大白种公猪的最佳采精频率为至少要间隔 3 天采精 1 次。各年龄段内的公猪采精间隔天数为 1 天或 2 天 时精子品质较差，间隔 3 天以上的采精量和有效精子数均显著高于间隔 1 天和 2 天，而间隔 3 天以上组间的采精量及有效精子数差异不显著；各年龄段内的公猪采精间隔对精子密度和精子活力的影响不显著，但仍呈上升趋势。

（四）种公猪猪舍的环境温控要求及相关设备维护

现在公猪舍一般都是全封闭的小环境温控系统，种公猪的小环境温控要求温度维持在 20 ~ 25 ℃（夏季、秋季），14 ~ 20 ℃ (冬季)。相对来说冬季温度很容易就能保持在 14 ℃以上，但是夏季、秋季就需要大量的机械通风和其他降温设备来进行防暑降温调控。

（1）每天查看猪舍温度，通过必要的温控措施及设备调节舍内小环境温度。

1）升温措施：降低猪舍内风速、风量，卷帘布（水帘）半封闭；增加料量，稍微加大猪群密度，减少猪栏之间的空栏。

2）降温措施：根据温度高低，合理利用若干台大风机（每台风机直径70~100 cm）来加大通风量；如果有水帘，则设置为26 ℃以上时，自动开启。水帘降温一般能降低5~10 ℃；增加饮水及水溶性抗热应激药物；疏散猪群，增加猪栏之间的空栏。

（2）注意湿度及空气质量，猪舍适宜的相对湿度为50%~60%，舍内空气鼻嗅无氨气味。

（3）猪舍采用水泡粪工艺的需要每10~14天更换一次储粪池污水，水的深度要适当。

（4）设备需要日常维护保养：各种风机要定期检查、除尘，相关电动机要适时保养，风机的附属设施如百叶窗、风机罩等也要经常检查维护，保证随时能正常运转。配电柜及电闸控制器应定期检查维护，一方面保证设备利用效率，另一方面检查排除用电的安全隐患。电表及水表定期检查是否正常运转，通过每周的水电消耗量统计也可以掌握猪群的重要生产信息，如用水量反映了猪的采食量等；而用电量则直接反映了猪舍的温度情况。定期检查水帘及卷帘布是否运转正常、是否能合理开关，检查蓄水池水位，防止水泵空转。

（五）猪舍"5S"管理

按照"5S"标准保证猪舍环境卫生，上班后及时打扫走道、粪道、采精道，清理舍内垃圾、废弃物。整理舍内用具、采精台、软水管等。对公猪进行体表刷拭、刷毛，并观察每头猪的健康体况。猪舍"5S"检查评分表见表3.8。

表 3.8　猪舍"5S"检查评分表

检查项目		检查要求
猪舍车间卫生	地面清扫	车间内地面无杂物、无积水、无积粪
	门窗卫生	猪舍窗户、窗台无积尘
	墙角	墙角清扫干净；风机、水帘等设备设施定期清理积尘
	蛛网	车间不准有蛛网
	采精卫生	采精区日常清理打扫干净、整洁；采精垃圾能定期彻底清理；采精物品日常消毒合格、存放合理
整理整顿	物品摆放	车间物品及工具保持定位存放；用品工具避免乱扔乱放、保证高效利用
	物品分类	猪舍物品能按照用途、性能、使用频次等类别合理分类存放，并保证可视化，提高使用效率
	物品清洁	猪舍物品及用具保持整洁、随时可用；打扫完卫生后，清洁所用工具
	设备显屏	恒温箱、气动传送窗、操作台定期除尘；电器显示屏擦拭干净
猪群管理	环境温控	能够有效改善猪舍空气质量及通风换气；能控制调节猪舍环境温度及湿度；掌握生产设备维护的基本技能
	水电	日常做到节约水电；及时检修水管滴漏；用电防护措施（漏保、绝缘手套鞋等）合格
	生产记录	日常生产报表及时填写（生产记录、免疫记录、各个消毒记录、采精档案、诊疗记录等）
	健康状况	猪群整体健康、体表及时清扫、公猪的日常生殖检查等
	饲料掌控	猪膘情控制适中、采食量掌控合理、营养均衡

第二节　种母猪的精准饲养管理

猪场经营的成败，取决于平均每头种母猪年提供仔猪头数和年贡献商品猪头数。因此，如何做好种母猪的饲养管理是每个养猪场重要的日常工作之一。作为整个猪场持续性的生产力，种母猪的繁殖是个复杂的生理过程，不同的生理阶段需要进行不同的精准饲养管理。本节内容就种母猪在配种、妊娠、分娩及断奶等各环节精准饲养管理方面进行阐述。

一、配种车间精准饲养管理

（一）工作目标

猪场生产的目标即获得最高生产效率和最佳经济效益。猪场生产从配种开始，如果没有母猪配种，就没有母猪分娩，也就不可能有高的生产效益和好的经济效益。配种车间的生产目标，即保证有足够的经产母猪和后备母猪配种和分娩，从而得到足量的健康仔猪。

具体目标为根据母猪群和配种计划完成配种头数，配种计划执行达 100%；母猪情期受胎率 95% 以上，并做好保胎防流工作；窝均产总仔 12.5 头以上；年产胎次 2.25 胎以上；后备利用率 90% 以上（以转入母猪群为准）；断奶母猪断奶后 7 天内发情率 90% 以上；种猪残死率 0.8% 等。

（二）日常工作计划

6：00~6：15　　饲喂，巡视猪群。

6：15~6：50　　检查设备，上料，打扫卫生。

6：50~7：20　　早餐、参加晨会。

7：20~8：20　　配种。

8：20~10：00　　查情。

10：00~10：40　　发情待配母猪转栏，断奶母猪转群。

10：40~11：10　　健康检查及问题母猪的治疗。

11：10~11：20　　车间水电及温控设备检查。

11：20~12：20　　午餐、午休、午会（午餐开始时间固定在

11：20，下午上班时间以公司统一调整时间为准)。

12：20~14：20 后备母猪诱情。

14：20~15：10 饲喂，巡视猪群，检查设备，上料，打扫卫生。

15：10~15：20 健康检查及问题母猪的治疗。

15：20~16：10 查情、妊娠诊断。

16：10~17：10 配种。

17：10~17：20 车间水电及温控设备等整体检查，填写日报表后下班。

(三) 母猪的精细化管理

1. 环境控制

（1）采用的是小环境温度自动控制系统，温度控制理想范围 18~22 ℃，相对湿度 50%~75%，并且每天的最大温差不能超过 5 ℃。猪舍的通风工作由温控电子计算机和风机完成，风机的工作由温控电子计算机控制。

（2）冬季为达到猪舍温度要求，采用横向通风方式，在保证猪舍空气新鲜的基础上，设置不低于 14 m^3/小时的最小通风量；最小通风量是个理论数据，在实际生产中，结合猪舍的建筑工艺和猪群情况，可适当调整其数值的大小。在炎热的夏季，通风方式由横向变为纵向，同时使用水帘降温。车间管理员要定期检查风机是否正常工作。

（3）定期对饮水器的状态和水量进行检查，水嘴位置和方向要使猪只饮水方便舒适，水流量达到 2 L/分钟。

2. 卫生管理

（1）清扫舍内猪粪：每天至少 2 次，早上和下午饲喂后各清扫 1 次，把粪便扫入底下粪池内，粪池内要有适量的水可以浸泡粪便，满足水泡粪工艺的要求，制定粪水排放制度。

（2）清扫舍内的蜘蛛网、灰尘，清扫包括水帘、通道、栏位、墙壁、窗户、风机、料管、吊顶，清扫时根据当时温度可适当增加通风，便于排出灰尘。

（3）每周要定期对舍外卫生区、赶猪道清洁整顿一次。

3. 健康检查

（1）健康检查的项目包括：精神状态是否良好，体温是否在正常范围内；呼吸频率是不是在 30 次/分钟左右的正常范围内；眼睛是不是红肿或有较多的分泌物，鼻孔是否流鼻涕，大便是太硬还是太稀等。

（2）每天早上、下午查情时，应赶母猪起来，观察母猪是否有肢蹄疾病。

（3）每天观察母猪吃料情况，若母猪没有发情，没有注射疫苗，但采食量下降，可能是患病的征兆，应引起注意，并做好记号，连续观察几天。

（4）对于有健康问题的母猪，要统一做好标记并对症治疗。

（5）当发现猪群有 0.5% 的猪出现同一症状，要向兽医汇报，并由兽医制订相应的治疗方案。

4. 母猪的精准饲喂

（1）母猪饲喂标准：

表 3.9　母猪饲喂标准

阶段	饲料	后备母猪 日采食量（kg/天）	经产母猪 日采食量（kg/天）
配种前	哺乳母猪料	2	4
配后 0~3 天	妊娠前期料	1.4	1.8
配后 4~25 天	妊娠前期料	1.8	2
配后 26~95 天	妊娠前期料	2.2	2.2~2.6
配后 96~107 天	妊娠后期料	3.5	4.5

表 3.9 的母猪饲喂标准是根据表 3.10 的母猪膘情控制标准

制定的。

表 3.10　母猪膘情控制标准

阶段	标准膘情（5 分制评分）
断奶	2~2.5
断奶—配种	2.5 以上（2.5 以下不予配种）
配后 0~3 天	2.5
配后 4~25 天	2.5
配后 26~95 天	3~3.5
配后 96~107 天	3.5~4

　　表 3.10 的母猪膘情控制标准是根据表 3.11 的母猪膘情打分标准制定的。表 3.11 的母猪膘情打分标准主要是通过对母猪躯体三个较重要的部位（脊柱，尾根，骨盆）进行检查而得出的母猪体况的综合性评价，大体型和瘦肉型猪，基本都是结合 P2 点背膘，判断实际膘情（人为打分容易造成误差）（图 3.1）。精细化种猪生产要做到对猪只各个生产阶段和时期的生长状况的系统了解，要有数据的积累和支撑。

表 3.11　母猪膘情打分标准

部位 分数	1 分 （很瘦）	2 分 （偏瘦）	3 分 （适中）	4 分 （偏肥）	5 分 （过肥）
脊柱	突出，明显可见	突出，但不明显，易摸到	看不见，可以摸到	看不见，很难摸到，有脂肪层	看不见，摸不到，脂肪层厚
尾根	有很深的凹	有浅凹	没有凹	没有凹，有脂肪层	没有凹，脂肪层厚
骨盆	突出，明显可看到	突出，可看到，易看到	突出，看不到，可以摸到	突出，看不到，用大力可以摸到	突出，看不到也摸不到

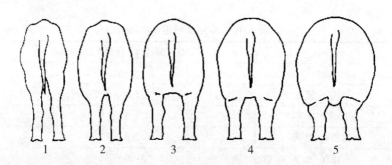

图 3.1 膘情打分图

（2）料量设定：根据母猪营养需求及饲料配方设计，并结合生产实际制定母猪饲喂标准；个别母猪根据具体膘情适时调整饲喂量。

（3）料机使用：配种车间母猪采取自动加料系统、每头定量、统一饲喂、日喂 2 次模式。饲喂前确认每个母猪配料器中有饲料。饲喂时，顺时针摇动饲喂控制器摇把，至所有料锤全部抬起，饲料自然下落至母猪料槽中，然后为下次饲喂准备进行上料。上料程序包括：一看、二落、三查、四调、五启动、六巡视、七停止。

一看：加料前先看母猪配料器内是否存有饲料，确保每个配料器内的饲料放完。

二落：逆时针摇动饲喂器控制摇把，将料锤全部落下。

三查：检查每个配料器的料锤，确保全部落下。

四调：根据母猪妊娠天数和体况，调节配料器上的刻度，调整母猪喂料量。

五启动：启动自动供料驱动器进行上料。上料开关箱、显示、手动、自动、停止、从"停止"位拨至"自动"位。

六巡视：上料期间，巡视车间上料设备是否运转正常，饲料是否有散撒现象。

七停止：根据上料定时器控制，到时间（约20分钟）后会自动停止上料。然后手动将上料开关拨至中间停止位，再将上料控制柜电源开关拨至0位柜，电源开关拨至"停止"位。

（4）注意事项：

1）配种车间主要饲养的是配种35天内的母猪，我们视为妊娠前期母猪，在该阶段严格按照饲喂计划规定的料量进行饲喂，不进行膘情调整工作。

2）怀孕的母猪需要安静舒适的生活环境，应激会影响胚胎着床或者导致胚胎死亡，任何会对母猪造成应激的不良行为都要尽可能避免，如噪声、惊吓、缺水等。

3）喂料：每天饲喂2次，配种车间管理员要养成良好的工作规律性，而且不同的车间管理员工作要协调配合，饲喂时在时间上保持一致。

4）上料到料斗的时间要在喂料后1小时内完成，避免刺激猪群。

5）配种后采食量高或者料量变化等刺激会影响胚胎着床，配种后1~3天内尤为重要，配种后头3天，料量一定按饲喂计划进行，无论膘情如何，严禁随意调整料量。

6）猪的胚胎期有三个死亡高峰期，分别是配种后第9~13天、第18~23天、第60~70天，这三个时期应做好饲养管理，尽可能减少应激，在这三个阶段不要调整料量。

7）妊娠35天转至妊娠舍之前，严禁对猪只进行转栏或者混群。

8）喂料时若遇到患病猪只，用湿拌料特殊照顾，并做标记，及时报告兽医给予治疗。

9）配种车间的定位栏料槽是大通槽，一个料槽配备一个饮水器，因此，要时刻关注料槽是否畅通，避免猪只缺水。

5. 查情

配种成功的关键是正确掌握发情症状，适时配种。

（1）发情母猪的鉴定：掌握发情规律，适时配种。母猪性成熟后会出现周期性发情，即卵巢呈现有规律的、周期性的卵泡成熟和排卵过程。母猪的发情周期平均为 21 天（介于 18~24 天范围内），发情持续时间 2~5 天。按母猪发情症状可分为前、中、后三期。

1）发情前期：母猪表现出阴户开始潮红肿胀，但分泌物很少。部分母猪还表现出精神不安、食欲减退，在栏内不时走动、爬跨其他母猪等行为特征，但拒绝公猪交配，用手压背时逃跑。

2）发情中期：这是发情高潮阶段，也是排卵高峰期。阴户更加肿胀，呈核桃形，阴道黏膜由潮红变暗红，阴道内黏液增多并有白色黏稠的丝状黏液流出，手压背部不动并两耳竖起，接受公猪交配和输精。部分母猪还表现出嘶叫、跳栏、爬跨其他母猪、不食、站在栏门附近寻找公猪或者在栏内四处走动，频频大小便或者在栏内发呆，两耳竖立颤动，此时即为配种适期。

3）发情后期：阴户逐渐收缩而出现皱褶，阴户黏膜红色变淡，分泌物减少。拒绝公猪交配，用手压背腰时逃跑。

（2）查情的方法：发情鉴定最佳时间是母猪喂料后半小时，此时母猪表现平静。每天进行两次发情鉴定，上午、下午各一次，后备猪诱情一次，对没有确定妊检的妊娠猪每天必须返情检查。检查采用人工查情与公猪试情相结合的方法。

1）外部观察法：母猪发情时极为敏感，一有动静马上抬头，竖耳静听。平时吃饱后爱睡觉的母猪，发情后常在圈内来回走动，或常站在圈门口。另外，外来母猪在非发情期，阴户不肿胀，阴唇紧闭，中缝像一条直线。若阴唇松弛，闭合不严，中缝弯曲，阴唇颜色变深，黏液量较多，即可判断为发情。

2）公猪试情法：把公猪赶到母猪圈内，如母猪拒绝公猪爬跨，证明母猪未发情；如主动接近公猪，接受公猪爬跨，证明母猪正在发情。

3）母猪试情法：把其他母猪或育肥猪赶到母猪舍内，如果母猪爬跨其他猪，说明正在发情；如果不爬跨其他母猪或拒绝其他猪入圈，则没有发情。

4）人工试情法：通常未发情母猪会躲避人的接近和用手或器械触摸其阴部。如果母猪不躲避人的接近，用手按压母猪后躯时，表现静立不动并用力支撑，用手或器械接触其外阴部也不躲闪，说明母猪正在发情，应及时配种。

（3）查情顺序：

驱赶查情公猪对空怀母猪（断奶母猪和妊检空怀母猪）、妊娠前期母猪、后备母猪逐个进行发情检查，对发情母猪做出标记，以便驱赶。

（4）查情注意事项：

1）理想的查情公猪至少12月龄以上、走动缓慢、口腔泡沫多。查情时使用好赶猪板可限制公猪的走动速度，使公猪和母猪有充足的鼻对鼻的接触时间和机会，还可以保护人员安全。

2）所有配种后的母猪都应该在配种17天后开始查情，直到确定妊娠为止。

3）情期正常的母猪会在18~24天或者37~44天返情，如无炎症可以进行配种。

4）配种后25~36天或者45~56天返情的母猪是由于胚胎早期死亡，不能立即进行配种，要等下一情期才能配种。

5）流产母猪至少要等一个情期，才能配种。

6）发情鉴定后，公母猪不再见面，直至输精。

6. 配种操作流程（人工授精操作流程）

（1）输精前的准备：将发情母猪赶到指定配种定位栏，准备好 0.1% 高锰酸钾溶液、1 桶清水、毛巾、精液、配种记录本、润滑剂、配种小推车、圆珠笔、输精管等。经产母猪用海绵"大"头输精管（深部输精管），后备母猪用海绵"小"头输精管。

（2）到精液化验室检查公猪精液活力，活力低于 0.6 的精液坚决不用，核对母猪耳号，按配种计划取公猪精液，放置在 37℃ 的恒温箱内运送至配种舍，运输途中避免颠簸。

（3）接两桶清水，其中一桶内配制 0.1% 高锰酸钾溶液消毒用。

（4）将试情公猪赶至待配母猪栏前，使公猪与母猪接触，以提高母猪性欲。每配 3~5 头母猪更换一头公猪，避免公猪疲惫卧地，影响刺激母猪的效果。

（5）先用消毒液清洁母猪外阴及四周，然后用清水擦去消毒液，擦干外阴及阴道口。擦拭外阴时注意外阴口内有无粪便等异物，必须清理干净，防止子宫炎。

（6）查看母猪系谱号，按照配种记录本所记录的对照母猪的精液，从贮存箱中取出精液，确认标签正确，再次确认系谱号和精液正确对照无误，签名后开始配种。必须配一头核对一头，确保配种计划百分百执行（如果配错一定要在配种记录上做上明确备注）。

（7）从密封袋中取出无污染的一次性输精管（手不准触其前 2/3 部，防止子宫炎发生，如果发生，必须更换新的输精管），将内细管缩进外管内，在输精管头部前端涂上对精子无毒的润滑油。

（8）输精管斜向上 45°，逆时针旋转插入母猪阴户内，插入 10~15 cm 后改为水平方向插入，当感受到阻力时继续逆时针旋转插入，直到输精管前端被母猪子宫颈锁定。将子宫内细管缓慢插入子宫颈口进入子宫体内 10 cm 左右。

（9）把精液瓶嘴掰掉，插到输精管内管上，将输精瓶倒举并抬高（高度为母猪阴户上方约 10 cm），松开瓶盖，（排出空气）使精液在大气压力作用下流入子宫内（切忌挤压输精瓶和反复抽取）。

（10）对母猪实施压背、揉捏阴蒂或抚摸母猪乳房，增加母猪快感，促进母猪子宫收缩，以利于输精。输精时间一般为 3～5 分钟，精液的流速要均匀（最快不能低于 3 分钟，个别母猪的吸收速度过快时，要采取拧紧输精瓶瓶盖，降低输精瓶的高度等来减缓输精速度，控制输精时间）。

（11）精液输完后，先拔掉内管，将输精管末端折起，用输精管包装袋捆扎，让输精管滞留在生殖道内，输精后 5～10 分钟顺时针缓慢拔出。并在配种记录本上相应母猪信息栏签名并打分，打分采取三维打分，分别是静立程度、输精管锁住程度和精液是否倒流三个维度。

（12）为保证授精质量，每头母猪应配种 2～3 次。

（13）配种结束后，登记好配种资料，并由化验员誊写到母猪栏卡上，及时悬挂，卡跟着母猪走，做到猪在哪儿，栏卡在哪儿。

（14）输精注意事项：

1）如果有阻力不可粗暴地向里插入，要将内细管旋转一下再尝试插入，一般情况下就可以插进去。还要注意一点，手指捏住细管往里插入时，捏住细管长度约 1 cm，细管每次插进 1 cm，这样内细管不容易折弯，也不会损伤子宫颈。

2）在插入内细管的过程中，要保证进入母猪体内的外管与外阴部位保持水平高度后，再插入内细管。如果插内细管时有阻力，可将外管向上或向下、左右调整角度插内细管。

3）缓慢地插入子宫内管，越过子宫颈顶到子宫体内，这里要求插入内细管的深度至少要超过外管泡沫头 10 cm 左右，因此也称为适度深部输精。

4）内细管必须轻松通过外管。绝不能强行穿过外管，若采取上述几种措施后，内细管还是插不进去，这时先用锁扣将内管锁紧，用包装袋系好输精管，防止灰尘污染。这时可以先操作其他母猪，等2分钟后再操作即可。

5）耐心很重要。通常情况下，子宫颈必须放松并允许内细管通过。技术员要有耐心地完成所有步骤的操作。

6）切勿强行进入。使用蛮力强行插入内管，会造成母猪子宫内壁的损伤，对母猪造成不可逆的伤害。

7）若输精过程中有精液流入很慢或不流，可采取将输精管稍退或稍挤输精瓶等措施。

8）对于高胎母猪，会出现锁不住输精管的现象，输精时应尽量限制输精管的活动范围，对于此类母猪应该适当延长输精时间，通过刺激母猪敏感部位加强精液吸收。

9）若在输精时有出血现象，应分析出血部位，完成这次配种后要进行消炎治疗2~4次。

10）配种后母猪应尽可能保持其安静和舒适，在配种后25天内的母猪严禁被赶动或者混群。

11）详细记录发情母猪信息，确定配种间隔（表3.12）。

表3.12　母猪配种间隔

母猪种类	发情时间	第一次配种	第二次配种	第三次配种
后备母猪	上午发情	1 AM	1 PM	2 AM
	下午发情	1 PM	2 AM	2 PM
断奶2天	上午发情	2 AM	2 PM	2 AM
	下午发情	2 PM	2 AM	2 PM
断奶4~6天	上午发情	1 PM	2 AM	2 PM
	下午发情	2 AM	2 PM	2 AM

续表

母猪种类	发情时间	第一次配种	第二次配种	第三次配种
问题母猪（空怀、流产、返情及断奶 7 天以上发情母猪）	上午发情	1 AM	1 PM	2 AM
	下午发情	1 PM	2 AM	2 PM

7. 催情

不发情母猪包括超过二个情期、断奶失陪母猪，不发情空怀母猪，长期不发情后备母猪（超过两个情期 40 天或者体重超过 150 kg）。要对不发情的母猪及时采取催情措施，主要有以下方法。

（1）公猪诱情：

1）经常驱赶公猪与母猪接触，找性欲良好的公猪到不发情母猪圈与其接触，给予其强烈的性刺激，15 分钟后公猪离开母猪圈。

2）间断性公母合群，如将发情但不静立的母猪（阴门红肿、流黏液但不静立）赶到公猪圈合群 15 分钟后离开赶回原栏。

3）将洒有公猪尿液或分泌物的物品放入母猪圈内。

（2）应激疗法：

1）合群：适当加大饲养密度。

2）饥饿疗法。

3）改变环境：从一个猪舍转到另一个猪舍，从一个圈栏转到另一个圈栏。

4）运动：增加运动量，放入运动场。

5）增加营养：体质较差、膘情偏瘦的母猪，增加饲喂量和补充其他青绿多汁的饲料。

6）利用药物催情。

（四）妊娠诊断

1. 目的

利用 B 超对参配母猪进行早期妊娠检查，提高母猪的年产胎次，降低非生产天数，降低饲养成本，提高经济效益。

2. 人员

妊娠技术员。

3. 时间

母猪配种后 25~35 天。

4. 工具

兽用 B 超机、耦合剂、蜡笔、空怀记录表、笔。

5. 操作流程

（1）工具准备：做 B 超前，检查 B 超是否有电，要及时充电，保证电量充足，另外，确定耦合剂充足，准备好蜡笔。

（2）确定符合做 B 超的母猪范围及头数：母猪怀孕 35 天后应转妊娠车间。在怀孕 25~32 天做 B 超，孕囊显示图像最清晰，工作效率最高，即使初学者也很容易找到孕囊，所以最好在配种 28~32 天做 B 超。

（3）做 B 超：

1）保定：母猪一般不需要保定，只要其保持安静即可，在限位栏中对母猪进行检测更方便，姿势侧卧、安静站立最好，趴卧或采食均可。

2）首先打开电源确认仪器的正常启动，猪被毛稀少，探查时不必剪毛，但需要保持探查部位的清洁，以免影响 B 超图像的清晰度，体表探查时，探头与猪皮肤接触处必须涂满耦合剂。

图 3.2 探头定位

3）把探头定位在猪的倒数第 2 个和第 3 个乳头之间的上部约 5 cm 的位置，向脊椎 45°的方向，成 45°角斜向对侧上方，探头贴紧皮肤，进行前后和上下的定点扇形扫查，动作要慢。妊娠早期胚胎很小，要细心慢扫才能探到，切勿在皮肤上滑动探头，快速扫描。

4）探查的手法可根据实际情况灵活运用，以能探查到子宫里面的情况为准，当猪膀胱充尿胀大，挡住子宫，无法扫到子宫或只能探查到部分子宫时应等猪只排完尿以后再进行探测。

5）如图 3.3 所示，此时孕囊最明显且呈现规则的圆形黑洞，最易判断。

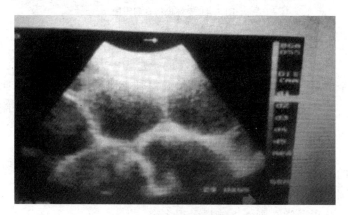

图 3.3 妊娠母猪 B 超图像

如果看不到孕囊，B 超屏幕上有可能会显示两种情况：

B 超屏幕显示的子宫情况为一片灰白色，没有任何内容物，即为空怀图像（图 3.4）。

母猪有两个子宫角，通常情况下，两个子宫角都会有孕囊，但有时会仅在一个子宫角有孕囊，所以要在另一侧对子宫重新检测一次，如果和刚才的图像一样，就可以断定为空怀，做上空怀

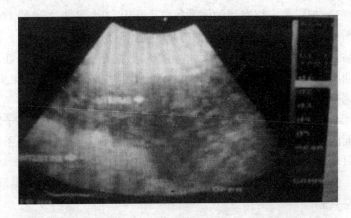

图 3.4　空怀母猪 B 超图像

标记；如果看到孕囊，即确定为怀孕。

另一种情况，B 超屏幕显示的子宫为一大片黑色的暗区，且整个屏幕只有一个，出现这种情况很可能是探头扫错方向，照住了膀胱或者膀胱憋尿、充盈，挡住了子宫。可以换到另外一侧重新检测，或者做上标记换个时间，重新进行检测。

孕囊与膀胱的区分：孕囊和膀胱的影像同为黑色的暗区，区分的方法为膀胱为大面积的黑色暗区，且整个屏幕就一个，孕囊为圆形的不大的黑色暗区，一般形状比较规则，为圆形或接近圆形，孕囊通常在画面上能显示很多个。

6）做空怀标记和妊检记录：确定一头母猪是空怀后，在母猪背上后半部分用蜡笔打上空怀标记，并且在母猪栏卡上备注上空怀以及做 B 超的日期，并在空怀记录表上记录。

（五）怀孕母猪由配种车间转妊娠车间

1. 目的

为了保证胎儿在母体内正常发育，防止流产，生产大量健壮、生活力强、数量多、初生体重大的仔猪。在 60 天左右做两次 B 超检测，确定怀孕后转到妊娠舍饲喂。营造舒适、安静、良好的环境及充足的营养条件（配怀舍查情配种，人员走动等易造成不利的环境因素）。

2. 注意事项

（1）严格执行转栏计划，保证车间圈舍正常流转，并保证妊娠母猪安全、高效地转入妊娠车间。

（2）转栏过程中妊娠母猪流产、应激死淘事件零发生，人员安全事故零发生。

3. 职责

（1）繁育区区长负总责，确定转栏时间，对人员进行组织分工。

（2）妊娠车间管理员对转栏负主要责任，并负责转栏前的妊检和接猪圈舍的准备工作。

（3）配种车间负责转出车间的准备工作。

（4）种猪段其他人员负责协助工作。

4. 操作规程

（1）妊娠车间接猪圈舍的准备，该工作要至少提前 1 天完成。

（2）妊娠车间管理员在圈舍清空后，要及时冲洗圈舍，干燥后消毒。

（3）圈舍冲洗干净后，管理员要检查圈舍的设备是否正常，配合维修工进行维护。

1）检查漏缝地板是否有断裂隐患的，如果有，及时报告区长，组织人员进行更换。

2）检查圈舍的墙壁（包括分隔栏杆下的矮墙）是否有损坏，如果有，及时报告区长，组织人员进行修复。

3）检查分隔栏杆以及饮水器是否牢固，如果出现松动的地方，及时报告维修工进行加固。

4）检查料槽中是否有污水和霉料，如果有，及时清理干净。

（4）转栏前，准备好消毒机，配制消毒药，在转栏结束后使用。

（5）猪只的准备，妊检工作要至少提前1天完成，为了提高圈舍的利用效率，提高母猪的生产效率，要确保转到妊娠车间的必须是百分百健康的怀孕母猪。

（6）栏卡收集完毕，核对数目（栏卡数和转猪数是否一致）。

（7）配种车间管理员在转栏当天下午上料前，要将所有转出母猪的饲料上料器关闭。

（8）转栏当天由区长或者妊娠车间管理员通知本区人员具体转栏时间。为减少热应激和转群应激，我们将转栏时间定在傍晚时分、晚饭过后进行。

（9）转栏过程：

1）晚饭过后，全区人员集合，由区长统一安排，具体职责。

2）确保配种车间至妊娠车间的赶猪道安全畅通，天桥必须固定牢固。

3）一人负责打开妊娠车间大门，一人负责赶猪，其他人负责在配种车间放猪。

4）将所有猪只转至妊娠车间后，插好栏门，用准备好的气味较浓的消毒药对该区域进行喷雾消毒。

5）除妊娠车间管理员留下照看猪只外（视情况决定时间长短，一般20分钟左右，主要是避免应激猪只的出现），其他人可以离开。

（10）转栏结束：清理料槽、料管。母猪转出后的一天内，栏位和料槽要及时清洗干净，清理料管中的霉料，杜绝料斗、料槽中聚集霉料；以上工作完成后关闭饮水器，放出积水，确保料槽中干燥，当里面有集料（没有霉变）时及时清理，饲喂其他猪只，禁止浪费；发现倾斜的料管料斗，及时通知维修工维修，以保证下批次下料量准确；以上工作完成后，对车间进行消毒，干燥，备用。

二、妊娠车间精准饲养管理

（一）妊娠车间工作目标

利用好设备，减少死淘数，保证种猪死淘率低于 0.8%；保胎是重点，减少流产，保证流产猪所占比例低于 2%，以达到实现配种分娩率的目标；控制好母猪膘情，提高仔猪初生重，达到 1.35 kg / 头；减少死胎、木乃伊胎和弱仔的数量，提高窝均产健仔数。

（二）妊娠车间日常管理

（1）利用好设备，设备出现问题时必须及时发现和处理，特别是在长时间停电停水时要根据实际情况及时采取适当的措施，避免母猪出现机械性流产、残疾，甚至死亡。

（2）减少死胎、木乃伊胎数，杜绝霉料。料塔阶段性清空、进猪或换料前，料管、料槽中的霉料必须清理干净。

（3）发现病猪及时治疗，做好残猪、病猪护理工作，减少淘汰（配种分娩率）。

（4）膘情控制。细心观察猪群，及时发现过瘦或过肥的母猪，根据情况，调整饲喂计划。怀孕母猪的喂料主要由怀孕天数和母猪膘情两个指标来定。妊娠母猪的膘情管理和饲喂计划见配种车间精准饲养管理中的表 3.9 母猪饲喂标准、表 3.10 母猪膘情控制标准、表 3.11 母猪膘情打分标准。

（5）设备维护：增加巡视频率，及时发现问题，及时处理。

（6）"5S" 保持：车间内的物品摆放整齐，垃圾及时处理或上交。

（二）妊娠母猪转分娩车间

1. 目的

规范转栏程序，保证妊娠母猪安全、高效地转入分娩车间待产。

2. 职责

繁育区区长制订转栏计划，妊娠车间管理员（1人）对转栏负主要责任，配种车间（2人）和后备车间（1人）管理员协助赶猪和刷猪工作，分娩车间管理员（1人）负责接猪。

3. 工作目标

（1）严格执行转栏计划（100%执行）。

（2）转栏过程中妊娠母猪流产、应激死淘事件零发生，人员安全事故零发生。

（3）公司年度目标：窝均产活仔10.5头以上，准胎分娩率97%以上。

4. 操作规程

（1）繁育区区长在月初制订转栏计划（包含转栏日期及接猪车间）并张贴公布，妊娠母猪产前7天转入分娩车间。

（2）转栏前的准备工作：准备工作在转栏日期前一天进行。

1）根据预产期信息确定预产期最早的28头（依据生产实际情况而定）母猪为转栏对象；找出28头母猪的栏卡，核对无误后，确定各品种数量。

2）确定妊娠母猪洗澡间定位栏准备妥当以及刷猪用冲刷机可以正常使用，并备好消毒药和驱虫药。

3）区长或妊娠车间管理员通知本区其他人员具体转栏时间，本区人员做好协助转栏准备。

（3）进行转栏：

1）转栏于早饭前开始，至上午10点半前结束。

2）挡路：妊娠车间管理员必须确定妊娠车间至妊娠母猪洗

澡间的赶猪道安全畅通，天桥必须固定牢固。

3）赶猪：洗澡间可以同时容纳 14 头母猪洗澡；赶猪分两批进行，每批 14 头；所有人员到位，由区长或者妊娠车间管理员统一安排分工，将 14 头母猪安全地赶至洗澡间，关闭妥当。

4）淋浴：打开定位栏上方的水管，淋浴 15~20 分钟，将母猪身上的粪便泡软，以便于刷洗。母猪淋浴期间，工作人员去吃早餐，参加晨会。

5）刷洗母猪：早餐后，妊娠车间管理员负责刷洗母猪，将母猪全身的粪便刷洗干净。原则上从上到下，从前到后，边冲边刷。把消毒机枪头调整至喷雾状态，将母猪身上的粪便刷洗干净。母猪腹部及外阴处严禁用刷子直接刷洗，避免造成损伤。

6）消毒，驱虫：母猪刷洗干净 5 分钟后，配制消毒药对母猪喷雾消毒至滴水状态。消毒结束 5 分钟后，按照 1∶400 比例配制螨净或克敌克对母猪体表进行喷洒驱虫。妊娠车间管理员要做好详细的消毒和驱虫记录，并由分娩管理员和区长在上面签字备案。

（4）往分娩车间转猪：

1）消毒驱虫完毕，妊娠车间管理员负责确认洗澡间至分娩车间的赶猪通道处于畅通和干燥状态（避免母猪在转猪过程中滑倒）。

2）妊娠车间管理员通知分娩车间管理员开始接猪，并且通知协助人员到位。

3）开始转猪：每人次所赶母猪不能超过 3 头；严禁粗暴对待母猪；严禁母猪在赶猪道内并排同行，特别是转弯处和门口处。

4）第一批 14 头母猪转完后，赶另外一批到洗澡间进行刷洗、消毒、驱虫，然后转入分娩车间。

（5）清理现场：妊娠车间管理员把母猪洗澡间和赶猪道打

扫干净，一定要把天桥分开，赶猪道栏门恢复原状，方便人车通行。

（6）核实母猪信息，填写报表：

1）妊娠车间管理员将 28 头母猪的品种数量告诉分娩车间管理员，核对上报表。

2）妊娠车间管理员将 28 头母猪栏卡和批次卡交给育种部进行母猪信息备案，备案完毕后由育种部将栏卡和批次卡直接交给分娩车间管理员保管。

（7）注意事项：

1）病、弱、残猪及顽固不走的猪最后再赶。

2）严禁粗暴赶猪，母猪体表不能有驱赶所致的伤痕。

3）赶猪道天桥一定要固定牢固，避免母猪掉下天桥；赶猪通道不能有外凸的尖锐硬刺。

4）每人次所赶母猪不能超过 3 头；严禁母猪在赶猪道内并排同行，特别是转弯处和门口处，避免造成拥挤导致流产。

5）有问题猪只一定要和分娩车间管理员交接清楚。

三、分娩舍母猪的精准饲养管理

很多企业的分娩车间管理员都把主要的精力放在仔猪的护理和治疗上，但成绩却并不理想。其实，仔猪和人一样，给仔猪最好的爱的应该是它们的母亲——母猪，因此分娩车间的饲养管理中，母猪的饲养管理应该放在重要的位置，母猪饲养好了，母猪健康，乳汁充足，小猪也不会差。

（一）目标

健仔初生重 1.35 kg 以上，断奶重 7 kg 以上，成活率 96% 以上。断奶母猪膘情在 2.5 分以上，7 天内发情率 90% 以上。

（二）环境控制

（1）临产母猪进入分娩车间前，必须先将车间冲洗干净、消毒，干燥空栏5~7天后才能进猪，进猪前，检查所有设备是否处于正常状态，环境控制系统应检查温控电子计算机控制器是否正常准确，通风小窗能否正常开关，地沟风机和侧墙风机能否正常使用，饮水器能否正常使用，水压和水流量是否达标，保温灯能否正常使用，夏季还要检查水泵和水帘能否正常使用。

（2）分娩舍环境温度控制在18~22℃，相对湿度为45%~70%，仔猪需要的温度为30~32℃，因此仔猪要使用保温灯。

（3）冬春季节要全部关上水帘进风口，启用冬季进风口，通风量根据天气和猪只数量进行调节，主要依靠地沟风机和侧墙小风机进行通风和降温。

（4）夏秋季节当车间内实际温度高于目标温度时，车间降温依次通过开启地沟风机、侧墙小风机、纵向大风机，当全部风机都开启后，就要开启水帘降温。

（三）卫生管理

（1）清扫栏床上的猪粪，地沟内要保持一定的水位，尽量减少舍内冲洗，保持干燥。

（2）每次饲喂前都要清洁母猪料槽。

（3）清扫水帘、通道、栏位、墙壁、窗户、风机、吊顶上的蜘蛛网和灰尘，清扫时可适当增加通风量，以使灰尘排出车间。

（四）饲喂管理

母猪进入产房后，核对母猪耳号和母猪栏卡，挂在栏床前面，检查母猪健康状况，评估母猪膘情，以便酌情减料。为减少母猪应激，刚进入产房的母猪，可以在饲料内添加电解多维3~5天，饲喂哺乳母猪料711，喂料量按在妊娠舍最后一天的饲喂量饲喂。产前3天至产后7天一日喂三餐，饲喂量可参照表3.13的标准。

表 3.13　分娩舍母猪饲喂标准　（单位：kg/餐）

胎次 时间	产前 3 天	产前 2 天	产前 1 天	分娩 当天	产后 1 天	产后 2 天	产后 3 天	产后 4 天	产后 5 天	产后 6 天	产后 7 天
1 胎	1.2	1	0.8	0	0.5	0.8	1.1	1.4	1.7	2.0	2.3
经产	1.5	1.2	0.8	0	0.5	0.8	1.1	1.4	1.7	2.0	2.3

（1）预产期前 3 天开始减料，每天减少饲喂量 0.5 kg，一直减到 2 kg/天，若母猪在预产期当天不产，按 1 kg/餐饲喂，直到分娩。

（2）分娩当天不饲喂，但要赶母猪起来饮水，分娩后第一餐给料 0.5 kg，以后每天增加 1 kg，直到足量。

（3）若母猪不能按标准采食，则下一顿按实际吃料量饲喂，在此基础上每分娩舍母猪饲喂标准增加 0.2 kg（每天增加 0.6 kg）喂料量，直到足量。

（4）每天喂料前必须认真填写喂料卡的标准饲喂量、实际喂料量及加料次数，如果没有吃完，填写时应该减去剩余料量。

（5）对喂料时不吃料的母猪要赶起来吃料，对不吃料的母猪采取湿拌料饲喂，如果仍不食或者采食较少，就需要对母猪进行量体温等必要的健康检查，并通知兽医给予必要的治疗。

（6）每天喂料前必须清理干净母猪料槽，检查饮水器，杜绝霉料，严禁缺水。

（五）环境条件

（1）分娩舍母猪适宜温度为 20~24 ℃，相对湿度为 50%~60%，风速为 1.5~2.0 m/s。

（2）当舍内温度低于 20 ℃，启动锅炉给舍内加热，及时做好锅炉的加煤和清渣工作（每 2 个小时 1 次）。

（3）当舍内温度低于或等于目标温度时，用一个小风扇实现最小通风量，按实际情况计算一般开 60 秒、关 240 秒。

（4）当舍内温度高于目标温度时，4 个风机逐个开启，当舍内温度高于 25 ℃时，4 个风机全部开启，启动水帘降温。

（5）根据风机的运行，合理开关百叶窗，保证有效风速：1 个风机→3 个百叶窗、2 个风机→5 个百叶窗、3 个风机→7 个百叶窗、4 个风机→10 个百叶窗。

（6）分娩舍母猪所需水流量为 2000 mL/分，每天检查母猪饮用水的有无、水压是否正常，饮水器是否漏水或阻塞，发现问题及时处理。

（六）健康检查

（1）健康检查的项目包括精神状态是否良好，分娩舍母猪体温是否在 37.8~39.3 ℃正常范围内，如果体温超过 39.5 ℃，则可能是发烧；呼吸频率是否在 30 次/分左右的正常范围内，如果每分钟呼吸超过 40 次，很可能是发烧，但母猪临产前和分娩时体温和呼吸一般都比平时高、快，因此要结合实际情况，一般当体温超过 39.8 ℃时就必须给予必要的治疗；眼睛是不是红肿，鼻孔是否流鼻涕，大便是太硬还是太稀等。

（2）管理员每天喂料时观察母猪是否有奶水，是否有肢蹄问题等。

（3）如果产后 7 天母猪采食量不达标（基础维持量 2 kg+0.4 kg×所带仔猪头数），就要特别关注，必要时给予治疗。

（4）对于有健康问题的猪要打上标记，以便对症治疗。

（七）疫病防治

（1）上下床赶母猪时，必须温柔有耐心，不能粗暴对待，造成母猪应激。

（2）为减少母猪应激，可在新上床母猪饲料里加维生素（每 40 kg 饲料加电解多维 40 g，连续 2 天）。

（3）母猪超过预产期 3 天，无临产症状：注射律胎素 2 mL/头。

（4）母猪产后必须按时注射指定的长效抗生素（三效+氢化可的松，每天1次，连续2~3天），预防子宫和乳房炎症。

（5）对人工助产的母猪或子宫感染流脓的母猪注射抗生素治疗，同时进行子宫冲洗（使用滴露消毒液，浓度5%，每次1000 mL，每天1次，连续3天）。

（6）母猪正常体温为39 ℃，呼吸频率大约30次/分，正常卧姿是侧卧，每天观察母猪采食情况、行为方式、乳房外阴等，做健康检查。

（7）发现母猪异常，应对症治疗（针头12×38#，注射部位：耳根后4个手指与颈椎下5个手指处，针头与皮肤垂直，注射时人站猪的后侧方，尽量减少猪的应激），并做好病程及治疗记录，若发病母猪占10%以上，应上报，整体治疗预防（可饲料加药等），若为传染病应尽早淘汰。

（八）分娩前母猪的准备

母猪妊娠期平均为114天，部分母猪还没有到分娩期也可能会分娩，因此，要特别注意观察预产期前3天的母猪，做好产前准备。

1. 分娩母猪的鉴定

将要分娩的母猪会急躁不安，有的会用脚刮产床，呼吸急促，尿频量少，乳房胀，奶头发红发亮，不用挤就有乳汁流出，外阴肿大；分娩前24小时用手指挤乳房会有乳汁流出；分娩前6小时有羊水流出。

2. 准备工作

检查母猪耳号，核对母猪卡，按母猪预产期早晚顺序排列母猪；准备好保温箱，安装并开启保温灯，在临产前2小时开始预热保温箱；将母猪臀部、外阴和乳房用清水擦洗干净，用配制好的消毒液消毒；在保温箱及母猪臀部铺好产布，准备好接生工具，如胶布、碘酒、消毒液、密斯陀粉、剪刀、断尾钳、结扎线、水盆、刷子、毛巾等，待母猪羊水流出后，挤出乳头处的酸败乳。

（九）接产程序

（1）母猪产出仔猪后，接产员先用干净的毛巾擦净仔猪口鼻中的黏液，然后在仔猪身上涂抹密斯陀粉，减少仔猪体能损耗，结扎、剪断脐带（肚脐到结扎线 3 cm，结扎线到断端 1 cm），用碘酒消毒脐带及肚脐周围，把仔猪放在保温箱内，待仔猪能站稳活动时马上辅助其吃 50~100 mL 的初乳，如产床粗糙，应在仔猪身上干燥后在其四肢上贴好胶布。

（2）健康的母猪能正常分娩，若年老、瘦弱或过肥的母猪生产时可能会出现难产，正常分娩第一头仔猪要 30 分钟，以后每头仔猪产出时间在 20 分钟内，总时长大约 3 小时，分娩的时候仔猪从左右子宫交替产出。

（3）在接产过程中，接生员要注意观察母猪的呼吸、是否正常产仔等，如有异常，应及时采取有效措施。

（4）母猪完全产仔以后，在正常情况下，会在 3 小时内排完仔猪胎衣，若 3 小时后没有完全排出胎衣，应及时对母猪进行治疗，如注射催产素等药物，并认真观察母猪排出的胎衣数量，确保母猪将胎衣全部排出，如有 10 头仔猪，就有 10 个胎衣排出。

（5）在母猪产后，及时给予护理（用加糖钙片及注射抗生素预防感染）。

（6）应在尚未分娩时进行产科救助，产科救助结束 30 分钟后重新检查母猪、注射催产素、拉出尽可能多的仔猪。不能在分娩还在进行时就进行产科救助。不能一次注射大剂量的催产素。不能过早移走仔猪，导致仔猪未能吃到充足的初乳。仔猪胎位不正就一次性注射大剂量的催产素、抓住仔猪的头或后腿外拉、将仔猪往产道里推，都是错误行为。

（十）助产程序

1. 判断

母猪产仔时，仔猪体表黏液少或者带粪、带血，母猪眼结膜红，努责吃力但无仔猪产出，有死胎产出，产仔间隔时间 30 分钟以上，可判定为母猪难产。

2. 母猪难产时的助产程序

（1）将手（手指甲要剪短）及胳膊洗净并消毒，涂上润滑剂或戴上手套，以免对母猪造成损伤；五指并拢手心朝着母猪腹部，手要随着母猪的阵缩缓慢深入，动作要温柔，且不可用力过猛，以免对母猪生殖道造成伤害；当手接触到仔猪时要随母猪子宫和产道的阵缩，顺产道线慢慢地将仔猪拉出。

（2）仔猪胎位不正时，可矫正胎位，再让其自然产出，如果两头小猪同时阻塞在产道，可将一头推入子宫内，拉出另一头；可抓住仔猪的牙、眼眶、耳洞、腿关节等处拉，也可借助助产工具，如用绳子套嘴、铁钩钩下颌等。

（3）辨认假死仔猪，如有心跳、脐带搏动，应及时抢救。抢救方法有掏净口鼻中的黏液，倒提仔猪拍打其后背，在鼻子上涂抹刺激性药物，人工辅助呼吸等。

（4）母猪羊水破了，但不产仔猪，建议做如下处理。

1）遇到母猪频繁努责，仔猪就是不出来，可以先用一次性输精管打探一下，看看是否有仔猪在产道，仔猪过大或者母猪骨盆狭窄，这种情况一般后备猪比较容易出现，这种情况一旦出现，就应该及时助产，建议最好用一次性长臂手套，对人对猪都要消毒，用高锰酸钾水清洗干净母猪阴户肛门周围，戴上手套涂抹人工授精的润滑剂，也可把手消毒后，用人工授精润滑剂润滑，但一定要保证干净，防止感染。助产的母猪产后消炎一定得做好，助产的母猪可以清理子宫，有利于产后恢复。

2）如果在生产中，母猪出现不使劲，躺着睡觉。可先用输精管探产道，如果没有仔猪，则可以放心等待或者给母猪注射氯前列烯醇。出现上述情况时，切忌直接掏，这样不仅容易引发母猪炎症，还容易造成产道水肿。产道一旦水肿，后果不堪设想。羊水破了不产仔时，先用输精管探，不要盲目，不要急。

3）母猪自然分娩时，不需要助产时尽量不助产，仔猪分娩间隔在半个小时之内，一般不用助产，遇到这种情况时虽然仔猪可能进入产道，但是脐带没断，供氧还在继续，可以根据情况考虑按压母猪肚子，母猪使劲时，可使劲在母猪肚子上踩，位置一定要正确，增加腹内压力，若几次增压结束，仔猪还没有出来，再进行掏仔猪。

4）母猪产仔时是靠着催产素进行神经刺激产仔的，而仔猪吃奶，拱奶头的刺激会让母猪产生催产素，而且母猪还很舒服，仔猪早吃奶的好处不仅对母猪好，对仔猪也很好，一般仔猪身上烤干后就放出来吃奶，仔猪会很健康，初乳吃的越早越好，同时要保证每头仔猪都能吃到初乳。

5）现在猪场使用缩宫素或者催产针很普遍，但是不建议在产仔时或产程前期使用。在产程过长，或者老龄母猪在分娩后期无力时，可以考虑使用缩宫素或者催产针来缩短产程，减少白胎。在母猪没有产下仔猪时就使用缩宫素，会大大增加仔猪死亡率。

6）有时候助产时仔猪太大，掏不出来，这时需要借助助产器械产科套猪绳。一般过大的仔猪可以套住脖子，但是要注意位置方向，别把仔猪勒死。还可以用铁钩钩仔猪下颚，操作得当，一般仔猪都能自己恢复。

（十一）助产注意事项

（1）当母猪产仔太慢或者帮助母猪产仔时，要谨慎使用催产素，每次注射的用量不超过 2 mL，在 30 分钟内不得再次使用，而且一头母猪使用催产素的次数不得超过两次，也可用按摩母猪乳房的方法使母猪自然产生催产素而促进分娩。

（2）母猪注射催产素前一定要检查子宫颈是否已经打开，助产人员的手或器械要消毒，如用催产素会收缩子宫肌，如果子宫颈有仔猪或者子宫颈没有张开，会导致子宫破裂，母猪死亡。

（十二）母猪产后管理

（1）母猪产完后要清洁母猪臀部及产床，及时拿走胎衣，收拾并清洁接产工具。

（2）母猪产后必须按时注射抗生素预防子宫和乳房炎症，针头 16#×38，耳后颈部三角区肌内注射，针头与皮肤垂直，注射时人站在猪的右后方，用另外一只手轻轻按摩注射部位，既能减轻母猪应激，又安全，连用 3 天仍有流脓的，可继续注射抗生素，或者更换其他抗生素。

（3）对于人工助产的母猪或者子宫感染严重的母猪要注射抗生素治疗，并同时对子宫进行冲洗。

（4）发现母猪异常，应对症治疗并做好病程记录和治疗记录，若发病母猪占 5% 以上，应上报整体治疗预防，若为传染病应尽早淘汰。

（5）每天观察母猪采食情况、行为方式、乳房、外阴等，做好健康检查，保证仔猪成活率。

（6）把母猪分娩情况（分娩日期、总仔数、健仔数、死胎数、木乃伊胎数、弱仔数、畸形数）记录在母猪栏卡上。

（7）吃足初乳。

（8）仔猪寄养：营养不良和饥饿是导致仔猪死亡的主要原因，将仔猪及时寄养给合适的母猪，对减少饥饿和营养不良是非常有效的措施。

（十三）仔猪的饲养管理

1. 饲养程序

（1）仔猪出生第 1 天：灌服诺氟沙星，预防仔猪拉稀（10 g+

100 mL 生理盐水），2 mL/头；补铁剂，2 mL/头。

（2）仔猪出生第 3 天：灌服百球清，预防仔猪球虫病（30 mL+100 mL 生理盐水），2 mL/头。

（3）仔猪出生第 5 天：按颜色卡对育肥小公猪去势，去势前应对仔猪注射抗生素（100 mL 生理盐水溶解 1 g 氨苄西林钠 5 支，每头仔猪注射 1 mL），同时检查和治疗疝气，完后伤口处涂抹碘酒消毒。

（4）仔猪出生第 5 天：补料教槽，初次喂料每天 3 次，每次一个茶匙或 30~50 粒，让仔猪适应饲料，然后慢慢增加给料量，但是要少喂多餐，每次补料前应清理仔猪料槽，保持料槽干净卫生，饲料新鲜。

2. 寄养

（1）寄养工作应在打耳号后立刻进行，保证仔猪吃到初乳，以后再根据母猪哺乳情况及每窝仔猪的生长状况和均匀度及时调整。

（2）寄养必须在同一断奶批次里进行。

（3）寄养仔猪之前必须检查母猪乳头及上次哺乳情况，然后检查分娩的仔猪及母猪头数、母猪哺乳状况，按母猪哺乳能力寄养合适的仔猪头数，一般要寄养仔猪头数比母猪有效乳头数少两头。

（4）头胎母猪或乳头较小的母猪，应该寄养小的仔猪，杜洛克母猪哺乳能力比较差、乳汁质量一般不好，其仔猪可寄养给其他母猪。

（5）如果母猪的乳头机能相同，要看仔猪的均匀度，把仔猪个体过大或太小者先挑出，如有小、中、大的仔猪，必须先挑出个体小的仔猪给小乳头的母猪养。

（6）寄养应保证挑出仔猪最少，让母猪多养自己的仔猪，减少仔猪及母猪应激，有些母猪不接受寄养的仔猪或咬仔猪，要对母猪注射麻醉药或镇静药。

3. 环境条件

（1）分娩舍仔猪需要的温度为 30~32 ℃。

（2）若保温箱内温度低于 30 ℃，从仔猪出生就在保温箱内挂保温灯，使用保温灯时要防烫防炸，有损坏的应及时更换。

（3）若保温箱内温度高于 32 ℃，仔猪日龄超过 10 天，可将保温灯换为普通照明灯泡。

4. 疫病防治

（1）仔猪正常体温为 39 ℃，呼吸频率大约 40 次/分，正常卧姿是侧卧，每天观察仔猪毛色、体况、吃奶情况、走路姿势、是否拉稀等，做健康检查。

（2）发现仔猪异常，应对症、隔离治疗（针头 12×7#，注射部位为耳根后 4 个手指与颈椎下 5 个手指处，针头与皮肤垂直，注射时抱打），并做好病程及治疗记录，若疫病由母猪引起，应同时治疗母猪和调群，若发病仔猪窝数占 10%以上，应上报整体治疗预防，若为传染病应尽早淘汰。

5. 注意事项

如果无法在正确的时间完成寄养工作，就会导致母猪只能抚养与其功能乳头数相符的仔猪数，最小的仔猪或最后出生的仔猪将无法抢到乳头吃奶而导致死亡或者淘汰。

寄养过早，会导致仔猪无法吃到足够的初乳，获得的母源抗体不够，导致抵抗力差而死亡。

寄养过晚，原窝内的仔猪已经形成的相对稳定的秩序会被打乱，需要重新排序，在此过程中，影响仔猪吃初乳，抢乳头会导致母猪乳头损伤和仔猪受伤，增加母猪乳腺炎和仔猪外伤感染的风险；另外，哺乳母猪的功能乳头因为分娩时间过长，被吸吮时间过长或过短而失去泌乳能力，形成瞎奶头，影响以后的哺乳能力。

（十四）仔猪处理

自主的常规处理包括干燥处理、脐带结扎、断尾、超免、打耳号、补铁、去势、药物保健等。仔猪出生后要及时用产布擦干净口鼻中的黏液，用干燥粉擦拭皮肤，尽快使初生仔猪身体表面干燥。

（十五）哺乳母猪和仔猪的健康检查

1. 哺乳母猪的健康检查

产后 3 天应该检查哺乳母猪是否有乳腺炎（乳房坚硬）、便秘、气喘，以及排出不正常的恶露、腹部着地的躺卧、狂躁发热、咬猪、机械性损伤等。母猪产后若出现疲劳无力，应该把母猪赶起来饮水，避免母猪因饮水不足导致的便秘引发乳腺炎和阴道炎，如果有便秘或者乳腺炎，要及时采取治疗措施。

2. 仔猪健康检查

应每天对仔猪进行健康检查，猪是群居动物，若发现有落单的仔猪（行动迟缓，单独区域躺卧）要重点关注。

仔猪正常体温为 39 ℃，呼吸频率为 40 次/分，正常躺卧姿势是侧卧，每天观察仔猪皮肤毛色、体况、吃奶情况、拉稀情况、肢蹄有无损伤等，发现仔猪异常应及时对症治疗并做好记录。若发病仔猪头数或者窝数占 5% 以上，应及时上报主管和兽医，制订整体治疗方案。

3. 仔猪补饲

仔猪出生后用料槽进行补水（水中可根据情况添加维生素等保健药物），5~7 天开始用教槽料补料，料槽要经常保持干净，补料要少喂多餐，每天最少不低于 6 次。

4. 断奶管理

（1）断奶标准：通常实行的是 21 日龄断奶，断奶前一天对仔猪进行健康检查，断奶仔猪必须健康健壮，体重不低于指定标准，仔猪重量低于指定标准，直接处死，不允许寄养到下个批次，实行"全进全出"生产。

（2）断奶工作：断奶前7天，记录断奶后需要淘汰的母猪，由主管上报育种部和场长，进行信息核对审批后报淘，并将转栏时间和头数通知保育段管理员，提前做好接猪准备。断奶前一天减少母猪饲喂量，断奶当天不喂；准备好转栏工具消毒备用。断奶时先将母猪转至配种车间，然后将仔猪用转栏车拉至保育车间。

（3）母猪断奶的管理：提前1天确定断奶头数，通知配种车间准备大栏做好接猪准备，在栏卡上登记母猪信息（检查产仔信息是否完善，填写断奶日期、哺乳信息等），在仔猪转栏前将母猪转移到配种舍。断奶母猪的饲养目标是使其尽快恢复体况，尽早发情配种并且多排卵、多受胎，总之，缩短断奶至配种的时间间隔，降低非生产天数，提高受胎率和产仔数是我们的重要目标。

1）哺乳阶段的管理对母猪的断奶至配种间隔有重要影响。缩短哺乳期会延长断奶至配种间隔，而且当哺乳天数低于18天时，也不利于母猪受胎；哺乳期体重损失过大，母猪太瘦会延长断奶至配种间隔，并且不利于排卵和受胎，因此，在哺乳后期需要大量采食高营养浓度的哺乳饲料。

2）断奶到配种前的采食量：采食量高能减少断奶至配种间隔，并增加排卵量（特别是初产母猪），提高受孕率。

3）空怀期应该让母猪尽可能快地发情和配种，所以日粮中必须要有足够的维生素。温度应该控制在18～22 ℃，最大相对湿度80%，光照时间16小时/天，光照强度300 lux。

4）每头母猪最小需要2 m^2的圈舍，减少应激和舒适圈舍有助于缩短断奶至配种间隔。断奶时按母猪体型、体况分群。混群时圈舍应有避难场所。

5）断奶后饲养：母猪断奶后饲养的目的是让母猪产生尽可

能多的健康卵子，高水平的饲喂即可产生较多的健康卵子，因此，断奶母猪应自由采食，湿拌料将有助于增加采食。断奶母猪自由采食也能使体况差的母猪（特别是初产母猪）恢复体况并有助于刺激发情。断奶母猪进入配种房时应注射多维素（维生素A、维生素D、维生素E）。断奶至配种间隔有问题的猪场，可在断奶前7天到配种时每天供给200 g葡萄糖。

6）断奶后第3天开始每天2次检查母猪发情。进入查情配种程序。

（4）仔猪断奶管理：

1）提前一天检查断奶仔猪头数及健康状况，断奶仔猪必须健康、强壮，没有发现任何病状，体重不低于指定标准，断奶日龄平均19.5天，平均重量不低于6.3 kg，单个最少不低于3.5 kg，发现仔猪重量低于标准标上记号，准备处理。

2）断奶仔猪应该是同一断奶批次，按分娩日期称整窝仔猪重量，填入断奶报表，断奶时如果需要注射抗生素，要按兽医指定的药品注射，然后把仔猪温柔地搬走，搬运工具、车辆应彻底消毒。搬运仔猪必须避免堆积，以免产生应激。

第四章 精准繁殖关键技术

第一节 公猪的繁殖生理

一、公猪的生殖器官及其功能

公猪的生殖器官包括：①性腺，即睾丸，位于阴囊腔内；②输精管道，包括睾丸输出小管、附睾管、输精管和尿生殖道；③副性腺，包括精囊腺、前列腺、尿道球腺；④交配器官，即阴茎，其前端位于包皮腔内。

（一）性腺

1. 睾丸

睾丸的机能是产生精子，分泌雄激素和产生睾丸液。睾丸的包膜由一层固有鞘膜和它下面的一层致密白膜构成，二者紧密粘连在一起。白膜向睾丸内分出小梁，将睾丸分为许多外粗内细的锥体状小室，并在睾丸纵轴上汇合成一个纵隔，每一小室中有曲细精管2~5条，它们之间存在间质细胞，主要产生雄激素。每一小室的曲细精管先汇合成直细精管，然后汇合成为睾丸网，从睾丸网分出6~23条睾丸输出小管，构成附睾头的一部分。阴囊是包被睾丸、附睾及部分输精管的袋装皮肤组织，从外向内由皮肤、肉膜、睾外提肌、筋膜及壁层鞘膜构成，并被一纵隔分为二腔，两个睾丸分别位于一个鞘膜腔中，阴囊是维持精子正常生成的温度调节器官，其温度低于猪体温，对维持睾丸生精机能发挥重要作用。

2. 附睾

附着于睾丸，具有分泌和吸收作用，是精子最后的成熟场所以及贮存库，同时也是睾丸内精子的输出管。附睾分为头、体和尾三部分。附睾头主要由睾丸输出小管构成，借结缔组织连接成若干附睾小叶，各附睾小叶管汇合成的附睾管，从附睾头沿睾丸的附着缘延伸，逐渐变细，行成附睾体及尾，逐渐过渡为输精管。附睾管上皮为假复层柱状细胞，表面有纤毛，精子在附睾管内的酸性环境中（pH 值为 6.2~6.8）活动量下降，消耗的能量很少，借助附睾管肌的蠕动和上皮细胞纤毛的波动通过附睾管，公猪精子通过附睾管至附睾尾的时间一般为 10 天（9~14 天）。

（二）输精管

输精管由附睾管延伸而来，沿腹股沟管到腹腔，折向后方进入盆腔，输精管的末端逐渐膨大，称为输精管壶腹。公猪的输精管壶腹很不发达，壶腹末端和同侧精囊腺的排出管开口于尿道起始部背侧壁的精阜上，具有为精子提供营养物质，分解和吸收死亡、老化精子和射精时提供射精动力的作用。

（三）副性腺

副性腺的分泌物组成精清，与精子共同组成精液。

1. 精囊腺

精囊腺成对存在，位于输精管壶腹外侧，表面呈分叶的腺体状，分泌液呈白色、偏酸性的黏稠液体，含较高浓度的球蛋白、果糖、柠檬酸及高含量还原性物质，为精子的存活提供能源物质，并具有维持精子渗透压的作用，其胶状物能在阴道内形成栓塞，防止精液倒流。由于公猪的精囊腺较发达，因此，公猪的每次射精量中有 25%~30% 来自于精囊腺。

2. 前列腺

前列腺是分支的管泡状腺，分为体部和扩散部，体部位于尿道内口之上，而扩散部包在尿道海绵体骨盆部周围。前列腺分泌稀薄、淡白色、稍具腥味的弱碱性液体，可以中和进入尿道中液体的酸性，改变精子的休眠状态，使其活动能力增强，因此，具有增强精子活力和冲洗尿道的作用。

3. 尿道球腺

尿道球腺由分支管泡状腺构成，位于尿道骨盆部末端两边，表面盖有坐骨腺体肌。猪的尿道球腺体积较大，呈三棱形，长约10 cm，宽约2.5 cm，位于精囊腺之后，分泌的黏稠胶状物呈淡白色，占精液量的15%~20%。

（四）交配器官

阴茎是公猪的交配器官，主要由勃起组织及尿生殖道阴茎部组成，在阴囊之前形成"S"状弯曲，勃起时伸直。阴茎前端呈螺旋状，阴茎头不明显，没有尿道突，在不交配时，一般阴茎保持于包皮内。包皮腔前端背侧有一圆孔，向上和包皮盲囊相通，囊中常带有刺激性气味的分泌物。雄性尿生殖道是尿液和精液共同经过的管道，输精管、精囊腺、前列腺及尿道球腺均开口于尿道骨盆部。射精时，从壶腹聚集的精子，在尿生殖道骨盆部与副性腺的分泌物混合。

二、公猪的生殖机能发育

公猪生殖机能发育主要经历胎儿期与幼年期、初情期和性成熟期等几个阶段。胎儿期的睾丸位于腹腔内，在胎儿期的后1/4阶段，出现睾丸下降，睾丸经过腹股沟管进入腹腔阴囊内。在胎儿期和幼年期，睾丸的生长速度很缓慢，主要是精细管索的延长，直到初情期发动阶段，精原细胞的分化和第一个精子发生序列细胞组合的出现，才进入睾丸快速生长阶段。

（一）初情期

公猪射精后，其射出的精液的存活率达 10%，有效精子数为 5000 万个时的年龄称为初情期。初情期标志着公猪已具备生殖能力，但是此时繁殖力较低。此阶段是公猪生殖器官和体躯发育最为迅速的阶段，因此，应注意加强饲养管理，充分满足其迅速发育对能量、蛋白质和微量元素的需要，为公猪的提早利用和生殖技能的充分发挥奠定良好的基础。在正常的饲养管理条件下，公猪的初情期略晚于母猪，不同品种差异很大，一般为 5~7 月龄，引进品种一般为 7 月龄左右，地方品种相对提早。影响公猪初情期的因素有很多，如遗传、营养及环境因素等。

（二）性成熟

青年公猪达到性成熟，开始产生精子，在神经和激素的支配和作用下，表现性冲动、求偶（向母猪诱情）和交配三方面的反射，此时如配种即可繁殖后代。性成熟只表明生殖器官开始具有正常的生殖机能，并不意味着身体发育完全。公猪的性成熟期一般为 8 月龄，达到性成熟后，其身体仍处在生长发育阶段，经过一段时间后，才能达到体成熟。如果此时就开始配种，则会影响其身体的发育，降低种用价值，缩短使用年限。

（三）适配年龄

公猪的适配年龄不像母猪那样容易确定，由于品种及个体上的差异，不能简单地根据年龄来推算，公猪的适配年龄根据其精液品质来确定，只有精液品质达到了交配或输精的要求，才能确定其适配年龄。有资料表明公猪 7~12 月龄时，精液数量和精子数目都有很大的提高，但小于 9 月龄时精液品质较差。由此看来公猪的适配年龄不应小于 9 月龄，由于我国地方品种具有早熟的特点，则适配年龄可以适当提前，但在开始使用时应注意不要强度过大。

三、精子的发生与成熟

精子的发生是在睾丸曲细精管中经过一系列的特化细胞分裂而完成的。曲细精管的上皮主要由两种细胞构成，即生精细胞及营养细胞（支持细胞或足细胞）。生精细胞的依次分裂及分化就是精子发生的过程，出生时，曲细精管没有管腔，其上皮细胞胚胎期间就已生成性原细胞及未分化细胞，至初情期，性原细胞成为生精细胞，而未分化的细胞则成为营养细胞。最靠近曲细精管基膜的上皮细胞为精原细胞，它们分裂为 A 型精原细胞，也叫干细胞，其中一部分 A 型细胞是持续存在的，可以使精子生成延续下去，而大多数 A 型细胞则分裂为中间型精原细胞，然后中间型细胞再分裂为 B 型精原细胞。B 型细胞经 4 次分裂，先生成 16 个初级精母细胞，这时曲细精管出现管腔，然后每个初级精母细胞又分裂为较小的 2 个次级精母细胞，同时染色体数目减半（19）。次级精母细胞再分裂为 2 个精细胞，移近曲细精管管腔，附着在营养细胞的靠近曲细精管管腔的一面。精细胞从营养细胞获得发育所必需的营养物质，经过形态改变而最终成为 64 个精子，进入细精管腔，并借助睾丸内液体压力、细精管中的分泌物及睾丸输出小管上皮纤毛的摆动，进入附睾。另外，正常精子的发生和成熟，需要在比体温低的环境中完成，公猪睾丸和附睾温度为 35~36.5 ℃，低于直肠温度约 2.5 ℃。

第二节　母猪的繁殖生理

一、母猪的生殖器官及其功能

母猪的生殖器官主要由卵巢、生殖道、外生殖器和副性腺构成，其中生殖道包括输卵管、子宫和阴道，外生殖器包括尿生殖道前庭、阴唇和阴蒂。

（一）卵巢

猪的卵巢形态、体积及位置因年龄、胎次不同而有很大的变化。初生仔猪的卵巢类似肾脏，表面光滑，左侧偏大；卵巢为长圆形的小扁豆状，而接近初情期时卵巢可达 2 cm×1.5 cm，且表面出现很多小卵泡和黄体，形似桑葚。初情期开始后，在发情期的不同时间卵巢上出现卵泡、红体或黄体，突出于卵巢的表面，形似一串葡萄，且卵巢随着胎次的增加由岬部逐渐向前方移动。猪卵巢由皮质和髓质两部分组成，皮质内含有卵泡、红体、黄体或白体，由于卵巢表面无浆膜覆盖，卵泡可在卵巢的任何部位排卵，髓质内含有需要细小的血管和神经。卵巢的主要功能有促进卵泡的发育和排卵，以及分泌雌激素和黄体酮。

（二）输卵管

输卵管位于输卵管系膜内，是卵子受精和卵子进入子宫的必经通道。它主要由三部分构成：①漏斗，管道前端接近卵巢，并扩大成为漏斗，其边缘有很多突出呈瓣状，叫作伞，伞的前部附着在卵巢上。②壶腹是卵子受精的地方，位于管道靠近卵巢端的1/3 处，有膨大部，沿着壶腹向输卵管漏斗方向可以找到输卵管腹腔孔，称为壶腹—峡接合处。③宫管峡接合处，沿壶腹后子宫角向输卵管变细，后端与子宫角相通。输卵管的管壁由浆膜、基层和黏膜构成，主要功能是接纳并运送卵子，是精子获能、卵子受精及卵裂的场所，同时具有分泌各种氨基酸、葡萄糖、乳酸、黏蛋白等物质的功能，为精子、卵子和早期胚胎的发育提供营养。

（三）子宫

猪的子宫分为子宫角、子宫体和子宫颈三部分。由于猪的子宫角基部纵隔不明显，故称为双角子宫。子宫角很长，为 1~1.5 m，宽 1.5~3 cm，子宫角长而弯曲，形似小肠。子宫体长 3～

5 cm。子宫颈较长，为 10~18 cm，内壁上有左右两排相互交错的半圆形突起，中部较大，靠近子宫内，外口较小，子宫颈与阴道界限不明显，逐渐过渡为阴道。当母猪发情时子宫颈口开放，精液可以直接射入母猪的子宫内，因此猪属于子宫射精型动物。子宫的主要功能包括运送精子、作为胎儿娩出通道、为精子获能和胎儿发育提供场所等。在非繁殖季节或妊娠期，子宫颈处于关闭状态，可防止异物侵入，同时子宫颈是精子的选择性储存库，具有过滤缺损和不活动精子的功能。

（四）阴道

猪的阴道约长 10 cm，除有环状肌以外，还有一层薄的纵行肌。阴道为母猪的交配器官，又是胎儿娩出的通道，同时阴道的生化和微生物环境能保护生殖道不受微生物的侵害，并通过收缩、扩张、复原、分泌和吸收功能，排除生殖道内分泌物。

（五）外生殖器

尿生殖道前庭为由阴瓣至阴门裂的一段短管，是生殖道和尿道共同的管道。前庭前端底部中线上有尿道外口，从外口至阴唇下角的长度为 5~8 cm。前庭分布有大量腺体，称为前庭大腺，相当于公猪的尿道球腺，是母猪重要的副性腺，分泌的黏液有滑润阴门的作用，有利于公猪的交配。阴唇构成阴门的两个侧壁，中间的裂缝称为阴门裂，阴唇的上下两个端部分别相连，构成阴门的上下两角，阴唇附有阴门缩肌。阴蒂主要由海绵组织构成，阴蒂海绵体相当于公猪的阴茎海绵体，阴蒂头相当于阴茎的龟头，其见于阴门下角内。

二、母猪的生殖机能发育阶段

（一）初情期

初情期是指正常的青年母猪第一次发情排卵时的时间，这个时期的最大特点是母猪下丘脑—垂体—性腺轴的正负反馈机制基本建立。在接近初情期时，卵泡生长加剧，卵泡内膜细胞合成并分泌较多的雌激素。其水平不断提高，并最终达到引起促黄体素（LH）排卵峰所需要的域值，使下丘脑对雌激素产生正反馈，引起下丘脑大量分泌促性腺激素释放激素（GnRH）作用于垂体前叶，导致促黄体素（LH）急剧大量分泌，形成排卵所需要的 LH 峰。与此同时大量雌激素与少量由肾上腺所分泌的黄体酮协同，使母猪出现发情的行为。当母猪排卵后下丘脑对雌激素的反馈重新转为负反馈调节，从而保证了体内生殖激素的变化与行为学上的变化协调一致。母猪的初情期一般为 5~6 月龄。母猪达初情期已经初步具备了繁殖力，但由于下丘脑—垂体—性腺轴的反馈系统不够稳定，同时母猪身体发育还未成熟，体重为成熟体重的60%~70%，如果此时配种，可能会导致母体负担加重，不仅窝产仔少，初生重低，同时还可能影响母猪以后的繁殖。因此，不应在此时配种。

（二）性成熟

青年母猪发育到一定年龄，生殖系统发育完全，并有成熟的卵母细胞的排出，配种后能受胎和产仔，这个时期称为性成熟。当青年母猪趋近性成熟时，雌激素的分泌大量增加，同时促黄体素的分泌量也达到高峰，两者结合最终启动母猪发情并排卵。母猪的性成熟年龄不一，受品种、个体、环境及饲养管理条件的影响。外来品种的性成熟年龄通常为 8 月龄，一般中国地方猪种早于外来猪种。

（三）适配年龄

如何在保证不影响母猪正常身体发育的前提下，获得初配后较高的妊娠率及产仔数，这就必须要选择好初次配种的时间。由于初情期受品种、管理方式等诸多因素影响而出现较大的差异，因此，一般在性成熟开始后经过两个性周期，体重达成年体重的70% 左右时，即为适配年龄。如果配种过晚，尽管有利于提高窝产仔数，但由于母猪空怀时间长，不利于充分挖掘其繁殖效率。

三、卵母细胞的发生与成熟

（一）卵母细胞的形成

卵原细胞或性原细胞在胚胎性分化完成之后，即卵巢形成之后就以有丝分裂的方式成倍增长，这种增长一直要延续到母猪妊娠的中后期才停止。在卵原细胞不断增殖后的短时间内，一部分卵原细胞开始进入减数分裂，并开始形成初级卵母细胞，同时这些初级卵母细胞被单层扁平卵泡细胞所包裹形成原始卵泡。这些初级卵母细胞有的停止发育，有的则继续发育，其中大部分将退化或闭锁。这种卵原细胞的增殖与卵母细胞的退化闭锁相重叠，直到卵原细胞的增殖停止才结束，这时卵原细胞的数量不再增加，此时卵巢上卵原细胞的数量最多。此后，随着卵泡的排卵、退化或闭锁，卵巢上卵母细胞的绝对数量只会减少不会增加。

（二）卵母细胞的发育（卵泡的发育）

卵原细胞的增殖以及卵母细胞形成之后，卵母细胞必须由卵泡细胞包裹才具有生长、成熟及排卵的能力。卵母细胞被单层扁平卵泡细胞所包裹时其复合体称为原始卵泡，此后单层卵泡细胞不断发育为柱形，卵母细胞也开始变大，并在卵母细胞与卵泡细胞之间出现一层透明的膜状保护层，称为透明带。透明带是一层半透膜，不仅保护卵母细胞免受不利环境的影响，同时还可以通过半透膜有选择地吸收或排出某些物质，以维持卵母细胞的代谢活动，这时的卵泡称为初级卵泡。随着卵泡的发育，包裹在卵母细胞外的卵泡细胞也由单层变为多层，卵母细胞也不断生长、变大，这时卵泡称为次级卵泡。当卵泡继续生长并在多层卵泡细胞之间出现许多互不相连且充满卵泡液的腔时，此时的卵泡称为三级卵泡。当卵泡腔不断增大，并在卵泡中形成一个充满卵泡液的卵胞腔时，卵母细胞在多层有序排列的卵泡细胞当中，被推向卵泡壁的一侧，形成半岛状的形态，这个半岛状的卵母细胞与卵泡细胞的复合体称为卵丘。这时的卵泡称为葛拉夫氏卵泡。卵泡继续发育，卵丘便在溶解酶的作用下逐渐被溶解，卵母细胞以及包裹在外面的多层卵泡细胞开始游离于卵泡液中，形成成熟卵泡或排卵卵泡。一个卵泡从原始卵泡发育到成熟卵泡的过程，不仅有卵泡细胞形态学上的变化，更重要的是还包括卵母细胞质和核的成熟过程。核成熟的重要标志是排出第一极体，这表明第一次减数分裂已经完成，并中止在第二次减数分裂中期的核网期，只有当排卵前促黄体素的排卵峰释放之后，这种休止才能重新打破，卵母细胞复苏，继续其减数分裂的过程。卵泡细胞对卵母细胞提供支持和营养的作用，同时它也具有内分泌的功能，主要分泌雌激素，促进生殖管道及乳腺的生长，促进第二性征的形成，并且还影响母猪的性行为。尽管猪是多胎动物，但大多数的卵泡在其发育的各个阶段途中发生了退化和闭锁，而不能最终排卵。

四、母猪的发情和排卵

（一）发情

母猪到达一定年龄后，由卵巢上的卵泡发育所引起的、受下丘脑—垂体—卵巢轴系调控的一种生殖生理现象，称为发情。初产母猪（6~7月龄的母猪）开始表现发情行为，成年健康的经产母猪通常在给仔猪断奶后4~7天发情。母猪以18~23天的间隔规律发情，这种从一次发情到下一次发情的间隔被称为发情周期，通常为21天。猪是非季节发情动物，全年均可发情配种。母猪的发情周期受神经系统、生殖系统和内分泌系统的调节和控制。雌激素和黄体酮可以直接控制发情周期，而促卵泡素、促黄体素和催乳素可以间接控制发情周期。健康的空怀母猪，下丘脑产生的促性腺激素释放激素可以通过垂体门脉系统作用于垂体前叶。垂体前叶产生的促卵泡素和促黄体素通过血液传送至卵巢引起卵巢上卵泡发育和成熟。同时发育的卵泡产生大量的雌激素，引起母猪一系列发情行为。雌激素又反馈作用于丘脑下部和垂体，引起促黄体素分泌出现峰值，导致卵泡成熟和排卵。这时母猪逐渐安静下来，卵巢上卵泡破裂处逐渐形成黄体。黄体分泌的黄体酮对下丘脑和垂体前叶有负反馈作用，抑制新的卵泡发育，母猪便进入休情状态。若母猪发情排卵期未受精，则至性周期的17～18 天，母猪子宫中产生的前列腺素又可消除卵巢上的黄体，使血浆中的黄体酮水平下降，便解除了黄体酮对下丘脑和垂体前叶的负馈作用。促性腺激素释放激素分泌再次提高，导致垂体前叶的促卵泡素分泌增加，从而引起卵巢上新的卵泡发育，于是便进入了下一个发情周期。

1. 发情周期

根据母猪的生殖生理和行为表现，可以将发情周期分为不同阶段。"四分法"将发情周期分为发情前期、发情期、发情后期和休情期，该法侧重于将发情的外部表现和内部生理变化相结合，有利于发情鉴定和适时配种。"二分法"将发情周期分为卵泡期和黄体期，该法侧重于卵巢上卵泡的发育和黄体的生成，适用于卵泡发育、排卵和超数排卵规律的研究。

（1）发情前期：发情前期的特征是阴门肿胀，前庭充血，阴门变红，子宫颈和阴道分泌一种水样的稀的阴道分泌物。发情前期大约持续两天。此时的母猪通常变得越来越不安定，厌食，好斗。如果公猪在附近的圈里，母猪就会主动接近公猪，但拒绝与公猪交配，随着发情的持续，母猪主动寻找公猪，表现出兴奋，对外界的刺激十分敏感。

（2）发情期：进入接受交配的时期。母猪的发情持续期一般从外阴唇出现红肿至完全消退为 60～72 小时，而排卵的时间则出现在有发情表现后的 36～40 小时，即在促黄体素排卵峰出现之后的 40～42 小时，排卵过程大约持续 6 小时。在营养状况不好时或初情期时发情持续期相对短些。当母猪进入发情盛期时，除阴门红肿外，背部僵硬，并发出特征性的鸣叫，在没有公猪时，母猪也接受其他母猪的爬跨，当有公猪时立刻站立不动，两耳竖立细听，若有所思，呆立。若有人用双手扶住发情母猪腰部用力下按时，则母猪站立不动，这种发情时对压背产生的特征性反应称为"静立反射"或"压背反射"。尤其是青年母猪，在进行人工授精时，公猪出现在圈栏的对面时，可以增强这种反应。

（3）发情后期：发生在静立反应之后，排卵通常发生在发情结束或从发情后期开始，大约持续两天。排卵后，卵巢腔里充满血块，黄体细胞开始快速生长，是黄体的形成和发育阶段，即使黄体还没有完全形成，卵泡腔里的黄体细胞已开始产生黄体酮。生殖道充血消失，生殖道腺体分泌物减少、变黏，排出的卵子被输卵管接受，在壶腹部完成受精过程，并运送到子宫—输卵管结合部，如果没有受精，卵子开始退化，受精卵和未受精卵一般在排卵后 3~4 天进入子宫。

（4）休情期：母猪发情周期持续最长的一个时期，一般为 14 天，也是黄体发挥功能的时期。这时黄体发育成一个有功能的器官，产生的大量黄体酮及一些雌激素进入身体循环，作用于乳腺发育和子宫生长。子宫内层细胞生长，腺体细胞分泌一种稀的黏性物质滋养合子（受精卵）。如果合子到达子宫，黄体在整个妊娠期继续存在；如果卵子没有受精，黄体的功能只保持 16 天左右，随着体内前列腺素分泌量的增加，使黄体逐步退化，以准备新的发情周期，约在第 17 天后，由于促卵泡素和促黄体素的释放，导致卵泡生长和雌激素水平上升，进入下一个发情周期。

2. 发情鉴定

发情鉴定的目的是为了预测母猪排卵的时间，并根据排卵时间确定配种时间。目前常用的发情鉴定方法包括外部观察法、试情法和激素测定法等。由于母猪发情行为十分明显，因此发情鉴定一般采用外部观察法，即根据阴门及阴道的红肿程度、对公猪的反应等进行观察判断。一般地方品种或杂种母猪发情表现比高度选育品种更加明显。规模化养猪场常采用有经验的试情公猪进行试情，如果发现母猪呆立不动，可对该母猪的阴门进行检查并根据"压背反射"的情况确定其是否真正发情。外激素法是近年来发达国家养猪场用来进行母猪发情鉴定的一种新方法。采用人工合成的公猪性外激素，直接喷洒在被测母猪鼻子上，如果母猪出现呆立、"压背反射"等发情特征，则确定为发情。这种方法简单，避免了驱赶试情公猪的麻烦，特别适用于规模化养猪场。母猪每天至少两次检查静立发情，尤其是使用新鲜精液人工授精配种的母猪，用冷冻精液配种的母猪应当每8小时检查静立发情，从第一次观察到发情之后24小时才可配种，如果母猪仍然表现静立发情，建议在第一次配种之后8小时进行第二次配种。据统计在发情前一天配种的母猪只有10%受精；在发情第一天配种的母猪有70%受精；在发情第二天配种的母猪有98%受精；在第三天配种的母猪只有15%受精。在生产中常采用在第一次观察到静立发情之后，延迟12~24小时进行第一次交配，在第一次交配之后8~12小时再进行第二次交配。

(二) 排卵

由垂体前叶分泌的促卵泡素启动了卵泡的生长，卵泡中液体的积累使卵泡增大。在生长卵泡逐步发育为成熟卵泡的过程中，对卵巢壁产生压力，导致卵泡壁伸张变薄，最后卵泡破裂并释放出卵子进入输卵管漏斗，一般促黄体素峰值出现后40~42小时出现排卵。由于母猪是多胎动物，排卵是一个连续的过程，在一次发情中多次排卵，排卵高峰出现在母猪开始接受公猪交配后30~36小时，从第一枚卵子排出到所有卵子排完需要2~7小时，平均 4 小时。母猪的排卵数与品种有着密切的关系，受胎次、营养状况、环境因素及产后哺乳时间长短等影响，一般在 10~25 枚，从初情期起，前 7 个情期，每个情期大约可以增加一个排卵数，而营养状况好有利于增加排卵数，产后哺乳期适当且产后第一次配种时间长也有利于增加排卵数。

（三）发情控制技术

1. 同期发情

人为干预母猪的生殖生理过程，对发情周期进行控制并调整到相同的阶段，便于组织生产和管理，称为周期发情控制。通过调节发情周期，控制母猪群体的发情排卵在同一时期发生，使黄体期延长或缩短，通过控制卵泡的发生和黄体的形成，可使母猪达到同期发情。规模猪场母猪同期发情控制技术，可显著缩短母猪的非生产天数，提高母猪的利用率，大大提高养猪业经济效益。

（1）后备母猪的同期发情：初情期后的青年母猪可用黄体酮处理 14~18 天，停药后，母猪群可出现同期发情。黄体酮有抑制卵泡成熟和发情的作用，但并不影响黄体退化，所以在连续给母猪提供 14 天以上的黄体酮后，大多数母猪的黄体已经退化，如果停止提供黄体酮，黄体酮对卵泡成熟的抑制作用被解除，母猪群会在 3 天后发情。与其他家畜相比，母猪需要较高水平的孕激素来抑制卵泡的生长和成熟。如用烯丙基去甲雄三烯醇酮，每天按 15~20 mg 的剂量饲喂母猪，18 天后停药可以有效地使母猪群的同步发情，其每窝产仔数与正常情况下相同或略有提高。

（2）经产母猪的同期发情：同期断奶法，是最简单、最常用的方法，对分娩 21~35 天的哺乳母猪，一般都会在断奶后 4~7 天内发情。对分娩时间接近的哺乳母猪实施同期断奶，可达到断奶母猪发情同期化的目的，但单纯采用同期断奶，发情同期化程度较差。因此，可采用同期断奶和促性腺激素相结合的方法，在母猪断奶后 24 小时内注射促性腺激素, 能有效地提高同期断奶母猪的同期发情率, 使用孕马血清促性腺激素 (PMSG) 诱导母猪发情应在断奶后 24 小时内进行, 初产母猪的剂量是 1000 IU, 经产母猪是 800 IU。使用人绒毛膜促性腺激素 (hCG) 及其类似物进行同步排卵处理时, 哺乳期为 4~5 周的母猪应在 PMSG 注射后 56~58 小时进行, 哺乳期为 3~4 周的母猪应在 PMSG 注射后 72~78 小时进行; 输精应在同步排卵处理后 24~26 小时和 42 小时分 2 次进行。

2. 诱导发情

在规模化养猪场, 已达到性成熟和体成熟的后备母猪 (7~8 月龄) 会出现推迟发情的情况, 乏情时间有时可长达 12 月龄以上。乏情母猪一般在 10% 左右, 严重的猪场在 30% 以上, 经产母猪出现乏情的比例为 20%~30%。母猪乏情造成饲料费用的损失, 因此, 促使乏情母猪发情十分必要。母猪诱导发情的主要方法是利用外源性激素或某些生理活性物质以及环境条件的刺激, 通过内分泌和神经的作用, 激发卵巢的机能, 使卵巢从相对静止的状态转为活跃状态, 促进卵泡的生长发育, 继而促使母猪出现发情并予配种。

(1) 后备母猪的诱导发情: 一般采用促性腺激素法, 在青年母猪初次发情前 20~40 天, 每头母猪一次注射 200 IU 的 hCG 和 400IU PMSG 或 PG 600 (含有孕马血清和绒毛膜促性腺素), 一般在注射 3~6 天后母猪表现发情, 但发情时间差异较大。如果从注射当日开始, 每天让青年母猪与试情公猪直接接触, 可增强激素的效果。第一次激素处理能使绝大多数青年母猪在一定时间内发情, 即使不表现发情, 一般也会有排卵和黄体形成, 但发情时间相差天数可达 3~4 天。要提高第二个发情期的同期发情率, 应在第一次注射促性腺激素后 18 天注射前列腺素 ($PGF_{2\alpha}$) 及其类似物, 如注射氯前列烯醇 200~300 μg, 因为此时大多数母猪已经进入发情周期的 12 天以上，这时前列腺素对黄体有溶解作用。通常在注射前列腺素及其类似物后 3 天母猪表现发情，而且发情时间趋于一致。如果此时母猪体重已达到配种体重，就可以安排配种。此法达到青年母猪同期发情目的的关键是掌握好青年母猪初情期的时间，如果注射过早，青年母猪在发情之后很长时间仍未达到初情年龄，则不再表现发情；如果注射太晚，青年母猪已经进入发情周期（在初情期之后），则母猪不会因为注射促性腺激素而发情，发情时间就不会趋于一致。

（2）长期不发情母猪的诱导发情：对于超过配种年龄较长的母猪和断奶后超过 4 周以上不发情的母猪，常常不易确定不发情的真正原因。可注射 $PGF_{2\alpha}$，同时注射 PMSG 1000 IU 诱导发情，母猪发情后注射促排卵激素（hCG、LH-RH），也可在注射 $PGF_{2\alpha}$ 时同时注射 PG 600。

五、受精、妊娠与分娩

（一）受精

公猪在交配过程中或者是通过人工授精技术，精液直接射到母猪子宫或子宫颈中，由于母猪没有明显的子宫颈阴道部，精液能顺利射入子宫颈、子宫内。精子在受精之前必须先在母猪生殖道内经过 6~8 小时的时间获能，在输卵管上 1/3 处的壶腹部完成受精过程，形成胚胎。

（二）妊娠

母猪的妊娠期一般为108~120 天，平均为114 天，为了便于记忆，可用"三三三"来表示，即母猪妊娠期为 3 个月 3 周零 3 天。母猪配种后 11~14 天，胚胎可产生雌激素，是早期妊娠信号，可促进黄体功能，改变子宫分泌 $PGF_{2\alpha}$ 的去向，从子宫静脉（进入卵巢动脉、溶黄体）改变为向子宫腔，即 $PGF_{2\alpha}$ 由内分泌改变为外分泌，胎盘可分泌类似 hCG 的物质，促进黄体分泌大量的黄体酮保证胚胎的发育。随着早期胚胎的逐渐发育，囊胚进入子宫角后，由于液体增多，迅速增大，当透明带消失后，囊胚变为透明的胚泡。胚泡凭借胎水的压力而使其外层（滋养层）吸附于子宫黏膜上，通过滋养层逐渐与子宫内膜发生组织生理联系，发生附植，与母体建立实质性的联系，通过胎儿胎盘和母体胎盘进行营养物质的交换，维持胚胎的发育。空卵泡腔内层的上皮细胞在垂体前叶产生的促黄体素的作用下增殖形成黄体（发情黄体）。正常破裂的每个卵泡被一个黄体取代，猪的黄体呈黄色肉肌样突起出现在卵巢表面上。如果卵子没有受精，黄体退化并在排卵后 15 天左右消失，仅留下一个称为白体的斑痕。反之，卵子受精而发生妊娠，黄体存在于整个妊娠期，成为妊娠黄体。黄体是一种内分泌腺，产生一种妊娠所必需的激素，叫黄体酮。

母猪妊娠是繁殖产仔的前提，规模猪场母猪配种后，大约有10%的母猪未能受孕，因此，应在配种后尽快进行妊娠诊断，及早检查出空怀母猪，对缩短母猪的非生产天数、及时淘汰低繁殖力或不育母猪、提高母猪使用效率和经济效益具有重要意义。母猪的早期妊娠诊断应在配种后的一个情期之内即 18~24 天进行。理想的早期妊娠诊断技术应具备以下条件：在配种后的一个情期之内即可判定是否妊娠；对妊娠或未妊娠母猪的诊断准确率应在90%以上；对母猪和胎儿无伤害；方法简便，易于掌握和判定；成本低，便于推广应用等。目前母猪早期妊娠诊断的方法很多，如常规的外部观察法和直肠检查法，简便易行且具有一定准确性，但由于不能在妊娠早期做出准确判断，因而只能将其作为重要的辅助诊断方法之一。目前常用的早期妊娠诊断的方法包括超声波诊断法、免疫胶体金快速检测法、免疫测定法、发情诱导法和激素反应观察法等。

1. 超声波诊断法

超声波诊断法是利用超声波的物理特性，将其和动物组织结构的声学特点密切结合的一种物理学诊断法，其原理是利用孕体对超声波的反射来探知胚胎的存在、胎动、胎儿心音和胎儿脉搏等情况来进行妊娠诊断。目前应用的超声波诊断仪器主要有 A 型、B 型和 D 型，猪场应用最广泛的是 B 型。

A 型扫描仪检查时，会发射一束超声波进入母猪体内，根据回音可以判断出体内是否有适当大小的储液泡。如果储液泡处于适当的深度，扫描仪就会接收到回声，回声强弱以光点明暗在显示器显示出来。A 型扫描仪的优点是购买仪器成本低，监测所需时间短，操作简便，体积较小，轻便，易于携带；缺点是只能检测出 70% 的空怀猪，检测出的空怀猪中大约 20% 是怀孕的，对膀胱或者子宫内的其他液体起反应。该诊断方法适合基层猪场使用。

B 型超声波诊断仪是依据不同组织反射回来的超声波信号转化成不同图像的原理进行妊娠诊断的。早期孕囊由于充满液体，在显示屏上呈现接近圆形的暗区，其他区域则亮度较高，该方法被认为是一种高度准确、快速的妊娠诊断方法。让配种的母猪自由站立或侧卧于限位栏内，在母猪后肋部，最后一对乳头两侧，将超声断层装置探头对准盆腔入口，向子宫方向进行扫查，以显示胚囊、胚胎的断层像诊断为阳性，怀孕；以显示未孕宫的断层像诊断为阴性，未孕；以显示充气的肠管，不能显示子宫为可疑，下次探查时复诊。目前市场上有较多进口的便携式诊断仪，操作简单、诊断准确率高、重复性好、安全无副作用。因此，该诊断方法在大型猪场具有实用意义。

物体在运动时，声波的频率会发生改变的物理特性称为多普勒效应。D 型扫描仪检查就是应用多普勒效应的原理，即超声探头和反射体之间做相对运动时，其回声频率就会发生改变，此种频率的改变称为频移。频移的程度与相对运动速度成正比，当两者做对向运动时，频率就会增加，其频率增减的数字即频差可用检波器检出，再用低频放大、功率放大推动扬声器发出多普勒信号音。利用超声多普勒检测仪探查妊娠动物，当发射的超声遇到搏动的母体子宫动脉、胎儿心脏和胎动时，就会产生各种特征性多普勒信号，从而进行妊娠诊断。多普勒技术是准确安全的母猪妊娠诊断方法，主要用于探测胎儿心脏的血流音或脐带的血流音，在母猪倒数第 1~3 对乳头腹部外侧上方软壁处，以液体石蜡和凡士林混合物涂擦，将超声多普勒检测仪探头对准子宫方向，前后左右呈扇形探测，当发射的超声遇到搏动的母体子宫动脉、胎儿心脏和胎动时，就可以探到胎心音、脐带血流音、胎动音和母体子宫脉管血流音，产生各种特征性多普勒信号，从而进行妊娠诊断。子宫动脉的血流音可在配种后 21 天听到，但直到 30 天之后才较可靠。检查时猪不应饲喂，以避免来自消化道的声音干扰。

2. 免疫胶体金快速检测法

近年来，随着免疫分析技术的不断进步，人们对一些微量的小分子活性物质（激素、神经递质、代谢物、毒素、抗生素等）进行含量测定时，常利用它们是半抗原，具备反应原性而无免疫原性的特点制备特异性抗体，采用免疫分析手段进行检测。免疫分析方法灵敏度可以达到 1 mg/mL 或更低水平，特异性好，操作简便，在兽药残留、植物激素、环境污染物的检测中有广泛的应用。

目前市场上用于母猪妊娠早期诊断的胶体金检测试纸主要是依据怀孕母猪不同时期体内黄体酮、雌激素以及早孕因子含量变化规律，通过尿液检测方法来诊断其是否妊娠。检测母猪早期妊娠的胶体金试纸有猪早孕胶体金快速检测试剂、猪早孕快速检测卡、猪早孕因子胶体金标检测试纸等。其中，猪早孕快速检测卡是以猪胚胎分泌的硫酸雌酮为检测目标物，依据母猪妊娠早期尿液中硫酸雌酮浓度变化对其妊娠与否进行判断。胶体金快速检测试纸用于母猪早期妊娠诊断，具有准确率高、操作简便、检测迅速、常温储存、携带方便及对母体和胎儿安全无害等特点，且只取尿液进行检测，取样方便，结果读取简单，不需要专业人员操作。因此，该检测方法适合小规模猪场和散养户，推广应用前景良好。

3. 免疫测定法

免疫测定法包括放射免疫测定法和酶免疫测定法，其中放射免疫测定法是将同位素的放射测量与抗原抗体免疫反应原理相结合的高敏度的微量分析方法，在体外可定量测定多种免疫活性物质，具有特异性强、取样少和测定样品多的特点。酶免疫测定法是由 Drav 等建立的一种妊娠诊断方法，以抗原抗体的免疫反应为基础，酶促反应为检测信号，将免疫反应的特异性与酶促反应的灵敏性巧妙地结合起来，可根据酶催化不同底物产生不同的颜色进行定性诊断，也可通过酶标仪读取底物液的光密度值进行定量诊断，具有无污染、操作简便快捷、不需要昂贵仪器和精度好等优点。母猪妊娠时黄体酮和雌激素水平升高，在配种后 18～21 天，若母猪的黄体酮和雌激素水平显示降低，则该母猪未妊娠。其中，黄体酮同质酶免疫测定法的原理是黄体酮标记酶与抗体结合后便失去活性，而游离的黄体酮标记酶能催化底物发生酶促反应，产生颜色反应，即利用血清中的黄体酮或硫酸雌酮浓度来诊断妊娠，其灵敏度可达到 97%。妊娠母猪血液中的硫酸雌酮浓度，配种后 21～25 天开始上升，25～30 天达到峰值，31～35 天下降。配种后 25～30 天时，血清中硫酸雌酮的浓度高于 0.5 ng/mL 者为妊娠；配种后 18～21 天，母猪血浆黄体酮含量高于 5 ng/mL 者为妊娠。因此，在配种后 16 天开始，一直到 30 天，测定硫酸雌酮的浓度可以作为灵敏的早期妊娠诊断方法。由于猪的囊胚能合成相当数量的雌激素（主要为雌酮和 17β-雌二醇），其能通过子宫壁硫酸化而形成硫酸雌酮。这种代谢产物可存在于母猪的血液、尿液和粪便中。因此，测定尿液和粪便中硫酸雌酮的含量可以准确地进行早期妊娠诊断。目前，国内外的市场上已经有十余种试剂盒在售，如猪孕激素/黄体酮（PROG）酶联免疫试剂盒，可以检测血液或者尿液中黄体酮的含量，主要使用仪器是离心机和分光光度计，方法简单，灵敏度和特异性很高。用 2 cm×2 cm×3 cm 的软泡沫塑料，拴上棉线做成阴道塞。检测时从阴道中取出，用一块硫酸纸将泡沫塑料中吸纳的尿液挤出，滴入样品管中，于 -20 ℃ 环境下贮存待测。尿中雌酮及其结合物用放射免疫测定法（RIA）进行测定。若确定小于 20 ng/mL 为非妊娠，大于 40 ng/mL 为妊娠，20~40 ng/mL 为可疑。妊娠确诊率达 100%。

4. 发情诱导法

母猪妊娠后产生功能性的黄体，其产生的黄体酮可以中和注射的外源性雌激素或孕马血清促性腺激素，使之不发情。如利用雌激素诱导发情的方法进行妊娠诊断，准确率达 90%~95%，在日本使用普遍。研究发现，技术人员于母猪配种后 17 天注射 1 mg 己烯雌酚，或于配种后 18~22 天注射由 2 mg 雌二醇缬草酸盐和 5 mg 睾酮庚酸盐组成的混合物，或者由 1% 丙酸睾酮 0.5 mL 和 0.5% 丙烯酸雌酚 0.2 mL 组成的混合液，若母猪在 3~5 天内没有发情表现，则认为其已经妊娠。且母猪配种后的 14~26 天内，于猪颈部注射 700 IU 外源孕马血清促性腺激素，可促进母猪发情。林峰等（2001）应用孕马血清促性腺激素制剂对 52 头配种后 14~26 天的母猪进行早期妊娠诊断，注射后 5 天内妊娠与未妊娠猪的确诊率均为 100%，用该制剂对母猪进行早期妊娠诊断的最佳时间是配种后 14~17 天，比超声波诊断法更早。发情诱导法检出时间短，具有妊娠诊断和诱导发情的双重效果，且激素制剂价格低廉，操作简单，适用于广大猪场进行现场操作。这种方法显然有一定的风险性，如果日期计算不准，处于配种后 21~28 天的母猪，注射雌激素可诱导母猪假孕；母猪个体间对激素的敏感性差异较大，判断的准确性易受影响，如剂量过大，也会使配种后的妊娠母猪妊娠中止；处于假孕状态的母猪，用此方法也会出现假阳性结果。

5. 激素反应观察法

（1）孕马血清促性腺激素法：母猪妊娠后体内产生许多功能性黄体，抑制卵巢上卵泡发育。功能性黄体分泌黄体酮，可抵消外源性孕马血清促性腺激素和雌激素的生理反应，母猪不表现发情即可判为妊娠。方法是于配种后 14～26 天的不同时期，在被检母猪颈部注射 700 IU 的孕马血清促性腺激素制剂，以判定妊娠母猪并检出妊娠母猪。判断标准：对被检母猪用孕马血清促性腺激素处理，5 天内不发情或发情微弱及不接受交配者判定为妊娠；5 天内出现正常发情，并接受公猪交配者判定为未妊娠。渊锡藩等所得结果为，在 5 天内妊娠与未妊娠母猪的确诊率均为 100%。且认为该法不会造成母猪流产，母猪产仔数及仔猪发育均正常，具有早期妊娠诊断和诱导发情的双重效果。

（2）己烯雌酚法：对配种 16～18 天母猪，肌内注射己烯雌酚 1 mL 或 0.5% 丙酸己烯雌苯酚和丙酸睾酮各 0.22 mL 的混合液，如注射后 2～3 天无发情表现，说明已经妊娠。

（3）人绝经期促性腺激素（HMG）法：HMG 是从绝经后妇女尿中提取的一种激素，主要作用与 PMSG 相同。据报道，使用南京农业大学生产的母猪妊娠诊断液，在广东数个猪场试用 1 000 胎次，诊断准确率达 100%。

（三）分娩

母猪在进入产房前 5～7 天，将产房打扫干净，用 2% 氢氧化钠溶液全面彻底消毒，空圈，使用前再用消毒剂消毒一次，干燥备用，产房温度一般以 15～18 ℃为宜。母猪距预产期 5～7 天时转入产房，以熟悉环境，并从此时开始逐渐减少饲喂量，分娩当天停喂。

分娩全过程即产程，是指从规律的宫缩开始至胎儿、胎盘娩出的全过程。产程分为开口期、产出期和胎衣排出期。开口期从宫缩开始到宫颈全开张，只有轻度逐渐加强的宫缩，临床表现为母猪起卧不安、用脚刨地、排尿增多，此期均长3小时，波动在2~6小时。产出期是从首个胎儿进入产道至胎儿全部排出。母猪有阵发性宫缩，这可以从母猪发出阵发性努责判断。顺产时，每15~20分钟产出1个胎儿，每产出1个胎儿，会宫缩与努责多次，此期均长2~3小时。猪分娩时子宫收缩除有纵向收缩外，还有分节收缩。宫缩先从子宫角基部开始，且是两个子宫角轮番收缩，交替分娩出两个子宫角的胎儿。努责时母猪深吸气后呼吸暂停闭气，腹肌收缩，腹部隆起，后肢向后伸展，约持续几秒钟，间歇几秒再进行第2次努责，一般努责与间歇交替几次产出1个胎儿，少数情况下可以连续排出2~3个胎儿；地方品种平均2~3分钟，长者10分钟产出1个胎儿；外来母猪平均15分钟，长者30~45分钟产出1个胎儿。对于初产或有难产记录的母猪，为了促进顺利分娩，可酌情肌内注射缩宫素，每次使用剂量为10~50 IU，避免剂量过大。胎衣排出期是从最后1个胎儿排出到胎衣全部排出为止，此时母猪会安静下来，几分钟至十几分钟后再次宫缩，但少有努责或只有轻度努责，以排出胎衣，平均为30分钟，最长不超过1小时，注意胎衣排出的数量，避免胎衣滞留。仔猪出生后，先用接生布擦干口腔、鼻腔黏液，擦干皮毛，保证仔猪呼吸通畅。然后处理脐带，断脐时先将脐带内血液捋回仔猪体内，然后在距仔猪腹部3~5 cm处拧断，并用碘酒消毒。仔猪产出时，由于脐动脉与脐孔周围组织联系紧密，脐带的外层羊膜紧密连着脐周围的皮肤，脐带中的脐尿管、脐肝管连着仔猪腹膜，因此，在断脐时，不容易扯断，避免用力过大将脐带内脐尿管或脐肝管在腹腔部分撕裂而造成脐疝或大出血。如遇难产，需按常规助产，用消毒液洗净母猪臀部和外阴部。术者消毒双手臂，涂润滑油。助产操作要轻稳，产完后，用0.1%高锰酸钾冲洗母猪子宫，每天2次，连冲7天。

诱导分娩是指在母猪妊娠末期的一定时间内，采用外源激素处理，控制母猪在人为确定的时间范围内分娩出正常仔猪。诱导母猪白天同期分娩，能减少工作人员值夜班的数量，降低劳动强度，防止仔猪机械性死亡，提高成活率；另外，诱导分娩还与同期发情、同期配种、同期断奶等生产技术配合，成批分娩，建立工厂化"全进全出"的生产模式。目前最常用的方法是使用天然的 $PGF_{2\alpha}$ 或人工合成的前列腺素，其原理是母猪注射 $PGF_{2\alpha}$ 之后引起血浆黄体酮浓度立即下降，黄体溶解。PG 同时能引起松弛素的释放，从而启动分娩。在母猪妊娠的第 112～113 天，对每头猪肌内注射氯前列烯醇 2 mg，一般在处理后 24～28 小时之间开始产仔。

第三节　人工授精技术

近年来，畜牧业发展迅速，养猪业逐渐趋向规模化、集约化、高效化，猪的人工授精技术（Artificial Insemination，AI）在生产中的应用越来越多，越来越受到重视。猪的人工授精技术是采用器械，并借助采精台采集公猪精液，采得的精液经过精液品质检查、处理和保存，当发情母猪需要配种时，再用器械将精液输送到母猪子宫内使母猪受孕代替自然交配的一种配种方法。猪的人工授精是科学养猪、实现生猪生产现代化的重要组成部分，可以有效地提高家畜种群的质量和数量，是一项品种改良应用最广而且最有效的技术，具有重要的意义。

一、人工授精技术的意义

（一）提高良种利用率

猪人工授精是猪品种改良最有效的方法，一头好的良种公猪，通过人工授精技术，可以将其优良的基因迅速推广，提高优秀种公猪的利用率，加快猪品种改良的速度，提高商品猪的质量和经济效益。

（二）降低饲养成本

人工授精可以提高公猪的配种能力，超过自然交配的很多倍，甚至数百倍，采用人工授精技术，公、母猪的饲养比例为1∶50，大幅度地减少了公猪的存栏头数，降低生产费用。

（三）克服配种困难

人工授精技术可以克服公、母猪因为体格、偏好、生殖器官异常等造成的配种困难，充分发挥杂种优势，只要母猪发情稳定，就可以利用人工授精技术适时配种，提高受精率。

（四）减少疾病的传播，提高生产的安全性

进行人工授精的公、母猪，一般是经过健康检查和检疫，并严格遵守操作规程，可以有效减少疾病特别是生殖道疾病的传播。

（五）解决异地配种和引种

通过保存和运输的精液，母猪可以就地配种，解决了公猪不足地区的母猪配种问题，并可开展国际交流和贸易，代替种公畜的引进。

猪人工授精技术主要包括精液采集、精液处理（精液品质检查、精液稀释和分装）、精液保存和解冻以及输精等技术环节，为了充分体现人工授精技术的优势，在进行操作时，要求严格遵守操作规程。

二、输精

输精是人工授精技术最后一个环节，也是保证获得可靠受胎效果的关键技术。因此，要准确把握好输精时间，整个操作过程应严格遵守人工授精技术规程，增强无菌概念并充分做好各项准备，确保输精操作的顺利进行。

从发情症状判断输精适时期：母猪从兴奋不安（闹圈）到逐渐安静，阴户红肿到开始消退出现皱褶；黏膜颜色由潮红逐渐变为暗红色或紫红色；黏液由水样稀薄到黏稠；按压背腰，母猪安静站立不动（或做交配态），用种公猪试情，安静接受爬跨等，出现以上征状便是输精适时期；也可根据发情起始时间推算适时期，母猪排卵出现在安静接受公猪爬跨后 24～36 小时，精子进入母猪生殖道后 6 小时左右才能完成"获能"过程。因此，输精应在排卵前 6 小时以上，让精子在受精部位完成获能后等待卵子。

（一）子宫颈输精法（CAI）

子宫颈输精法是一种常规的输精方法，安静接受爬跨开始后 12～24 小时第一次输精，间隔 8～12 小时再输一次。若以外观征状为依据，经产母猪头天发情第二天输精，或发情征状出现 24～48 小时内配种 1～2 次。初配母猪还可适当推迟，即发情开始后 48～72 小时内输精 1～2 次。每次输精量 20 亿～30 亿精子，每头母猪输精总量为 70 多亿。据报道，当使用子宫颈输精法输精后，30%～40% 的精子随精液回流至子宫颈，5%～10% 的精子被困阻在子宫颈的皱褶中死亡，60% 以上的精子被子宫体炎性反应吞噬。因此，仅有少量精子能够进入母猪输卵管壶腹部参与受精过程，造成精液浪费，导致良种公猪精液供不应求，同时不利于冷冻、性控精液的推广和应用。

（二）深部输精技术

猪人工授精技术始于 20 世纪 30 年代，20 世纪 80 年代中期被广泛应用。该技术能够有效减少公猪的饲养量，提高优良公猪的利用率。目前，世界大约 60% 的母猪通过人工授精受孕，欧美国家如美国、英国、丹麦等超过 80% 的母猪采用人工授精技术。深部输精（DI）技术是目前大量研究的一种更先进的输精方法，包括子宫体输精（IUI）技术、子宫深部输精（DUI）技术和输卵管输精（IOI）。深部输精技术是在常规输精管的基础上改良输精管的功能，通过特殊的输精技术将精液越过子宫颈直接送入子宫深部，从而高效利用公猪精液的繁殖技术，该技术目前已得到大量的研究并在生产中逐步运用。其中，子宫体输精（IUI）技术是目前深部输精技术中采用最为广泛的技术。

1. 子宫体输精（IUI）技术

1959 年，Hancock 首次报道了子宫体输精技术，该技术是在常规输精管内部加有一支细的、半软的、长度 15～20 cm 的导管，能够通过子宫颈进入子宫体，输入的精液可越过子宫颈直接到达子宫体，也称为子宫颈后人工输精技术。现在常用的输精管有两种，一种是管内袋式，外观与普通输精管基本相似，但在输精管的顶部连接一个可延展的橡胶软管（置于输精管内部），在输精初期通过用力挤压输精瓶，使橡胶软管向子宫内翻出，穿过子宫颈而将精液导入子宫体内，如美国生产的 AMG 管；另一种是管内管式，在常规输精管内部加有一支细的、半软的、长度超出常规输精管约 15 cm 的内导管，能够在常规输精管内部延伸以通过子宫颈进入子宫体。

该技术输液量通常为 30 mL，约 10^9 个精子，其最大的优点是可减少因精液逆流造成的精子损失，但无法避免宫体炎性细胞吞噬损耗精子。具体操作方法如下：首先用清水洗净母猪外阴部，擦干，再用酒精棉球消毒阴门裂。待酒精挥发干净后，手持输精管，先稍斜向上插入输精管，过前庭后呈水平向阴道、子宫颈推进。边插边旋转边抽动，模仿公猪交配动作，当插入阻力变大时，稍用力再往里插，直至不能前进时，稍退后 1～2 cm，开始挤压输精瓶，让精液缓慢注入子宫中。当挤压至输精瓶瓶壁互相靠拢，挤不出精液时，不要松手，顺势将精液瓶从输精管尾部抽出，吸满空气，再把输精瓶插上，照上步骤再挤压一次，直至再无精液残留为止。整个输精过程应不少于 3～5 分钟。尽可能防止精液倒流。若发现精液倒流较多，应再输一瓶，以保证受胎率和产仔数。输精完成后，取下输精瓶（或仍压住输精瓶，防止松手后精液被吸出），缓慢抽出输精管，并及时拍打母猪背腰，以利于精液吸入。输精即告结束。

Watson和Behan报道利用子宫体输精技术给3240头经产母猪输精的大型试验，试验分组进行了30亿、20亿和10亿个精子剂量输精，结果10亿个精子剂量子宫体输精得到的产仔率为88.7%、窝产仔数为12.1头，与30亿个精子剂量常规子宫颈输精得到的产仔率91.3%、窝产仔数12.5头相比无显著差异。Martinez等试验发现，子宫深部输精1.5亿个精子与子宫颈输精30亿个精子的母猪的受胎率、产仔率相比无差异。Roberts和Bilkei（2005）在匈牙利和克罗地亚对1783头经产母猪分别使用30亿个精子子宫颈输精（859头母猪）和10亿个精子子宫体输精（924头母猪），两种处理的母猪分娩率和窝产仔数分别为88.1%和12.3头、87.8%和10.2头，没有显著差异。西班牙一农场对500头母猪的试验结果证明，利用深部输精技术每次输精10亿精子与传统输精技术输精30亿精子得到相似的妊娠率和窝产仔数（11.17头/窝），采用深部输精技术仅输精5亿精子时平均产活仔数仍达到10.98头/窝，甚至输精2.5亿精子时平均产活仔数仍达到9.91头/窝。据张腾报道，深部输精可使经产母猪的产仔数、产活仔数和产健仔数分别提高1.12头、1.47头和0.92头。李毅通过低剂量深部输精技术，使经产母猪受胎率提高7.19%，平均窝产仔猪数增加0.19头；后备母猪受胎率提高25.71%，平均窝产仔猪数增加0.25头。对因繁殖障碍疾病引起的配种问题，尤其是阴道炎、子宫颈炎、子宫颈口损伤造成的久配不孕母猪，可以提高受孕率。

2. 子宫深部输精（DUI）技术

1999年由Vázquez等人首次提出，此法是由一根普通的输精管内置一根长 1.8 m、外周直径 4 mm 的柔性纤维内窥镜管制成的，输精时普通的输精管具有保护内窥镜管顺利通过阴道和子宫颈的作用，当内窥镜管穿过子宫颈后沿着子宫腔前进，最终可以将精液顺利输送到子宫角近端 1/3 处，因此又称子宫角输精技术。采用子宫深部输精技术可显著减少每次的输精数，鲜精输精量能减少 95%，冷冻精液输精量可减少 83.3%；Martinez 等试验发现，子宫深部输精 5000 万和 1.5 亿个精子数，母猪的受胎率、产仔率和产仔数与对照组子宫颈输精 30 亿个精子数相比无差异；使用含有 15 亿~60 亿个精子的稀释鲜精液和含有 100 亿个精子的冻融精液分别对母猪进行子宫角授精，都获得了成功。此外，该技术与性控精液的结合使用也获得了成功。此种方法不仅节省精源，还能够提高一些"脆弱"精子的使用效率，比如冷冻—解冻精子、性控分离精子等。早期的研究表明，母猪在发情到排卵的间隔时间上存在差异，使得一次子宫角输精方式在商业应用中极难操作，一般都采用两次输精的方法，或采用常规技术+子宫角输精技术相结合的方式进行输精，母猪的产活仔数相近，但总体而言，采用子宫角输精方式与常规方式相结合的技术，可获得更高的妊娠率，子宫角输精法最好进行两次输精，并需结合常规输精技术。

3. 输卵管输精（IOI）技术

该方法是利用腹腔内窥镜装置，通过微创手术将精液直接输入到子宫与输卵管结合部位的一种技术。首先母猪需麻醉，在母猪腹部近脐窝处切一个 1.5 cm 的小口，将带有嵌入式零度腹腔镜的 12 mm Optoview 套管通过该切口插入母猪腹腔内。然后，用零度腹腔镜取代 Optoview 探头，在腹腔内注入 CO_2 使腹压达到 14 mm 汞柱，将 2 个辅助端口放在半腹部左右两边，作为腹腔镜杜瓦尔（Duval）钳状骨针的入口。用杜瓦尔钳状骨针分别控制子宫角和夹紧输卵管，使输精探针顺利进入。输精后，移去套管针微创缝合，整个微创手术的完成时间控制在 15 分钟之内。采用输卵管输精技术的输精数通常为 30 万~60 万个精子，输精数超过 100 万个精子时，易发生多精子受精现象。输精时间安排宜在母猪排卵前 1~3 小时，能降低多精子受精的发生率。这种技术能够高效地利用猪精液，很大程度降低了猪精液的使用量，每侧输卵管仅输入 500 万个精子数却达到了 81.9% 的受精率，与常规人工授精技术相似，在母猪排卵后及时输精，受精率较高。输卵管输精技术提高了性控精液等高附加值精液产品的利用效率，有利于促进性控繁育技术在养猪生产中的推广和应用，不仅可以应用于要求较高的科研试验，而且可在条件较好的大规模养殖场培训推广。虽然输卵管输精技术大大降低了精液的使用量，输精时的小手术对母猪的创伤也很小，但是，腹腔内窥镜相对于普通的人工授精器械较为复杂，成本也较高，需要较高的专业水平和极为熟练的技术操作，而且以目前猪场的实际经济及技术力量推广难度较大，因此，目前在生产实践中应用很少，仅限于科学研究。

（三）定时输精技术

发情排卵是输精的必要前提，母猪的发情排卵由体内促进腺激素释放激素（GnRH）、卵泡刺激素（FSH）、促黄体生成素（LH）等激素水平逐步升高引起。对于后备母猪，动物出生以后，下丘脑逐步释放 GnRH，刺激垂体合成和释放 FSH 和 LH，对性腺类固醇类激素的敏感的负反馈作用，从而维持性器官发育。随着母猪继续发育至体成熟和性成熟，GnRH、FSH 和 LH 的合成和释放对性腺类固醇类激素的负反馈敏感性逐渐降低，同时垂体对 GnRH 的敏感性逐步提高，促进了后备母猪初情期的到来。对于经产母猪，由于哺乳期间体内高水平的催乳素抑制了下丘脑 GnRH 的释放，导致哺乳期间不发情，而断奶后，仔猪对乳头及乳房的强烈刺激消失，导致催乳素水平迅速下降，对下丘脑的抑制作用解除，下丘脑开始有节律地释放 GnRH，从而促进垂体前叶释放 FSH，FSH 发挥其促进卵泡发育的作用，逐步促进卵泡发育成熟，同时在卵泡发育过程中释放雌激素，进而出现发情，同时随着高水平雌激素的释放，促进了 GnRH-LH 峰的形成，逐步发育成熟的卵泡出现排卵现象。总而言之，实施定时输精的关键在于 GnRH 等关键激素的同时释放，即定时输精技术是以 GnRH 为基础，结合 PMSG（孕马血清促性腺激素）、hCG（人绒毛膜促性腺激素）（HCG）、FSH、LH 等激素共同作用，促进母猪内源促性腺激素的释放，使所有母猪发情周期调整到相同的阶段，最终使母猪卵泡发育同步化和排卵同步化。在母猪断奶后 24 小时内注射 PMSG 使母猪卵泡发育同步化，经 72 小时后再注射 GnRH 促使卵巢同步排卵，排卵时间为 38~42 小时。至于后备母猪，由于其性周期不一致或隐性发情，因此，需要先饲喂四烯雌酮来达到延长黄体期使性周期同步，随后再注射 PMSG 促进卵泡发育同步化，72 小时后再注射 GnRH，使其排卵时间控制在 40~46 小时。虽然使用 hCG、LH 等激素也能使母猪发情，但实际上，使用 GnRH 促进母畜体内 LH 分泌更具有正常的生物学特性。通过 GnRH 促进 FSH 和 LH 协同分泌，具有促进卵泡最后成熟和排卵的作用，对提高排卵数、调整排卵时间以及排卵同步化具有决定性的作用。

定时输精技术，早在 1974 年，德国人 Hunter 在东欧开始采用这项技术作为管理措施，至今应用生产已超过 40 年。1990年，德国 110 万头母猪中，86% 的母猪采用定时输精技术，利用 hCG/GnRH 处理母猪，同期发情后 24~40 小时对母猪进行定时输精，结果母猪的妊娠率、窝均产仔数等指标和常规人工授精的母猪相比，差异不显著，但省去了鉴定母猪发情的过程。对于断奶母猪，加拿大规模化猪场研究表明，断奶当天注射 600 IU PMSG，80 小时后再注射 5 mg LH，然后分别在 36 小时和 44 小时各输精 1 次，母猪的分娩率可从之前的 69% 提高到 86%。在断奶母猪中，GnRH 必须在 PMSG 用药后 72 小时进行处理，排卵时间在 38~42 小时，可在此时进行定时输精。对于后备母猪，相关研究结果表明，用 GnRH 处理后 24 小时和 48 小时各输精 1 次，母猪的妊娠率为 92%~96%。但由于后备母猪的性周期不一致，因此，需要先饲喂四烯雌酮来延长黄体期。此外，用 1000 IU 的 PMSG 诱导 180~210 日龄的后备母猪发情是一种有效的技术方法，经过处理的小母猪 75%~90% 会显著发情，90%~100% 会排卵。处理后前 3 天发情的很少，第 4 天是发情高峰，大多数后备母猪在处理后 4~6 天发情，85%~100% 后备母猪在处理后的第 96~144 小时排卵。另外，据温氏集团内部资料显示，后备母猪在配种前发情的次数越多，其子宫的体积越大。因此，这一种有效同步性周期的方法，同时能促进子宫发育，增加子宫体积，提高第 1~2 胎的产仔数。

目前，在养猪生产中，常出现母猪产仔数差异大，受胎率低等问题。除品种、精液质量等原因外，输精技术也是重要的影响因素。国内外大多数猪场都是通过观察母猪排卵规律、行为表现来确定输精时间，具有一定的盲目性。母猪定时输精技术能够把握最佳输精时间，可一定程度减少母猪在每胎产仔数上的差异，同时更有利于猪场批次化生产管理。一般来说母猪断奶一周左右，会出现发情现象，但由于母猪体内的激素水平不同，所以发情时间也不一致，因此，可使用人工注射性激素的方法让母猪激素达到基本一致的水平，同时启动发情周期，以实现定时输精，达到母猪批次化生产的目的。定时输精技术显著缩短了母猪的非生产天数（NPD），大大提高了母猪的利用率，可在一定程度上提高母猪的 PSY（年产仔数），是一个有效的繁殖管理办法，同时还可以大幅度降低配种员对查情和适时配种技术的素质要求，而且不会因为人员变动导致生产水平大幅起伏。在养猪生产中，如果能够将定时输精和母猪发情鉴定有效结合起来，会在更大程度上提高母猪的配种率。因此，定时输精是简单有效的繁殖管理方法，有利于规模化猪场组织生产，目前，我国定时输精技术还不成熟，还有待于进行进一步的研究和探索。

第五章　仔猪的饲养管理

　　仔猪是猪生长发育过程中的一个重要阶段，这一阶段的管理不当不仅会使仔猪的死亡率大幅上升，同样也会对未来优良种猪的培育和肉猪的生产造成影响，从而造成较大的经济损失。本文将仔猪分为哺乳仔猪和断奶仔猪两个阶段来进行讨论，为养殖户提供更加全面与科学的仔猪饲养管理策略。

第一节　哺乳仔猪

　　哺乳仔猪所处的阶段是仔猪由母体内的寄生生活转向独立生活的过渡时期。仔猪出生后，生活条件发生了很大变化，从母体的恒温环境来到了低于体温、多变的外界环境。这一阶段，是猪一生中最难饲养的时期，也是死亡的高峰期。如不采取积极的防护，死亡率可高达50%以上。这个时候如果不细心照顾，很容易引起仔猪死亡，尤其在冬春季。若能度过这个危险期，就可提高仔猪的成活率，增加养猪生产效益。在此，我们针对仔猪具有新陈代谢旺盛、生长发育快、体温调节技能不发达、消化机能不发达和免疫系统不发达的生理特点，提出了仔猪初生期、断奶期的管理要点及疾病防疫措施。

一、哺乳仔猪的生理特点

哺乳仔猪是指从出生到断奶阶段的仔猪。哺乳期的时间在各个猪场间略有不同，一般为 21 ~ 35 天。哺乳仔猪是仔猪生长发育最快的时期，也是对疾病抵抗力最弱的时期。

（一）生长发育规律

仔猪初生体重约 1.4 kg，到 28 日龄时，体重达 7.5 kg 左右，相当于出生体重的 5 ~ 6 倍，该阶段仔猪生长发育快，物质代谢旺盛，因此，此时的仔猪营养物质在数量和质量要求都较高，通常采取提高母猪泌乳量和开食料的质量等方法。

（二）仔猪的消化

仔猪消化器官重量和容积小。初生仔猪胃重量为 4 ~ 8 g，为成年猪重量的 1% 左右。同时只能容纳 25 ~ 40 mL 乳汁。消化腺机能不完善。初生仔猪胃内仅有凝乳酶，而唾液酶、胃淀粉酶和胃蛋白酶很少，并且胃底腺不发达，胃蛋白酶活性低，食物通过消化道的速度快。哺乳仔猪消化器官不发达，消化腺机能不完善。仔猪出生时，消化器官虽然已经形成，但其重量和容积都比较小。由于胃及肠管pH 值较高，对进入的细菌缺乏抵抗力，所以哺乳仔猪易患病。哺乳仔猪缺乏先天免疫力，体温调节机能不完善，对寒冷的应激能力差，容易患病；必须让仔猪 2 小时内吃到初乳，从初乳中获得抗体，形成被动免疫。哺乳仔猪的免疫系统不发达，在出生后，依靠母猪的初乳传递抗体。自身的抗体产生系统在 30 日龄后才能真正发挥作用。所以仔猪患病往往是在出生后 3 ~ 20 天。

二、哺乳仔猪的管理

（一）饲养管理

仔猪出生后，相关接产人员应将仔猪口腔鼻孔中以及身上的黏液擦净，确保仔猪可以正常呼吸。接下来可将仔猪安置于保温箱内，当仔猪全部产完后，可将仔猪放出，使其吮吸初乳。如果仔猪出现产后无呼吸却有心跳的现象时，可对其进行人工呼吸，期间可将仔猪四肢朝上，一手托其肩部，另一手托其臀部，反复进行屈伸动作，直到仔猪出声。母猪与仔猪对环境温度的需求有所不同，其中成年母猪对温度的要求是 13~19 ℃，而新生仔猪对环境温度的要求是 30~34 ℃。所以，应将产房温度维持在 18~22 ℃，湿度应控制在 65%~75%。对于 1 日龄的仔猪，应将保温箱内的温度调整为 35 ℃；对于 2~4 日龄的仔猪，应将温度调整为 30~33 ℃；对于 5~7 日龄的仔猪，应将温度调整为28~30 ℃；对于 8~21 日龄的仔猪，应将温度调整为 26~28 ℃；对于 21~30 日龄的仔猪，应将温度调整为 25~26 ℃；对于超过 30 日龄的仔猪，应将温度调整为 22~25 ℃。期间还应做好相应的看护措施，避免出现压伤或压死的现象，同时合理掌握通风情况，防止贼风。

1. 断脐

先将脐带内的血液向仔猪腹部方向挤压，然后在距离腹部 4 cm处用手指把脐带掐断，断处用碘酒消毒，若断脐时流血过多，可用手指捏住断头，直到不出血为止。

2. 剪犬齿

仔猪生后的第一天，对窝产仔数较多，特别是在产活仔数超过母猪乳头数时，可以剪掉仔猪的犬齿。对出生重小，体弱的仔猪也可以不剪。注意不要损伤仔猪的齿龈，剪去犬齿，断面要剪平整。剪掉犬齿的目的，是防止仔猪互相争乳头时咬伤乳头或仔猪双颊。

断齿前，钳子应先消毒，尽可能只剪牙尖（上 1/4）。钳子应该锋利、清洁，剪时不要把牙夹裂，也不要留下锋利的边缘。

3. 断尾

用于育肥的仔猪出生后，为了预防育肥期间的咬尾现象，要尽可能早地断尾，一般可与剪犬齿同时进行。方法是用消毒后的钳子剪去仔猪尾巴的 1/3（约 2.5 cm），然后在创口涂上碘酒，防止感染。注意防止流血不止和并发症。

断尾时可切掉尾巴的 1/3 ~ 1/2。断尾应在清洁的环境中进行，可利用手术刀、去势器、剪子完成。断尾之前最好不用杀菌剂或其他药膏。为预防细菌感染，可于断尾之后在尾根伤口处涂上消毒剂，以减少出血。完毕后用碘酊溶液消毒。

4. 打耳号

对预留的后备种猪逐头打耳号，每头仔猪 1 个号；对准备作为商品肉猪的仔猪逐头按窝打耳号，每窝 1 个号，同窝同号，将来根据耳号即可查到出生日期和父母代，便于考察肉猪的生长发育情况。

5. 去势

为保持肉猪的优良肉质，增强产肉性能，小公猪在断乳前需要实施去势手术，去势以 2 ~ 3 周龄时最佳。仔猪在此周龄去势，伤口愈合快，应激小，管理也比较方便。仔猪在生病和外界环境恶劣时不宜去势，避免引起不良反应。

具体方法是，将仔猪完全固定后，先用肥皂洗净手术部位及其周围，再用酒精棉擦拭后涂碘酊溶液消毒。手术时以左手拇指与食指压紧阴囊，右手执手术刀对睾丸位置，开一长口 1 ~ 2 cm 切断之后，用同一方法再割除另一睾丸，手术后用消毒棉或是纱布擦拭创口及其周围，然后涂些稀碘酊溶液，伤口部分不必缝合。

（二）吃足初乳，固定乳头

仔猪一出生即应让其吃饱初乳，因为初乳中含有较高的免疫球蛋白和较多的镁盐（有轻泻作用）。初乳中维生素 A、维生素 C、维生素 D、维生素 B_1、维生素 B_2 含量也相当丰富，比常乳高 10 ~ 15 倍，可使仔猪获得免疫抗体，提高抗病力。一般在生产后2小时内就要让每头仔猪都吃到足够多的初乳。仔猪在出生后2小时内可以直接吸收大分子的免疫球蛋白，以后会越来越弱，8小时后母乳中的抗体会减少70%。初乳中含有大量免疫球蛋白，产后3天内每100 mL初乳中免疫球蛋白含量会从7～8 g降到0.5 g。此外，初乳酸度较高，其他营养成分也比常乳高。仔猪产出后就到母猪身边吃初乳，能刺激消化器官的活动，促进胎便排出，增进营养产热，提高对寒冷的抵抗能力。因此，仔猪出生后应尽早令其吃到初乳、吃足初乳。母猪产后40天大体每隔45～60分钟给仔猪哺乳1次，随泌乳期进展间隔加长，40～60天为60～80分钟哺乳1次，每次哺乳3～5分钟，但母猪真正放奶时间只有10～20秒。

仔猪一出生就有固定乳头吃奶的习惯，乳头一旦固定，一直到断奶不再更换。为了使仔猪更好地固定乳头，需要人工辅助，使同窝仔猪发育整齐一致。如果让它们自己固定，就会发生争夺战，甚至咬伤母猪乳头，影响母猪正常放奶，有时也会造成强壮的仔猪每头占两个乳头，弱小的只能吃出奶少的乳头甚至吃不上。具体做法是，把初生重小的、弱的仔猪安排在前面两个出奶多的乳头上吃奶；把发育好、体长的固定在中间吃奶；发育好、体短的固定在后面吃奶。固定乳头时，要对仔猪进行标记，便于识别，吃乱了容易纠正。

（三）寄养和合理并窝

正确对待初生弱仔猪。出生弱小的仔猪在正常情况下很难在断奶时达到与初生健仔猪同样的体重，但在有精力的情况下重点培养会尽可能缩小断奶时的体重差距。主要方式有寄养、并窝、人工喂养等。寄养是为没有足够乳源的仔猪寻找一个"保姆猪"。作为"保姆猪"的母猪要母性好、泌乳量大、产仔数少、无疾病。"保姆猪"的产期与寄养仔猪的初生期应尽量接近，最好不超过3～4天。被寄养仔猪与寄养母猪的仔猪要有相同的气味，避免仔猪被寄养母猪咬伤或者咬死。当母猪产后死亡，仔猪没有寄养的可能时，需要配制人工乳喂养。人工乳配方为鲜牛奶或10%的奶粉液1000 mL，鲜鸡蛋1个，葡萄糖20 g，微量元素盐溶液5mL，鱼肝油及复合维生素适量。

仔猪寄养的原因：母猪所生仔猪超过有效乳头数，有一头或几头仔猪吃不上奶，将多的仔猪寄养给产仔少、泌乳性能好的母猪；母猪产仔少，让其继续哺乳不经济，可将其所生的所有仔猪由其他母猪代养，让该母猪提前发情、配种；母猪产后无奶或奶量少，其仔猪实行寄养；仔猪出生后，母猪死亡的，实行寄养。

寄养成功的条件：两窝仔猪出生日期尽可能地接近，相差不要超过2~3天，以免发生以大欺小、以强欺弱的现象，以及寄养仔猪不认"后娘"的现象；寄养出去的仔猪一定要让它吃上初乳，否则很难养活；寄养母猪应该是性情温驯、护仔性差、泌乳强的母猪，母猪嗅觉很灵敏，易闻出所寄养的仔猪，拒绝哺乳。

寄养时可以洒一些有气味的消毒液，防止母猪咬仔猪，或者仔猪拒绝吃奶。寄养时要考虑寄养母猪的产仔情况，如果出现产仔异常或者发生疫情，就不要进行此项工作，特别是出现全窝死胎，或者死胎、弱仔、木乃伊胎数量较多时更应该考虑这一问题。产仔不正常的母猪，可能其健康状况不是很好，如果把正常的仔猪寄养给它喂养，有可能使仔猪发病。

为了充分发挥母猪的生产潜能和提高母猪的繁殖性能，对每批分娩母猪要进行合理的并窝，对提高经济效益是非常有益的。分娩母猪中，那些繁殖性能不好，或者泌乳能力不强的母猪，通过仔猪合理的并窝，可以将母猪提前撤出产房，淘汰或者安排配种，有利于提高猪群整体的繁殖成绩，增加经济效益。

有时也会出现母猪产后无奶或死亡的情况，早产仔猪如果无法吃上母猪的初乳，营养和抗病力就得不到及时补充，往往不易成活。以下方法可以避免无奶仔猪的大面积死亡：①初乳冷冻贮藏，将产奶量大或带仔少的母猪的初乳挤出，分成 25 mL 的小包装，放在冰柜中冷冻保存。②对无奶的仔猪，用奶瓶或胃管每天饲喂 500 mL（分 10~20 次），2 天后改用人工乳（用牛奶或奶粉等配制）替代。热奶时解冻要缓，不可用 60 ℃ 以上热水解冻，以免破坏免疫球蛋白。③尽可能早地让仔猪吃上高质量的乳猪补料，这样饲喂的仔猪虽然生长速度可能较慢，但对其后期生长影响不大。④胃管饲喂法，左手臂搂住小猪，左手抓住小猪前腿，使其自然舒服；用一端部磨钝的输液管顺仔猪口中插入，到咽部时，通过对咽部的刺激，仔猪会出现吞咽动作，顺势将输液管插入食管，到达胃部贲门时阻力增大，用力插管可听到"卟"的声响，说明已插入胃中，顺势插入 5 cm 左右。检查正确插入后，即可通过注射器推注或高吊瓶流入。

（四）抓开食，及时补铁和补料

仔猪出生后生长速度非常快，易缺乏铁、硒、葡萄糖等，生产中应及时补充，如果补料方法不当，仔猪的生长情况往往不会理想。

1. 及时补铁

正常仔猪出生时铁的储存量为 15 mg，通过初乳每天可获得 1 mg，而仔猪每天对铁的需要量为 10 mg，母猪乳中铁的含量满足不了仔猪生长发育的需要，必须及时补铁，以防发生贫血。为了防止仔猪患缺铁性贫血，对出生 2~3 天的仔猪，需要注射右旋糖酐铁钴注射液。一般要求注射 2 次，一般在仔猪 3 日龄时肌内注射 1~2 mL，10 日龄时肌内注射 2 mL；或在 3 日龄时肌内注射 3 mL。这不仅能有效预防仔猪贫血，还能间接预防仔猪白痢。

2. 及时补硒

仔猪出生 3 天内和断奶时，分别给每头仔猪注射 0.1% 亚硒酸钠 0.5~1.0 mL，如果在补铁时，使用含硒的复方有机铁针剂

（胜血）则更方便。防止仔猪出现僵猪和断奶后患水肿病、白肌病和仔猪缺铁性腹泻（硒不能摄入过量，必须控制好药液浓度和使用量）。

3. 及时补水

仔猪出生 3~5 日龄后可在补饲间设饮水槽（饮水器），补给清洁饮水，并稍微加甜味剂，防止仔猪口渴时没有清水，就喝脏水或尿，引起下痢。仔猪新陈代谢旺盛，乳中的脂肪含量高，仔猪需水量较大，缺水时，仔猪会感到口渴，食欲下降。

4. 训练吃料

为了满足仔猪生长发育的需求，要在仔猪出生后 7~10 天训练仔猪吃料。饲料一般为有一定强度的颗粒料，20 日龄的仔猪就能完全采食饲料。刚开始补料的时候，仔猪可能不愿意吃，可以用乳香剂、炒熟的黄豆、玉米和高粱等做诱饵，进行适当训练。这样做不仅解决了诱食问题，也解决了仔猪因为出牙牙龈瘙痒而乱咬东西的问题，减少了疾病的传染机会。下面介绍一种补料方法：在仔猪出生 7 天时，先在保温箱出口处放一长、宽各 30 cm，高 2 cm 的铁盘，盘上放一些补料和鸡蛋大小的鹅卵石，让仔猪在路过时对鹅卵石产生兴趣，无意中闻到补料的香味，从而吃上补料；随着仔猪长大，将铁盘移动到可盛放多一些饲料的补料槽边，一两天后拿走。

（五）训练仔猪三点定位及用饮水器饮水

训练仔猪在固定的地点吃、睡、排泄，养成良好的习惯，有利于猪舍环境卫生，减少疾病的发生。调教仔猪吃乳后进入保暖箱内休息，不在母猪身旁休息，仔猪不在母猪身边休息就减少了被母猪压死的机会；在保暖箱的远处排泄，不在保暖箱内排泄，保持保暖箱内的环境清洁干燥，仔猪也更喜欢在保暖箱内休息；训练 3 日龄仔猪用饮水器饮水，仔猪从母乳中获取的水分不能满足其生长需求，必须从其他途径补充水分，如果没有母乳以外的水源，会影响仔猪的生长速度，应调教仔猪在 3 日龄时开始饮水，以满足其生长需求。

（六）哺乳仔猪温度控制以及防压

仔猪出生后调节体温能力差，必须为其提供适宜的环境温度，随着日龄的增加，仔猪对外界温度要求逐渐降低，仔猪保温箱内温度可由初生时的 32~35 ℃ 逐渐降到断奶时的 23~25 ℃。出生仔猪的适宜环境温度为 33~34 ℃，1 周龄仔猪为 28~30 ℃，4 周龄仔猪为 22~24 ℃。饲养时如果达不到上述要求，仔猪体温就会下降，轻者冻僵，重者冻死。

主要的保温措施：在猪舍内安装红外线灯泡或生火炉等；产仔时迅速擦干初生仔猪全身的黏液；舍内防贼风、防潮湿。由于不可能每天去测仔猪躺卧区温度，因此，需要通过仔猪躺卧时的状态判断其温度是否适宜。温度适宜，仔猪就会均匀平躺在保温箱中，睡姿舒适；温度偏高，仔猪则会四散分开，将头朝向有缝隙可吹入新鲜空气的边沿或箱口；温度过低，则会挤堆、压垛。温度太高时，部分仔猪会躲在箱外，时间长则会受冷腹泻。把仔猪躺卧区木板很快撤去是错误的，因为尽管躺卧区上方有烤灯，温度适宜，但其下方的地面温度却是低的，长时间躺卧易造成腹泻。哺乳仔猪只要把握好温度、湿度、卫生，供给充足的奶水，很容易养好，哺乳期成活率达到 98% 已不再是新鲜事。考虑到普通农户养猪的实际情况，可在母猪圈的一侧建 1 个简易保温室。建保温室的材料可就地取材，可选用玻璃钢、空心砖等，一般要求保温室长 1.2 m，宽 0.75 m，高 1 m。保温室内可通过悬挂红外线灯泡（250 W 或 500 W）或用热水袋加热。在保温室的中间离底部 0.5 m 处悬挂一支干湿温度计，以便准确掌握温度和湿度。室内地面上放一些短的松软垫草，并注意勤换。另外，要防踩防压，一般体大过肥、行动不便的母猪初产时无护仔经验，还有母性不好的母猪，都容易压死仔猪。防压措施可采取提高猪舍内的温度，勤观察，猪舍内设护仔间或护仔栏等。

（七）防病防疫

初生仔猪的消化机能尚未发育完善，抗病力较弱，易患腹泻等疫病，对初生仔猪危害较大的有仔猪红痢、仔猪黄痢、仔猪白痢和传染性胃肠炎。根据大肠杆菌的结构，母猪妊娠后期注射相对应的菌苗，也可以注射多价苗。哺乳仔猪严格按照免疫程序适时搞好免疫接种工作，是增强免疫力，减少发病率和死亡率，提高育成率，保证猪群健康的基本措施之一。一般1日龄仔猪哺乳前可实施猪瘟超前免疫，25~45日龄分别进行猪瘟、口蹄疫、蓝耳病、伪狂犬病、仔猪副伤寒等病的免疫预防，间隔30天加免猪瘟、口蹄疫、蓝耳病等。

加强疫病预防工作，一般可采取以下措施：一是保持猪舍清洁卫生。产房最好采取"全进全出"的管理方式，前批母猪和仔猪转走后，要对地面、栏杆、网床及空间进行彻底消毒，杀灭容易引起仔猪腹泻的多种病菌，产房的地面和网床上不能有粪便存留，需随时清扫。产房应保持适宜的温度、湿度，控制有害气体的含量，防止或减少仔猪腹泻等疾病的发生；母猪产仔前后应保持猪体清洁，临产前用0.1%高锰酸钾溶液擦洗乳房和外阴部，以减少母体对仔猪的污染；母猪排出的粪便常常带有许多病菌，应及时清扫，减少污水积存，以减少仔猪感染病菌的机会。二是减少不良因素刺激。饲料要相对稳定，严禁饲喂发霉变质和有毒饲料，保证母乳质量；注意天气变化，保持猪舍适宜的温度和湿度；仔猪补料时要注意饲料质量，防止仔猪采食过量。三是药物防控。为防止仔猪发生腹泻病，可在饲料和饮水中适量添加药物进行预防；一旦出现腹泻症状，则根据病情及时采取有效措施，治疗控制，严防扩散。

第二节　断奶仔猪的饲养管理

优良仔猪是决定猪场经济效益的关键因素，如何提高仔猪成活率，培育出体重均匀、健康的仔猪是考量规模化猪场的一个重要指标，断奶仔猪的饲养管理是一个不可或缺的重要环节。

仔猪断奶是一种承上启下的过程，断奶日龄要根据仔猪的出生日期、体重、饲养环境和季节等因素确定。一般来说，膘情适度、母性良好、奶水充足的母猪窝产仔数不超过 15 头时，20 日龄就可完全断奶；窝产仔数超过 15 头时，视母猪哺乳情况，在仔猪出生 5 日龄时可以将开口料添加在仔猪经常走过的地方，诱导开食。仔猪新陈代谢旺盛，生长速度快，对营养物质需求量大且全面，但胃容积小，每次采食量有限，所以添加饲料时要少放勤添，这样也能有效减少饲料浪费和污染。一般仔猪在 6~7 天后会吃料，此时需要控制仔猪的饲喂量，以仔猪七八分饱为宜，既能达到补饲效果，又能有效防止拉稀。产仔 6 窝以上、泌乳力降低的母猪所产仔猪，更要适当补饲优质蛋白高的饲料，以保障其在 3 周龄时可以断奶。断奶时采取栏内去母猪、留仔猪的方式，尽可能减少仔猪应激，让其适应断奶。断奶后仔猪一般采取原窝饲养，特殊情况下，比如有个别发育不良个体应剔除，将同一窝（原窝）仔猪转入保育舍时关入同一栏内饲养。如果确需重新分群（头数太少、栏舍太少等），可按其体重大小、体格强弱进行并群分栏，同栏群中仔猪的体重相差最好不要超过 1~2 kg，另将各窝中弱小仔猪合并至小群，进行单独饲喂，体重均匀后再酌情处理，或并群，或单饲，或淘汰。

一、选择合适的断奶日龄和断奶方法

现代饲养模式下，仔猪会在 4~5 周龄的时候进行断奶。如果由于母猪同批次产仔数不足或产仔质量过差导致不能同批次断奶，则断奶时间不得早于 4 周，也不能超过 6 周。断奶时间过晚会影响年产胎次，所以需要恰当地选择仔猪的断奶时机。而在断奶方式上，通常有一次断奶、分批断奶与逐渐断奶的方法。如果同一窝仔猪的个体差异不大、体重差别不大时，可以选择全窝一次断奶；如果一窝中的仔猪个体参差不齐，则可考虑分批断奶；生产上多选择逐渐断奶法，这种方法有利于仔猪逐渐适应营养来源的改变，减少了断奶后的应激反应。仔猪在断奶时，可先将母猪赶走，仔猪仍留在原舍用原来的饲料饲养，这样也可以减少应激的发生。

二、断奶仔猪的饲养

早期断奶，会造成仔猪应激，仔猪体内会发生相应变化，如仔猪消化酶分泌量下降，胃中酸度降低。饲料由液态变为固态，对仔猪肠道绒毛会产生相应的刺激，这些都会降低其对饲料的消化能力，从而造成其食欲低下，腹泻情况严重，生长停滞。因此，在选择断奶仔猪饲料上不仅要注意营养均衡，还要注意饲料类型，仔猪饲料最好是颗粒性的，这样会增加饲料的适口性，也有利于仔猪的采食，尽量保持饲料的干燥和清洁。仔猪喂八成饱即可，坚持少喂勤添，每天喂食量在 5 次左右即可，随后就可以让仔猪自由采食。在保证仔猪不会出现营养性腹泻的情况下，尽可能让仔猪多采食。在仔猪断奶后的 20 天内，依旧喂给断奶前的乳猪料。将乳猪料换为仔猪料时应当有 1 周左右的过渡期，逐渐减少乳猪料的饲喂比例，直至完全饲喂仔猪料。为保证仔猪吸收足够的营养，可以在仔猪料中添加营养保健剂、益生菌来提高仔猪饲料的消化率。特别需要注意的是，应该为断奶仔猪保留足够的采食空间，避免因采食空间过小而引起仔猪踩踏或弱小猪无法正常采食饲料。断奶仔猪的饮水量必须保证充足，尽量避免使用饮水槽饮水，如果饮水槽内有滞留的水未及时清理，易导致仔猪肠道消化问题，造成仔猪腹泻，最好使用自动饮水器，自动饮水器既方便又卫生。仔猪饮水是个重要环节，饮水量不足，就会影响其健康，同时也会影响采食，降低仔猪的生长速度。

三、仔猪断奶前后的管理

（一）卫生管理

进猪前对空猪舍要进行彻底的清扫和消毒，并做到定期带猪消毒，以减少病原微生物对仔猪的侵害，要做好圈舍内的环境卫生工作，保证舍内保暖、通风、干燥、卫生。给仔猪提供一个优良的生活环境，可以有效降低发病率以及死亡率，从而提高成活率。在转猪时把周龄相近、体重大小相近的断奶仔猪放养在同样的猪舍，这样可减少病原菌的传播，减少腹泻，并可防止寄生虫的感染。

（二）温度管理

仔猪断奶前和母猪一起生活，所处的环境温度较为适宜仔猪的生长。断奶后的饲养仔猪舍温度要严格保持在 28~30 ℃，之后 1 周可适度降低 1~2 ℃；可以用保温灯来进行升温；降温可以在通风口安置水帘，在每栋猪舍内安置温控器，随时将温度控制在适宜的范围内。

（三）基础设施管理

保育舍场址必须建设在靠近产房的区域，便于断奶仔猪的转舍，避免仔猪在转舍过程中因温度过低导致腹泻甚至死亡。断奶仔猪猪舍地漏的选取，必须符合防滑、耐磨、空隙小，安装无缝等基本条件，并按时进行消毒，使诱发腹泻的细菌或虫卵无法生存，减少仔猪因饲养管理问题导致的腹泻。

（四）疾病防控

在规模化生猪养殖中，断奶仔猪的饲养是整个养猪生产中至关重要的环节，这一阶段仔猪的增重快慢和健康水平对日后育肥猪的饲养有着关键作用。此阶段的仔猪最易患应激综合征和腹泻，所以在断奶仔猪的疾病预防与治疗上以这两种疾病为主。对于应激综合征的预防主要是加强饲养管理，减少应激的产生。除了提供合理的饲料、保证适宜的环境以及做好免疫程序外，还可以在饲料中添加一些抗应激药物。

四、断奶仔猪疾病预防工作

（一）注意圈舍消毒，预防疾病发生

断奶后每周对猪舍进行两次带猪消毒，药物可用聚维酮碘、强力消毒灵粉或0.05%的百毒杀，以降低环境中和猪体表的病原微生物数量，减少疾病发生。

（二）防止断奶后仔猪多系统衰竭综合征

断奶后多系统衰竭综合征是由圆环病毒Ⅱ型引起的免疫抑制性疫病的三种表现形式之一。临床上，断奶后患该病的仔猪常表现为精神委顿、食欲减退、先天性阵发性颤抖、顽固性腹泻、脱水、消瘦、贫血、被毛粗乱、腹股沟淋巴结明显肿胀、双耳红紫不肿大、腹部及后大腿外侧出现零散性痘斑、免疫力降低，有时咳嗽等症状。为防止其发生可采用拜耳公司强力拜固舒（50 g + 利好50 g + 拜力多50 g/kg）的方案拌饲或饮水，连用7天以预防和控制各种应激和有可能继发的细菌性疾病与断奶后多系统衰竭综合征。

（三）适时进行免疫接种

仔猪出生45～60天接种猪瘟、蓝耳病、口蹄疫疫苗，根据当前及以往的疫病流行情况有针对性地预防伪狂犬、胸膜肺炎、

链球菌等。防疫前后应抗应激，水或饲料中添加高品质电解多维或黄芪多糖，连用 5~7 天。两种疫苗免疫时间应间隔 7 天，注射免疫时要做好充分的消毒准备，免疫时每注射一头猪要换一枚针头，以防带毒带菌。严格按免疫程序做好防疫工作，严防传染病的发生。做好尸体无害化处理，病死猪应焚烧或深埋，深埋时用生石灰覆盖，然后盖土深埋。对于饲养过程中出现的僵猪及时处理，无饲养价值的应及时淘汰。要获得良好健康的断奶猪群，不但要有均衡的优质营养，还要有适宜的环境、细心的呵护和健全的防疫灭病计划以及有效的管理，只有具备这些条件，才能达到预期的饲养成绩。

五、饲料选择

（一）全价料的选择

根据断奶仔猪的生长特点和本饲养场的环境，选择质量稳定、售后服务好、讲信誉、生产设备先进的厂家生产的饲料产品。

（二）透过饲料标签来判定饲料质量

正规厂家的饲料包装整洁、印刷规范、标签清晰是养殖户核实饲料各种指标最直接的主要依据，要重点了解饲料所用的主要原料和营养成分分析保证值，是否添加药物、添加何种药物、添加药物的含量、配伍禁忌、休药期、有无本阶段国家禁用的违禁药品、饲料保质期等。断奶仔猪的饲料粗蛋白要求在 17%~19%，35 kg 以下仔猪饲料中可添加适量喹乙醇。

（三）饲料的色泽、气味和味道

饲料的色泽是否稳定、一致、均匀，是否有结块、霉变是选择饲料时最直观的指标。为了调整饲料的适口性，饲料中经常添加各种调味剂，如甜味剂、香味剂等，选料时抛开这些气味，闻闻是否有发霉气味、腐败变质油脂味及其他异味，质量好的产品有其特有的香味。仔猪饲料一般香甜可口，没有苦味和异味，品尝一下也是初步判定饲料质量的有效途径。

（四）实验室分析

现在设备设施较高的养猪场越来越多，可充分利用这些有利条件或去当地畜牧兽医检测机构对饲料进行化验分析，确定饲料优劣，选择最合适的产品。这种方法是鉴定饲料优劣最有说服力的方法。

（五）自配料

有很多养猪户选择自配料，自配料的优点是经济实惠、现配现用，不易变质，营养成分特别是维生素损失少。通过这几年的临诊观察，发现养猪户在自配料时存在几个误区。一是浓缩料、预混料、各种矿物添加剂、药品等重复使用，误认为品种越多、营养越全，仔猪就会生长得更快、更健康，造成饲料营养中营养不全面或者营养过剩，有时还会造成中毒，损害仔猪肾脏、肝脏等器官，严重影响仔猪的发育。二是过量添加蛋白物质。蛋白质在一切生命过程中起决定作用，是仔猪新陈代谢、生长发育所必需的营养物质。养殖户往往误认为饲料中蛋白质越高，生长越好。过量添加蛋白质不仅造成蛋白质的浪费，同时也加重仔猪肠道、肾脏和肺脏器官负担。脂肪是生命不可或缺的能源，有个别养殖户在仔猪断奶后过量添加动物油脂或其他生产下脚料，甚至地沟油、潲水，造成仔猪肠道或呼吸道疾病，给仔猪的饲养管理带来一定问题。

六、断奶应激

应激是机体对各种非常刺激产生的全身非特异性应答反应的总和。应激时，猪的健康受到一定的影响，生产力下降，对疾病的免疫力和抵抗力下降。刚断奶的仔猪，特别是现代商品猪场的早期断奶的仔猪正值幼龄发育期的关键时刻，自身机能尚不完善。而仔猪断奶时诸多因素的变更都会引起仔猪的应激反应，常被称为"早期断奶应激综合征"，尤其是在断奶后第一周（俗称"断奶关"），仔猪易发生腹泻，同时由于免疫力和抵抗力的下降，对一些传染病和寄生虫病易感性增强，导致各种疾病流行，严重影响仔猪正常的生长发育，甚至引起仔猪死亡。

（一）断奶应激的影响因素

断奶应激主要受心理、环境、营养应激等因素的影响。Funderbuke 等 1990 年曾研究了这三种应激对 28 日龄断奶仔猪生理和生长的影响，结果发现断奶应激以营养应激影响最大。

（二）心理应激

心理应激主要是母仔分离的应激，断奶后仔猪从分娩舍转到保育舍，母仔分离，使仔猪失去了母猪的爱抚和保护，由依附母猪生活变成了仔猪独自生活，仔猪断奶后 1~2 天很不安定，经常嘶叫寻找母猪，尤其是夜间更甚。此外，断奶后仔猪重新组群并窝，仔猪间为建立新的等级制度而相互争斗撕咬，也产生应激反应。

（三）营养应激

营养应激主要是仔猪日粮由易消化的母乳转变为难消化的断奶饲料，以及饲粮蛋白质的抗原作用引起的应激反应。陈代文、董国忠等 1995 年的试验结果表明，仔猪肠道对日粮抗原过敏从而导致肠道损伤是仔猪断奶后腹泻的主要原因。仔猪断奶后的过敏性腹泻与饲粮蛋白质种类有关，其中植物性蛋白质是引起仔猪肠道发生过敏反应的主要抗原物质。

1. 食物变化的应激

断奶前仔猪主要以吃母乳为主，采食饲料为辅，而断奶后完全要从饲料中获取营养。猪母乳中含有丰富的脂肪和易于消化的酪蛋白。糖类以乳糖为主，不含淀粉和纤维，而断奶后主要能量来源的乳脂由谷物淀粉所替代，可以完全被消化吸收的酪蛋白变成了消化率较低的植物蛋白，并且饲料中还有仔猪几乎不能消化的粗纤维。此外，由于断奶仔猪的胃肠功能不健全，胃酸及消化酶分泌不足，摄入难消化的断奶饲料后，仔猪发生消化不良，饲粮内蛋白质过多地涌入大肠，大肠内的蛋白质在细菌作用下发生腐败，生成氨、胺类、酚类、吲哚、硫化氢等有害物质，导致仔猪腹泻。

2. 饲粮蛋白质的抗原作用

饲粮蛋白质含有能引起仔猪发生超敏反应的抗原物质。研究表明，饲粮抗原可引起仔猪发生细胞介导超敏反应（迟发性超敏反应或 IV 型超敏反应）。大豆中的大豆球蛋白（glycinin）和 β-大豆伴球蛋白（β-conglycinin）是引起仔猪发生超敏反应的抗原物质。早期断奶仔猪的肠道可将抗原蛋白质吸入体内，但 6 月龄的猪的肠道不能吸收抗原蛋白质。Swarbrick 等 1979 年发现，摄入一种新的蛋白质时，即使微量的完整蛋白质被吸收，也会引起机体发生免疫应答。虽然少量大分子蛋白质吸收的营养意义不大，但可引起显著的免疫反应。超敏反应可造成肠道组织损伤，主要表现为小肠绒毛萎缩、隐窝增生。肠道组织的损伤进而引起功能上的变化，即双糖酶数量和活性下降，肠道吸收功能降低，仔猪因而发生腹泻。另外，超敏反应引起肠道损伤后，病原微生物容易大量增殖，仔猪有可能发生病原性腹泻。

（四）环境及其他因素的应激

断奶仔猪对环境变化的应变能力很差，仔猪由分娩舍转到保育舍，由于环境条件的改变，会产生一定的应激反应。仔猪断奶后，饲喂方式发生急剧改变，不仅从吮食乳汁转变为采食干饲料，而且必须将饲喂器及其中的饲料与没有任何诱导或刺激的饲喂过程联系起来。此外，仔猪转群、去势、免疫接种等都会产生一定的应激反应。

（五）断奶应激的防控举措

1. 采用原圈、原窝培育法

为稳定仔猪断奶初期不安的情绪，减少应激损失，可采取不调离原圈，不混群并窝的"原圈培育法"。仔猪到断奶日龄时，将母猪调回到配种母猪舍，仔猪仍留在分娩舍饲养一段时间，待仔猪适应后再转入保育舍，这样可减少断奶应激。此种方法的缺点是降低了产房的利用率，但在传统的饲养方法上仍然适用。工厂化养猪生产采取全年均衡生产方式，各工艺阶段设计严格，实行流水作业。仔猪断奶立即转入保育舍，分娩舍内的猪实行"全进全出"，猪转走后立即清扫消毒，再转入待产母猪。断奶仔猪转群时一般采取"原窝培育法"，即将原窝仔猪（剔除个别发育不良的个体）转入保育舍关入同一栏内饲养。如果原窝仔猪过多或过少时，需要重新分群，可按其体重大小、强弱进行并群分栏，同栏群仔猪体重相差不应超过 2 kg。将各窝中弱小仔猪合并分成小群进行单独饲养。合群仔猪会有争斗位次现象，可进行适当看管，防止咬伤。

2. 改善日粮品质

改善日粮品质主要考虑日粮中蛋白质的消化率、适口性、氨基酸平衡和是否有免疫保护等，以及应用一些优质原料，提高断奶仔猪日粮的可消化性，降低其抗原性。目前绝大部分仔猪料中的豆粕用量均超过20%，而大豆蛋白质的抗原成分是引起仔猪肠道损伤，导致仔猪断奶后腹泻的主要原因。解决的方法，一是通过豆粕或饲粮加工来部分降低蛋白中的抗原成分，如通过饲粮膨化，或豆粕或大豆的湿膨化加工，或热乙醇浸提豆粕或大豆等。二是限制大豆产品的用量，一般推荐断奶仔猪日粮中大豆产品的用量以不超过20%为宜，然后通过添加其他蛋白质原料来满足仔猪蛋白质的需要，如在日粮中可适当添加喷雾干燥血粉、喷雾干燥血浆蛋白粉、奶粉、鱼粉、面筋粉等。张振斌等1999年的研究表明，饲粮中添加血浆蛋白粉不仅提高断奶仔猪生产性能，还可增强断奶仔猪细胞免疫功能。一般建议仔猪 28 日龄前添加血浆蛋白粉的比例为 7.5%~10%。董国忠等 1998 年推荐通过平衡多种必需氨基酸降低饲粮蛋白质水平，可使饲粮抗原作用降低，也可使大肠蛋白质的腐败作用降低。断奶仔猪日粮中还应适当添加油脂，提高日粮能量水平。应用乳清粉、乳糖等，满足断奶仔猪糖类的营养需要，同时应满足断奶仔猪矿物质和维生素的营养需要。添加药理剂量的锌是其中一个研究热点，据 Smith、Mullen 1995 年报道，高锌（2000~4000 mg/kg 的氧化锌）可明显提高仔猪生产性能。高铜是另一热点。据报道（Cromwll，1991年），250 mg/kg 剂量的铜可提高哺乳仔猪日增重 24%，饲料转化率改善 9%。

3. 改进饲喂方法

在断奶前充分补饲可使仔猪对饲粮抗原获得免疫耐受，断奶后仔猪的超敏反应可以避免或减轻。如果补饲不充分，仔猪免疫系统处于待发而非耐受状态，断奶后再次接触饲粮抗原时超敏反应反而更加强烈。据研究仔猪建立免疫耐受的补饲量最少为600g。对哺乳仔猪进行早期强制性补料和断奶前减少母乳（断奶前给母猪减料）的供给，迫使仔猪断奶前就能进食较多补助饲料，同时使仔猪进行饲料的过渡和饲喂方法的过渡。饲料的过渡就是仔猪断奶 2 周之内应保持饲料不变（仍然饲喂哺乳期饲料），2 周之后逐渐过渡到仔猪饲料。饲喂方法的过渡，仔猪断奶后3~5 天最好限量饲喂，每日喂 5~7 次，少加勤添，5 天后实行自由采食，避免断奶仔猪先是不吃，过后则因饥饿而过度采食。采粮过度极易造成仔猪腹泻。美国 Nelssen 博士在 1986 年首先详细提出了断奶仔猪三阶段饲养体系，它能较大范围地适合断奶仔猪，也是克服仔猪断奶应激的有效措施。三阶段饲养体系的关键是第一、二阶段不应太长。供应充足干净的饮水，断奶仔猪采食大量干饲料，常会感到口渴，需要饮用较多水，如供水不足会影响仔猪正常的生长发育。

4. 创造良好的环境条件

为使仔猪尽快适应断奶后的生活，充分发挥其生长发育潜力，保育舍要有良好的环境条件。断奶仔猪适宜的环境温度为30~40日龄为21~22 ℃，41~60日龄为21 ℃，60~90日龄为20 ℃。为了能保持上述的温度，冬季要采取保温措施，除注意房舍防风保温和增加舍内养猪头数外，最好安装取暖设备，如暖气、热风炉和煤火炉等。在炎热的夏季则要防暑降温，可采取喷雾、淋浴、通风等降温方法。

5. 湿度

保育舍内湿度过大可增加寒冷和炎热对仔猪的应激。潮湿有利于病原微生物的滋生繁殖，可引起仔猪各种疾病。保育舍适宜的相对湿度为65%~75%。

6. 保持空气新鲜

猪舍内空气中有害气体对猪的毒害作用具有长期性、连续性和累加性。对舍栏内粪尿等有机物及时清除处理，减少氨气、硫化氢等有害气体的产生，控制通风换气量，排除舍内污浊的空气，保持空气清新。

7. 清洁卫生

猪舍内外要经常清扫，定期消毒，杀灭病菌，减少疾病感染机会，同时减少免疫应激。

(六) 药物预防

采用药物预防应激简单有效，已发生应激时，使用药物也有治疗和缓解作用。预防应激效果较好且被广泛采用的药物主要是维生素类（维生素B、维生素C、复合维生素）、微量元素（硒）、有机酸类（琥珀酸、苹果酸等），缓解酸中毒的药物（小苏打等）也有防治应激的作用。

（七）抗应激品种的培育

通过育种工作选育抗应激品种，淘汰应激敏感的仔猪，是提高仔猪群抗应激能力的有效方法。

（八）其他措施

加强仔猪哺乳期的饲养管理，提高仔猪断奶重和身体状况，增强抗应激能力。在保育舍内投掷棍棒、设置铁环玩具等，减少断奶仔猪咬尾和吮耳朵、包皮等现象。仔猪去势安排在断奶前进行。免疫接种时间安排合理，并严格操作规程。实践证明，抗生素对防治仔猪断奶后腹泻并非总是有效的。

七、保育舍精养管理技术操作规程

（一）断奶仔猪转入保育舍

将分娩断奶的仔猪接进保育舍，首先要检查断奶仔猪头数和转移断奶仔猪报表是否相同，在检查头数的同时要逐头核对每头猪的品种，同时检查仔猪的健康状况，发现有问题的仔猪或质量没达到断奶标准，要做及时的淘汰处理，最后登记接受仔猪情况给分娩舍。

按性别、大小及品种对仔猪分群，每头饲养面积为 $0.35 \sim 0.45 \ m^2$，待仔猪分群以后，要对每栏的猪只造册登记填写栏卡，详细记录猪只的头数和品种。

保育猪转走后，应对猪舍彻底清洗消毒、空置，准备供下一批断奶仔猪使用，操作过程如下。

（1）把猪舍两边的百叶窗打开，排尽污水沟里的污水及猪粪，收拾猪料桶及料车剩下的饲料，然后收拾其他物品。

（2）保温及其他电器设施在猪舍冲洗之前，要对其设备用塑料纸包扎，防止在冲洗时进水损坏。

（3）为达到高效的猪舍清洗消毒效果，猪舍的所有部位都先用 1：400 的洗衣粉水全面喷洒，再用清洁球擦洗，然后用高压冲洗机彻底清洗猪栏风扇、风扇窗叶、百叶窗。

（4）清洗猪舍完毕，等栏面干后，按兽医指定消毒水及比例喷洒，每平方米用配好的消毒水 300 ~ 500 mL。如果有带菌的昆虫必须用杀虫剂喷洒，每平方米用配好的杀虫剂水 50 ~ 100 mL，空栏最少 2 天。

（5）断奶仔猪转入保育栏之前要检查所有设备的运行状况，包括环境控制系统的检查，风扇皮带的松紧，暖风机能否正常运转，百叶窗的开关是否正常，检查温度控制器的准确性。

（6）检查饮水的水压及水流量，维修已损坏的饮水器及其他设备。

（二）保育猪舍的环境控制

保育舍内环境控制要达到仔猪每个饲养阶段的要求，在保育舍所用设施及控制方法分别如下。

1. 温度

保育猪对温度比较敏感，如果温度变动过大或过低，马上会引起仔猪拉稀。所以在保育舍的温度控制中，保温的工作也显得十分重要。同时也要求保育猪舍的保温效果一定要好。

每个阶段仔猪对温度的要求不一样，首先我们要知道各个阶段猪只的温度要求（表 5.1）。

表 5.1　保育舍各周龄的温度要求

第 1 周	32 ℃
第 2 周	31 ℃
第 3 周	30 ℃
第 4 周	29 ℃
第 5 周	28 ℃
第 6 周	27 ℃

第一周：开启保温灯、地热和热风炉，使温度能达到猪舍设

定的要求。

第二周：开启保温灯、地热和热风炉，使温度能达到猪舍设定的要求。

第三周：关闭一半保温灯，同时关闭地热。

第四周以后关闭所有保温灯和地热，只用热风炉供热，就能达到猪只的温度要求，保证猪只正常的生长。

2. 湿度

保育猪理想的相对湿度要求是75%左右，但是对西北地区来说很难做到，必须用加湿器。可是这样做成本太高，而且不太现实，再加上猪只对湿度的要求也不是太高，所以在实际的生产中可以忽略。

3. 保育舍的通风换气

（1）猪舍标准通风量的计算：要计算猪舍内的标准通风量，首先要知道不同阶段的猪只的氧气需要量，表5.2是不同阶段猪只氧气需要量。

表5.2 不同阶段猪只的氧气需要量

猪只类型	冬季（cfm/min）			夏季（cfm/min）		风速（m/s）
	最小	平均	最大	一般	最大	
公猪	14	50	300	330	<450	0.5~0.75
妊娠母猪	12	40	150	330	<450	0.5~0.75
分娩母猪	20	80	650	100~150	<200	0.5~0.75
保育仔猪	5	15	38	60~80	<100	0.85~1.00
后备/肥猪	10	35	120	330	<450	0.5~0.75

注：1 m³=36 cfm

P=（A×B）/C。

风扇的开启时间：ON = P×S

风扇停止的时间：OFF = S-ON。

式中：A为猪头数，B为每头猪的换气量，C为风扇的标准通风量，一个循环周期为 S 秒。

例如，保育仔猪 220 头，每头仔猪的换气量 15 cfm，36 in（1 in 约为 25 mm）风扇的换气量为 8000 cfm，每 300 秒为一个循环周期。

风扇开启的时间：ON = P×S = 0.41×300 = 123（秒）

风扇停止的时间：OFF = S−ON = 300−125 = 177（秒）

各种型号风扇的通风量：24 in 的风扇的通风量为 4000~5000 cfm；36 in 的风扇的通风量为 8000 cfm；48 in 的风扇的通风量为 20 000 cfm；50 in 的风扇的通风量为 25 000 cfm。

（2）保育舍百叶窗开启面积的计算：

$M = C（m^3/min）/D（m/min）$

式中：C 为风扇的标准通风量，猪只要求的风速 D 为 0.85~1 m/min = 51~60 m/s。

例如，36 in 的风扇工作的通风量 = 8000 cfm = 222.22 m^3

$M = C/D = 222.22/60 = 3.7 m^2$

保育舍的每个单元的百叶窗为 6 个，每个百叶的面积约为 1 m^2，所以在 36 in 风扇工作时，应开启 4 个百叶。

（三）保育舍的饮水和饲喂

1. 保育仔猪的饮水

保育仔猪饮用的水要卫生。根据保育阶段各时判断饮水情况。保育舍内的饮水器有 2 种，一种是鸭嘴式饮水器，距地面 25 cm，每个栏中有 4 个。一种是乳头式饮水器，杯底距地面 10 cm，每个栏中有 1 个。每个饮水器可以供 8~10 头仔猪饮用。根据猪只饮水标准，计算猪只饮水量，观察水箱是否有剩水（表 5.3）。

表 5.3　猪只饮水标准

猪只体重（kg）	需水量（kg/天·头）	水流量（mL/min）
6~16	1.0~2.0	500~1000

2. 保育猪的饲喂

（1）加料标准：断奶仔猪的加料标准为断奶体重的 1%，然后每天增加 22 g。

（2）加料次数：第 1~2 周加稀料，每天最少 8 次。第 3 周加颗粒料，每天最少 4 次，上午下午各 2 次。

（3）换料方法：按照保育仔猪生长需要，具体结合猪场保育阶段各种仔猪料进行换料。具体的换料方法见表 5.4。

表 5.4　4 天式换料方法

项目	新料（%）	旧料（%）
第 1 天	25	75
第 2 天	50	50
第 3 天	75	25
第 4 天	100	0

（4）保育舍的喂料原则："550"与"551"的换料方法按上面的方法做，要求少喂多餐，保证饲料的新鲜。

（四）保育区的防疫

1. 保育猪舍的消毒防疫

猪舍的消毒防疫是控制猪只疾病的第一步，也是至关重要的一步。保育舍消毒防疫要注意以下几点。

（1）每天进生产区必须消毒、洗澡、换衣服，与生产无关的物品不得带进生产区。

（2）每天猪舍消毒 1 次，消毒液使用比例按说明书。

（3）猪舍周围每周消毒 2 次。

（4）每天换消毒盆水，保证消毒盆的有效使用。

（5）每位员工进猪舍时，必须脚踩消毒盆，方可进入猪舍。

（6）饲养员不能随意串舍，并阻止无关人员进入猪舍。

（7）新进饲料及物品必须紫外线消毒30分钟。

（8）其他按场里规定的防疫制度进行。

2. 保育区疫苗领用及接种操作规范

为了保证疫苗接种质量，保育区特制定疫苗领用及接种操作规范。

（1）疫苗按照其说明书进行配制，其领用必须从冷藏箱领取。冷藏箱加冰，放有高低温度计（保证箱内温度在2~8 ℃）。弱毒苗稀释后必须在2小时内注射完。对于喘气苗，若领取量过多，用剩的疫苗及时封口放入疫苗储藏箱中，送回药房冰箱。

（2）疫苗领用时避光，避紫外线。

（3）对于待接种仔猪：提前2小时停料，并且在水中加电解多维（包括接种前1天，当天及接种后1天）。保定仔猪时，轻抓轻放，减少应激反应发生。严禁接种时大声喧哗，制造出尖锐刺激的声响。

（4）进行接种时，准备好地塞米松等抗过敏的药物，对疫苗过敏仔猪进行注射。注射剂量标准为3周龄仔猪4 mL/头，5~8周龄仔猪5 mL/头。

（5）人员准备：技术员或班长负责注射，单元饲养员负责观察猪只过敏反应情况。

（6）注射器针头等准备：疫苗接种根据不同疫苗及剂量，可使用一次性注射器、20 mL多次性注射器及连续性注射器进行接种。3周龄针头为7#×13，5周龄为9#×15，8周龄为12#×20。在注射的过程中，每一栏换一个针头。

（7）接种速度：为减少和避免接种应激反应，每头猪注射的时间应在10秒左右，太快不能保证注射的剂量和效果，太慢又影响工作效率。

（8）疫苗用完后将空瓶集中放在指定处，以便对废弃的疫苗瓶做消毒深埋处理。

（9）疫苗注射完毕后，要填写免疫记录表，以便以后跟踪查找。

（五）猪只的健康检查

（1）检查仔猪采食状况来确定猪群的健康状况。

（2）猪群检查：看体表被毛是否舒展，体色是否红润发光，行走是否精神，卧息是否正常，粪便是否异常，呼吸频率等是否正常。

（3）检查猪群健康的方法：健康检查每天最少2次，具体的做法是，进入猪栏中，把所有猪哄起来，逐个检查每头猪的精神状况等，每栏检查用3~5分钟。

（4）发现有病猪要及时地调群并栏，将病弱猪放在猪舍的最后一栏，并及时治疗。

（5）对病弱猪治疗用一个疗程（一疗程为3~5天），如果无效则做淘汰处理。

（6）在治疗过程中，每一栏换一个针头，并且要用喷漆对治疗过的猪做记号。

（7）做好治疗记录，以便跟踪治疗效果和评估药物的疗效。

（8）当猪只的发病率达到10%时，要进行整体投药。具体的做法有两种，一种是在水中给药，一种是饲料拌药。在给药时一定要保证药物混合均匀。在饲料中拌药是先小堆混合再逐渐混合。在水中给药时先在小容器中混合后再加入到水箱中。

（9）计算用药量的方法为：用药量=（每头猪体重×每头猪用量×猪头数）/药物浓度。

（六）设施设备检查

1. 温控系统检查

观察大小风机皮带是否正常，地热开关是否打开，百叶窗打开数量是否足够，饮水器是否漏水、滴水等现象，料槽下料是否适宜，戏水池排水口是否关闭，保温灯、照明灯是否正常。

2. 物品检查

各种物品是否归位，如扫帚、笤帚是否放在工具栏，注射器、针头灯是否拿回药房，垃圾袋是否清除。

（七）转出保育舍

（1）转出前彻底地检查仔猪的质量。体重小于 13 kg（70天），有皮肤病、消瘦、拉稀、喘气、疝气等明显疾病，腿疼、跛行等均应淘汰。

（2）转出前 2 个小时要对仔猪停料，以免在转猪过程中出现应激。

（3）转出时要对仔猪称重记录，并核对猪只的品种。

（4）保育猪转出后，及时的填写猪群转移表，双方签字确认后交统计。

（八）安全节能

（1）保育区切实执行场里的防疫制度，减少疾病传播，保证猪只安全。

（2）舍内有安全隐患的应及时维修。

（3）按标准操作，保证设备的正常工作和人身安全。

（4）减少物料浪费以降低养殖成本，并对物料消耗纳入绩效考核。

（5）每天下班后，应对舍内水电进行检查以减少浪费。

（6）必须严格按操作要求进行，保证舍内工具的使用寿命。

（7）发现饮水器漏水应及时更换。

（九）保育舍日常的管理制度

（1）严格执行防疫制度，拒绝无关人员入内。

（2）每一位员工进保育舍时必须脚踩消毒盆。

（3）按时上下班，工作时间内不能离开工作岗位或闲聊。

（4）保持舍内干净，通风良好，温度适宜。

（5）做好仔猪饲喂工作，每进一个单元必须脚踩消毒盆消毒。

（6）按标准加料，饲养员必须每天认真检查仔猪健康状况。

（7）按要求完成仔猪的治疗工作，发现病猪必须隔离治疗，病猪治疗3天无效要淘汰。

（8）按规定时间转群，不能任意延长仔猪的饲养期。

（9）按各种电器的操作规程操作，爱护猪舍内的各种设备，并保证人员和猪只的安全。

（10）每一位员工要尽职责，充分发挥主人翁精神。

（11）猪舍必须每天消毒1次。

（12）工作人员在上班期间不能私自离开工作岗位。

（13）全区员工团结一致、奋发向上。

八、生长育肥舍饲养管理技术操作规程

育成区的主要任务是调节猪舍环境，使猪只健康成长，尽可能提高日增重和饲料转化率，最大限度地减少死亡，最大限度地提高出栏率。

（一）进猪

1. 进猪前准备

（1）出完猪后及时将料桶、料线内的饲料收起以防受潮变质。

（2）将猪舍水厕所内的污水排净，将猪舍内的设备收起来，以防受潮。

（3）为达到高效的猪舍清洗消毒，要先用清水将地面、墙面冲湿，再用高压清洗机彻底清洗猪栏、风扇、风扇窗叶、猪舍侧面的窗户及漏粪地板下面的污水沟。冲洗不干净的地方要用清洁球擦洗。

（4）清洗猪舍完毕，等栏面干燥后，按兽医指定的消毒药水及比例喷洒，每平方米用消毒药水 300~500 mL。如果有带菌的昆虫必须再用杀虫剂水喷洒，每平方米 50~100 mL。空栏至少 3 天，空栏时间超过 7 天，进猪前要再用消毒药水消毒猪舍一次。

（5）在消毒间隙要注意对猪舍内的设备进行检修，如风扇、电灯、猪栏、门窗、饮水器、自动料桶等，自己修不好的报告主管，叫维修工进行维修。

（6）转保育猪进入育成舍之前，要检查所有设备，保证设备正常运行，环境控制系统应检查风机皮带松紧，锅炉是否正常，检查控制温度及湿度的温控器准确度，温度计、干湿温度计是否完好。

（7）进猪前应检查饮水器的水压及水流量，检查自动料桶下料速度。

（8）应注意冬季在进猪前一天将猪舍预热，水厕所放上水。夏季提前 2 小时打开风机使猪舍降到合适的温度。

（9）提前准备好饲料。

2. 进猪

（1）从保育舍进保育舍、进育成舍，要严格按照保育转育成标准及程序执行，达不到标准的猪只坚决不能转入育成舍。

（2）在赶猪、装猪过程中，对待猪只必须温柔，不能粗暴，不能一手提猪耳朵搬猪。

（3）按照猪只性别、大小、强弱，每栏头数合理组群。尽可能做到同性别、同品种猪在同一栏饲养，种猪与肉猪分开饲养。

（4）尽早使小猪找到饮水器位置，喝到水。

（5）进猪后逐头检查猪只健康状况，防止猪打架，发生应激。

（6）在饮水或饲料中加入电解多维和阿莫西林粉，减少应激。

（二）饲喂

换料时要有一定的计划，逐渐地换料，不可盲目地突然由新料换掉旧料，换料办法宜按表5.5进行。

表5.5 换料办法

用料天数	原用料	新用料
1	2/3	1/3
2	1/2	1/2
3	1/3	2/3
4	0	1

（1）采用自动料桶给料，每天至少加料两次，每天检查自动料桶给料速度是否合适。

（2）对病猪、弱猪应加强饲养，确保饲料新鲜，促进其快速康复。

（3）正常情况下，猪只采食量逐渐递增，当猪只13周龄体重达不到30 kg时，或17周龄体重达不到60 kg时，应推迟换料。体重达到时再换新料。

（4）记录采食量，当采食量不达标时及时查找原因，及时采取有效措施，使猪只采食量达标。

（5）饲料质量要好，每批饲料都要先进行一栏试用，正常的饲料再全面使用。

（6）正确的保存饲料，防止饲料发霉、变质，坚持先进先用的原则。

（7）饮水量要足够，每头猪饮水量是采食量的2～2.5倍，育成猪的饮水器水流量为1.7～2 L/分。

（三）环境控制

表 5.6　育成猪舍内温度变动情况

周龄	温度（℃）	周龄	温度（℃）
9	26	13	23
10	26	14	22
11	25	15	21
12	24	16 周至出栏	21

（1）9~14 周龄猪舍内的温度高于 30 ℃时，应启动大风机降温。

（2）15~24 周龄猪舍内的温度高于 27 ℃时，应启动大风机降温（表 5.6）。

（3）当大风机启动时，小风机应处于常抽状态，而且要打开猪舍门和离风机最远的两个通风窗，其他通风窗关闭，采取纵向通风。

（4）冬季关闭所有纵向进风口，按所需进风口面积打开侧面进风口。进风口面积 =（总进风量/10 000）×15。

（5）冬季夜间连续供暖，白天根据天气情况间歇性供暖。采用定时器控制猪舍通风，通风循环时间应尽可能短，且每次通风需将猪舍内的空气彻底更换一次。

（6）如果昼夜温差大，白天和夜间猪舍的通风量应有所不同，在上下班时间饲养员要注意调节定时器，达到适宜的通风效果。

（7）每次调节风机定时器后都应观察风机正常工作一个循环时间后，才能离开，确保风机运行正常。

育成猪舍内的环境调节是否适合猪只的需要，要看猪只的表现，舒适的环境下猪会摊开卧、反应灵敏、活泼；如果猪舍内温度过低，猪会卧堆或卧在腿上、减少与地面的接触或靠栏墙边、冷得发抖；如果温度过高，猪会分开卧、喘气，玩水造成猪栏潮湿、猪身上不卫生。

（四）治疗

饲养员、技术员及主管应每天到猪舍内巡视，发现猪只发病要及时做好记录并采取措施加以治疗。应经常观察猪群的活动、吃料、睡眠情况，如根据睡觉情况判断环境温度是否合适，对于相互挤压的猪要及时驱赶散开，防止压伤或死伤。观察猪只的健康状况时应跳到猪栏中，要尽量使每头猪都站起来，以便判断健康状况，通常健康的猪散开活动或躺下，行走正常，背毛发亮，尾巴卷起，粪便正常。不健康的猪只会出现以下一种或多种症状：不活跃、常卧不起、即使被驱赶时也不愿走动、四肢无力、消瘦、背毛粗乱、肤色苍白、垂头、夹尾巴、发抖、拉稀等。

对猪群可能发生的疾病要尽量做到早期发现、早期诊断、早期治疗。早期发现是治疗成功的前提，各种病都有一定潜伏期，通常当我们发现时，猪往往已进入发病后期，因此为防止猪的突然死亡或病弱，应早期发现，所以这就要求我们常在猪舍内巡查，常观察猪只的活动。早诊断要求我们在发现猪病之后，赶快对其症状加以综合，根据临床经验加以判断是何种原因致病。早期治疗要求我们在判断后要及时采取措施，对致病因素或症状加以治疗。为此，要做到以下几点。

（1）每栋猪舍要有本栋的针管、药箱，不要相互串用，以防交叉感染。

（2）对针管要妥善保管，定期消毒。

（3）药箱要放到干燥阴凉之处，防止暴晒或受潮。

（4）用药量说明书计量或以兽医指定计量为宜，不得私自加大或减小计量。

（5）给药时应将猪只保定，进出针要迅速，推注药液时宜缓慢。

（6）注射方式有皮下注射、肌内注射和静脉注射三种，常见的是肌内注射，猪的肌内注射部位是耳后三角肌，注射时进针与皮肤表面垂直，推注速度不能太快。

（7）不同大小的猪使用不同的针头型号见表5.7。

表5.7 不同大小的猪使用不同的针头型号

体重（kg）	针头型号	长度
<10	7#、9#	半英寸（12 mm）
10～30	12#	1英寸（25 mm）
30～100	12#	1英寸半（38 mm）
>100	12#	1英寸半（38 mm）

（8）在给药之前，要先检查药液的包装，对失效的、出现浑浊的、无标签的应弃之不用。

（五）消毒

（1）猪场实行"全进全出"制度，每栋猪舍全群移出后，在进新猪群之前必须全面彻底地消毒以确保猪群安全。

（2）进入生产区的物品、器械必须经过专用间消毒后方可进入。

（3）工作人员进入生产区必须淋浴洗澡更换消毒衣、鞋后才能进入猪舍，如离开猪场后重返场后要在生活区隔离48小时，方可进入生产区。

（4）生产区的工作人员不得任意在各生产区之间活动。

（5）消毒时应正确使用药品并注意药品浓度，按规定配制消毒液，注意配伍禁忌。

（6）消毒操作人员要戴防护用品，确保个人安全，舍外每周消毒一次，舍内每周带猪消毒两次，每周消毒药更换一次。

（7）消毒时要严格按照消毒程序进行，事后认真检查，确保消毒效果。

（六）防疫

（1）遵守场内的各项防疫制度，确保在按照免疫程序将有效疫苗注射到猪健康的有效部位，使猪产生免疫力，增强对该疫病的抵抗能力。

（2）任何人不得擅自改动免疫程序，包括时间顺序、剂量等，否则后果自负。

（3）免疫后的猪要加强饲养，改善饲养条件，免疫前后3天在饮水中添加电解多维。

（4）防疫前要注意疫苗是否为正常疫苗，其包装是否正常，是否在有效期内。对无标签、商标、批号、剂量不够、瓶有破裂的疫苗要坚决弃之不用，同时向主管申明。

（5）疫苗保存时要将冻干苗、灭活苗和稀释剂在冰箱内不同高度位置分开存放，适用先进先出的原则。疫苗在运输时要注意保持温度，要封闭，并且要有冰袋。疫苗注射时温度不应超过15 ℃，配制好的疫苗应在2小时内用完。

（6）没有用完的冻干苗要做高温处理。

（7）疫苗注射时要用捕猪器将猪保定，并在疫苗注射时准备抗应激药物，如地塞米松等。

（8）注射疫苗时有出血或倒流现象的，应再补注一次。

（9）使用过的疫苗瓶要收集在一起，定期到指定地点加以深埋或焚烧，不能乱扔。

（10）防疫时要有计划性，按预定的计划有步骤地进行，过后要做好记录，以备检查，防止漏防和重复。

（11）死猪的尸体要运到掩埋地点深埋，埋尸坑深度不得低于1 m。

第六章　猪主要疫病综合防控技术

第一节　猪场生物安全体系建设

猪场生物安全体系建设在猪场疫病防控过程中具有重要的作用。所谓"生物安全体系"是指为了保持猪群的健康，围绕传染病的三个要素：传染源、传播途径、易感动物，所建立的一整套措施和机制。该体系包含三层意思，即最大限度地阻止猪场外的病原微生物传入场内，最大限度地减少本场病原微生物向场外扩散，最大限度地减少本场病原微生物在不同猪群间的扩散。好的生物安全体系可以使疫病的防控事半功倍，是每一个规模化养殖场需要特别注意的环节。

一、人员及车辆的管制

建立完善的人员和车辆进出制度，基本的要求包括：所有进入厂区人员和车辆必须经有效消毒后方可进入；任何人员进入生产区必须洗澡，更换场内的衣物、鞋子；任何人禁止将场外的生肉及制品（禽、水产类除外）带入猪场；除食品以外的任何物品，必须在消毒间或消毒通道经有效消毒后，方可携带进入猪场；车辆的管制包括厂区内的车辆、用于不同厂区间转运猪的车辆、外来售猪车辆等，按不同用途制定合理的消毒使用程序。

二、猪场的常规消毒工作

（一）猪场门口

1. 车辆消毒

设消毒池、消毒机。消毒池水深 20 cm，长度以保持车轮滚动两周半为宜，内盛 3%~5% 的氢氧化钠溶液或者按规定配制的其他消毒剂，每周保证更换两次消毒水（有记录）；消毒机对车辆内外进行消毒：将车表面完全打湿（车头、车底、车轮、内外车厢、顶棚等）后，方可从消毒池进入场区（拉猪车辆必须没有粪便，经检查合格）；有车辆进出记录和消毒记录。

2. 人员消毒

设喷雾消毒间或消毒通道，选用对人体无刺激的消毒液喷雾消毒 30 秒以上；有条件的猪场可设置洗澡间，进场人员需洗澡、更换场内的衣物后方可进入。

（二）厂区内的消毒

员工工作服、靴子是重要的传播媒介，工作服每天都要进行清洗消毒；靴子在出猪舍时需清洗干净，同时在猪舍门口设置消毒盆，消毒液建议选择戊二醛、氢氧化钠等，要求每周至少更换两次消毒水（脏后需及时更换）；进、出猪舍双脚踏入停留 10 秒以上。

售猪台、病死猪剖检区域、病死猪无害化处理区是重点消毒区域和需严格管控的场所。"病从猪台入、病从猪台出"，足见其重要性，每次销售工作结束后，对售猪台用清水进行彻底冲洗，然后用消毒液进行喷洒消毒。同时参与猪只销售的员工需洗澡，更换新的衣物和靴子后方可进入各自的生产区。病死猪无害化处理区要使用高效消毒剂进行泼洒，尸体要放入生物坑掩埋或放入焚烧炉进行焚烧等无害化处理。

（三）空舍消毒

1. 清洗

猪舍腾空后立即清洁。扫除尘埃，铲除粪便、剩料后，先用清水进行打湿浸泡，然后喷洒1∶400的洗衣粉水，经30分钟浸泡后，再用高压水枪（压力最好达到4 MPa）进行彻底清洗。

2. 消毒

清洗完毕后，打开风机，将猪舍完全晾干后，按规定配制消毒药对猪舍所有表面进行喷雾消毒（猪舍的6个面全部喷湿），消毒时间不低于2小时。间隔3小时间以上，进行第二次消毒。

3. 空舍干燥

消毒工作结束后，猪舍应空置5~7天进行彻底干燥，空置不得低于3天。

4. 石灰乳的应用

对于部分条件较差的猪场，常规消毒工作结束后，可选择10%~20%的石灰乳对猪舍进行泼洒消毒。

5. 熏蒸（可选）

如果选择熏蒸消毒，则建议在第二次消毒后12小时，用清水对栏舍进行清洗，将表面全部打湿后用甲醛+高锰酸钾熏蒸24小时以上。每立方米容积药物用量为高锰酸钾6.25 g，40%甲醛12.5 mL。使用时首先密闭猪舍，用清水喷湿猪舍，然后每3~4 m放一个耐高温、耐腐蚀的容器，先放入高锰酸钾，加1/2或者1倍量的水，搅拌均匀，然后检查撤离通道是否通畅，从远离舍门的一端开始，将适量的甲醛倒入，人员应快速撤离，关好舍门，熏蒸12小时以上，进猪前通风24小时以上。注意，一定是将甲醛倒入高锰酸钾中，熏蒸时，猪舍的密闭性一定要好。另外，也可以使用市面上效果更好的熏蒸类消毒剂。

（四）带猪消毒

每周用消毒液对猪体及猪舍喷雾消毒1~2次，每立方米空间使用消毒液 1~2 L，当有疫情或者疫情压力较大时，可以适当增加消毒次数。母猪进入分娩舍前，应先用温水冲洗干净后，再用消毒液对猪体表进行消毒，方可进入分娩舍；母猪临产前和分娩后用消毒液对乳房、后躯和阴部进行消毒处理。仔猪剪耳号、去势、断尾时伤口处应用碘酊进行消毒处理，断尾建议用电热剪。

（五）器械消毒

将用过的注射器及针头用消毒液浸泡 10 分钟，然后用清水冲洗干净，过蒸馏水，集中蒸煮 45 分钟以上进行消毒。治疗猪、免疫均要做到一头猪用一个消毒过的针头（注意是利用水沸腾后的水蒸气进行消毒，不要将针头、注射器放到水里煮）。剪牙钳、断尾钳、结扎线可以用 0.1% 新洁尔灭浸泡 30 分钟。

（六）疫病发生时的消毒处理

当疫病发生时，需要采取一些临时的管制措施，包括禁止不同部门之间的人员相互串舍；每天对发病猪舍及其周围进行喷雾消毒一次以上，猪舍内湿度超标、腹泻疫情可以使用干粉消毒剂；病猪舍一切用具器械不得转到健康猪舍；病猪舍一切废弃物能燃烧者焚毁，不可燃烧者浸入消毒水中，一昼夜后丢弃在规定的地方；发病猪要根据情况进行隔离，加强护理。病猪舍（栏）在猪只移出后要进行彻底的清洗消毒。

三、免疫程序、操作及注意事项

应根据本场猪群的健康状况，制定合适的免疫程序，并严格执行。对于初次使用的疫苗产品，需要做免疫效果评估，以后需要定期开展免疫效果的抽检工作，确保疫苗免疫执行到位。疫苗储存方式需正确，每天记录放置疫苗的冰箱的温度。疫苗免疫应坚持母猪一猪一针头，商品猪一窝或一栏一针头。当同时接种两种疫苗时，可以一边一针，如果出现流血，则需要再注射一头份。准备好肾上腺素，及时处理应激反应的猪只。不同阶段的猪群免疫，应选择正确型号的针头。

（一）抗体监测

常规抗体检测项目为猪瘟（CSFV）、猪繁殖与呼吸综合征（PRRSV）、伪狂犬（PRV）和口蹄疫（FMDV）抗体。其他检测项目可据猪场实际情况确定。

（二）全群抗体水平抽查

每季度对猪群的抗体情况进行抽查一次。送检样品必须按要求填写送检样品登记表。

抽样数量及比例可以参考下面的数据：母猪群 500 头以下的，采样量不低于 20 头；母猪群 500~1000 头，采样量不低于 30 头；母猪群 1000 头以上的，采样量不低于 50 头。采样时哺乳母猪、妊娠中期母猪（35~84 天）、妊娠后期母猪（85 天之后）各占 1/3；1~2 胎母猪、3~6 胎母猪、7 胎以上母猪各占 1/3。对于生长育肥猪，母猪群 500 头以下的，4 周、8 周、15 周、20 周各抽检 8~10 头；母猪群 500 头以上的，4 周、8 周、15 周、20 周各抽检 10~15 头。

（三）后备种猪检测

引种后第一周，按 15%~20% 的比例（最少 5 头）抽检猪瘟、蓝耳、伪狂犬（疫苗抗体、野毒抗体）、口蹄疫抗体，有异常的上报技术主管或兽医总监，拿出改进方案。

后备猪免疫结束后，按 15%~20% 的比例抽检蓝耳、猪瘟、伪狂犬、口蹄疫抗体，不合格的上报技术主管或兽医总监，拿出改进方案。

后备公猪要求引种后和疫苗免疫后，每头都要进行抗体检测，项目包括猪瘟、伪狂犬、口蹄疫、蓝耳，其中伪狂犬野毒阳性公猪必须淘汰。

四、病死猪的处理

病死猪应按照国家的有关规定，进行无害化处理。病猪使用超过 2 种治疗方案无效的，要做及时的淘汰处理。对于病死猪，使用带有内膜的塑料袋装填，不能让其直接接触地面。拉运病死猪的车要进行严格冲洗、消毒，生物坑或者无害化处理区域应处于养殖区的下风口。

五、生物管制

老鼠和鸟类可传播疫病，因此应注意定期进行灭鼠工作，猪舍应安装防鸟网。不得在场内饲养猫、狗、鸡、鸭、羊等猪以外的家畜家禽。应注意保持整个厂区的卫生，防止蚊蝇的滋生，也可以选择合适的药物进行定期的灭蚊、灭蝇工作。

第二节　猪重要传染病的防控

一、猪瘟

(一)病原学

猪瘟（classical swine fever, CSF）俗称"烂肠瘟"，是由猪瘟病毒（classical swine fever virus, CSFV）引起的一种急性、接触性传染病，具有高度传染性和致死性，当前猪瘟依然是危害养猪业最严重的疫病之一。该病特征为急性型呈高热稽留和小血管壁变性引起的各器官、组织的广泛性出血、梗死和坏死等病变。当前该病被世界动物卫生组织（office international des epizooties, OIE）列为法定报告的疫病，在我国被列为一类动物疫病。国务院 2012 年 5 月发布的《国家中长期动物疫病防治规划（2012—

2020年）》，明确提出到2020年所有种猪场要达到净化的标准。猪瘟病毒为有囊膜病毒，基因组为单股正链 RNA，其大小约为12.3 kb，其属于 RNA 病毒的特性决定了其基因组较高的变异性。该病毒目前仅有一个血清型，猪瘟病毒与牛病毒性腹泻病毒（bovine viral diarrhea virus，BVDV）及羊边界病毒（border disease virus，BDV）同属于黄病毒科，瘟病毒属，且在血清学上有交叉反应。

（二）流行病学

19世纪30年代，美国俄亥俄州报道了猪瘟的发生，我国最早在1925年报道了本病的发生，目前本病在东欧、亚洲、中南美洲、非洲部分地区等呈散发或地方流行性，而在北美（美国、加拿大）、中西欧地区、澳大利亚、新西兰和非洲大部分地区都已完成了净化。

猪（包括家猪和野猪）是本病的唯一的自然宿主，各年龄段的猪均可感染，一年四季均可感染发病，无明显的季节性。本病是高度接触性传染病，感染猪是主要的传染源，易感猪通常通过直接或间接接触患病猪分泌物或病毒污染的媒介物而感染。常见的分泌物有唾液、尿液、粪便、泪液、鼻腔液、精液等。常见的媒介物有饲料、衣物、器具、鞋、车辆、针头等。此外，本病也可以垂直传播，由母体直接传染给胎儿。

慢性感染的动物可以长期周期性地向外排毒，先天性感染的胎儿则可以长期向外排毒，存活时间通常不超过6个月，这也是猪瘟难于净化的原因之一。对于已完成净化的地区，野猪是重要的传染源，在德国，59%的猪瘟感染都是由野猪传入的，尽管野猪感染后存活的时间很短，一般不会超过45天。猪瘟病毒基本不会通过啮齿动物、鸟或宠物传播。本病不易通过空气传播，研究显示通过气溶胶的传播一般超过半径250 m 的范围，远距离的传播通常是由于潜伏期感染动物长距离运输或者人工授精过程中使用了被污染的精液等。

猪瘟病毒对环境具有一定的抵抗力，已有的研究显示，在71℃条件下处理1分钟即可完全灭活病毒，在37℃的环境中，病毒可以存活7~15天，在冷鲜肉中可以存活几个月，在冻肉中则可以存活4年之久。猪瘟病毒对干燥的环境较为敏感，当pH值5~10时较为稳定，当pH值<3或者pH值>11时，可以被迅速灭活。猪瘟病毒为囊膜病毒，对有机类消毒剂较为敏感。比较敏感的消毒剂有次氯酸、去垢剂、有机溶剂、季铵盐类、醛类等。

（三）疫病诊断

1. 临床症状

因动物健康状况、接触的病毒剂量或毒力的差异，猪瘟病毒感染后的潜伏期也差异较大，一般潜伏期为2~15天，有的长达2~4周，甚至可以更长时间。根据临床症状的严重程度，可以分为急性感染、亚急性感染、慢性感染和隐性感染四种形式。猪的年龄越大，临床症状表现越不明显。

急性感染的猪通常在1~3周内死亡，表现为厌食、扎堆、高烧、结膜炎、便秘转腹泻等症状；也可见共济失调等神经症状，部分猪会呕吐黄色的胆汁或表现出呼吸道症状；皮肤可见出血点，腹部、大腿内侧、耳部、尾巴发绀。亚急性感染临床症状与急性感染相似，在严重程度上略轻，高烧可以持续2~4周，感染猪通常在1月内死亡，部分猪只可以存活。慢性感染临床症状较轻，猪几周后可以康复，但是会出现反复发病周期性排毒的情况。

如果从发病猪群来看，持续性感染是繁殖母猪发生猪瘟的一种主要方式，母猪不表现明显的症状，但可长期带毒或排毒，并可垂直传播给胎儿。妊娠母猪早期感染后，会发生流产、产死胎或木乃伊胎；妊娠60~70日龄感染，会发生产弱仔，新生仔猪先天性震颤等（俗称"仔猪抖抖病"）；妊娠90日龄左右感染，出生仔猪长期带毒、排毒，存活时间通常不超过 6 个月，免疫猪瘟疫苗不能产生免疫应答。保育育肥猪通常表现为持续发烧，体温在 41 ℃左右，死亡率较高，为 10%~20%。

2. 临床剖检

临床剖检主要可见的病理变化包括：①肾脏表面呈针尖样出血点；有的病例可见出血性梗死病灶，病灶中间发白，周围组织出血。②颌下淋巴结、腹股沟淋巴结、肠系膜淋巴结显著肿大，切面可见出血点。③喉头可见出血点，扁桃体呈边缘界限不清的出血。④肺脏可见广泛性出血点和出血性坏死灶。⑤脾脏边缘呈锯齿样，也可见出血性梗死病灶。⑥肠道黏膜表面，特别是结肠可见呈"纽扣样"的出血性溃疡。⑦膀胱内表面可见出血点。代表性脏器组织病变见图 6.1。

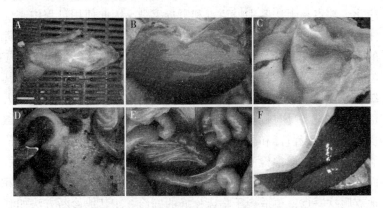

图 6.1　猪瘟临床症状及剖检病理变化

A. 新生仔猪呈八字腿，先天性震颤等；B. 肾脏表面呈针尖样出血点；

C. 喉头部位有出血斑；D. 腹股沟淋巴结肿大；

E. 肠系膜淋巴结肿大；F. 脾脏边缘锐化，呈锯齿样

3. 实验室诊断

通过临床症状和剖检多见的病理变化，可以给出初步的诊

断，但最终的确诊还需要借助实验室检测来完成。需要鉴别诊断的病原包括非洲猪瘟、伪狂犬、猪繁殖与呼吸综合征、猪皮炎肾病综合征、附红细胞体病、巴氏杆菌病、副猪嗜血杆菌病等。

实验室常用的诊断方法包括：①病毒的分离鉴定，通过病毒的分离培养，然后借助免疫荧光技术或者免疫过氧化物酶染色技术来进行诊断，本方法要求有很好的针对猪瘟病毒的特异性单抗。虽然特异性很好，但是敏感性低，病毒分离失败很容易产生假阴性的结果，且需要 1~2 周的时间，耗时费力，临床诊断应用较少。②酶联免疫吸附技术的应用，可以检测血清或血浆中的猪瘟病毒的抗原，代表性产品如爱德士（IDEXX）的基于猪瘟病毒 Erns 蛋白的抗原捕获法。敏感性和特异性均较好，适合不同样品量的检测，既可应用于临床的检测，也可广泛应用于猪瘟的净化。缺点是无法鉴别疫苗毒和野毒感染，因此使用过程中需要注意这一点，通常免疫后 15 天左右检测，基本可以排除疫苗毒的干扰。③分子生物学技术，常用的是反转录聚合酶链式反应（RT-PCR）和实时荧光定量聚合酶链式反应（qRT-PCR），其敏感性和特异性要明显优于酶联免疫吸附实验，但是对操作人员、仪器设备具有较高的要求，且常规的 RT-PCR 和 qRT-PCR 也很难区分疫苗毒和野毒感染，有报道显示疫苗免疫后 42 天依然可以从扁桃体中检测到病毒，这在实际生产中需要格外注意。而探针法荧光定量聚合酶链式反应通过合适的探针设计可以很好地克服这一点，更适合于临床疫病的确诊。④其他诊断方法如利用胶体金技术建立的快速诊断试纸卡也可用于临床初步的诊断，具有便捷、快速的特点，可以作为疫病的初步诊断。

（四）综合防控技术

欧美等发达国家主要通过疫苗免疫、扑杀等综合防控措施来实现猪瘟的控制与净化。2017 年 3 月 21 日，农业部印发《国家猪瘟防治指导意见（2017—2020 年）》，对猪瘟的净化提出明确要求：到 2020 年年底，全国所有种猪场和部分区域要达到猪瘟净化的标准。

1. 疫苗免疫注意事项

疫苗免疫在猪瘟的控制净化过程中发挥着重要的作用。我国以石门毒株为基础研发的猪瘟弱毒疫苗 C 株（C-Strain）是一种非常优秀的疫苗，针对不同的基因型和基因亚型均具有很好的临床保护效果。但在实际生产中疫苗免疫也面临着一些问题，如生产厂家众多，疫苗生产工艺、质量把控参差不齐，质检部门监督困难，给使用者在疫苗选择上造成了很大的困扰；随着免疫抑制性疫病特别是猪繁殖与呼吸综合征感染流行的普遍，对猪瘟疫苗的免疫效果也会产生负面的影响；且母源抗体对猪瘟疫苗免疫也会产生一定的干扰作用。

因此，在实际生产中，针对猪瘟的免疫应注意以下两方面：①应规律性地进行免疫监测，评估本场不同猪群猪瘟疫苗的免疫效果。良好的免疫效果指标包括母猪群平均阻断率为 70%～80%，离散度低于 40%，阳性率 85% 以上；商品猪二次免疫后 4 周左右检测，平均阻断率 60% 以上，阳性率 75% 以上。②制定合理的免疫程序，特别是商品猪首免日龄的确定，应在评估本场猪群母源抗体消长规律的基础上确定首免日龄，建议将仔猪母源抗体平均阻断率低于 50%，阳性率低于 50% 时作为首免日龄。

2. 猪瘟的控制目标

对于猪瘟的控制，应根据本场的实际情况，制定切实可行的目标。整体来说，通过标准化的饲养管理和生物安全措施的控制，完全可以实现"免疫无疫"和"非免疫无疫"的目标。免疫无疫的基本策略是"免疫 + 检测（抗体+抗原）+淘汰"。基本措施包括种猪群间隔 4 周进行两次基础免疫，间隔 4～6 周后，利用 ELISA 试剂盒检测抗体和抗原，淘汰阻断率低于 40% 的猪和抗原检测阳性的猪；之后母猪群每年进行两次随机抗原抽检，发现阳性猪，则全群进行检测；做好后备猪的入群管理，淘汰抗原检测阳性猪，完成两次基础免疫后，淘汰抗体阻断率低于40%的猪。非免疫无疫的基本策略是"检测+淘汰+扑杀"。基本措施包括定期检测猪瘟抗体，淘汰阳性猪；后备猪检测猪瘟抗体，淘汰阳性猪发生疫情时，划定疫点和疫区，对疫区内动物扑杀。需要注意的是当我们在选择淘汰或扑杀政策时，应注意本场猪瘟感染的流行率，当流行率低于2%时，在经济上是可行的。当前我国猪瘟的防控还是要从严格的生物安全措施、良好的免疫效果、标准化的饲养管理三方面来着手进行防控。当大的养殖环境具备净化的条件时，逐步开展猪瘟的净化。

二、猪伪狂犬病

（一）病原学

猪伪狂犬病是由疱疹病毒科中的伪狂犬病毒感染引起的一种传染病。该病临床特征为发热，仔猪出现神经症状，成年猪常为隐性感染，可有流产、产死胎和呼吸道症状，新生仔猪还可出现腹泻等消化系统症状。本病是危害我国养猪业最严重的传染病之一。2012年后，国内猪群伪狂犬病疫情卷土重来，大面积暴发流行，给养猪业造成了巨大的经济损失。本病在世界范围内广泛分布，欧美一些发达国家的家猪群中已经净化了该病。

伪狂犬病毒（pseudorabies virus，PRV）属于疱疹病毒科、α-疱疹病毒亚科，病毒基因组为线状双链DNA分子。目前已知PRV只有一个血清型，但不同毒株在毒力和生物学特征等方面存在差异。PRV对外界环境抵抗力较强，报道显示，病毒在37℃下的半衰期为7小时，8℃可存活46天，在被污染的猪舍能存活1个多月，在猪肉中可存活1周以上。过氧乙酸、氢氧化钠、氯制剂和醛类等常规消毒剂都能迅速使其灭活。长期保存病毒时，在-70℃以下冻存较好。短期保存病毒时，4℃较-15℃

和-20℃冻存更好。

（二）流行病学

本病一年四季皆可发生，猪是PRV的唯一自然储存宿主，病猪和隐性带毒猪是主要传染源，康复猪可以长期带毒。病毒侵入途径主要为消化道和呼吸道，也可通过外伤感染，或者经乳汁和胎盘感染胎儿。健康猪与病猪、带毒猪直接接触可感染本病，带毒的老鼠、被病毒污染的工作人员和器具在传播中也起着重要的作用。牛、羊、犬、狐狸和猫等动物感染后表现为致死性。一般认为，其他动物感染本病与接触猪、鼠等有关。实验动物中家兔最为敏感，小鼠、大鼠和豚鼠等也能感染。

（三）疫病诊断

1. 临床诊断

本病的潜伏期一般为3~6天。不同阶段和免疫背景的猪感染PRV后临床症状差异较大。母猪感染PRV后常发生流产、产死胎、不规则返情、屡配不孕或不发情。公猪常出现睾丸肿胀、萎缩，性功能下降，失去种用能力。哺乳仔猪感染PRV后常出现明显的神经症状、叫声嘶哑或失声、后肢瘫痪、呕吐、拉稀，一旦发病，1~2天内死亡，有的整窝死光。同时，发病猪感染日龄越小，死亡率就越高。保育和育肥猪感染PRV后，一般表现发热、呼吸道症状和增重滞缓等症状，临床上多继发副猪嗜血杆菌病、链球菌病、胸膜肺炎、放线杆菌病等细菌病。成年猪一般为隐性感染，若有症状也很轻微，易于恢复，主要表现为发热、精神沉郁，有些病猪呕吐、咳嗽，一般于4~8天内完全恢复。病猪剖检病变主要是在肝、脾等实质脏器常有针尖至米粒样大小的黄白色坏死灶，肾脏布满针尖样出血点，脑膜表面充血、出血，有时可见到扁桃体溃疡和肺水肿。组织病理学病变主要是中枢神经系统的弥散性非化脓性脑炎变化及神经节炎，有明显的血管套及弥散性局部胶质细胞坏死。在脑神经细胞内、鼻咽黏膜、脾及淋巴结的淋巴细胞内可见核内嗜酸性包涵体和出血性炎症。有时可见肝脏小叶周边出现凝固性坏死。肺泡隔和肺小叶质增宽，淋巴细胞、单核细胞浸润。

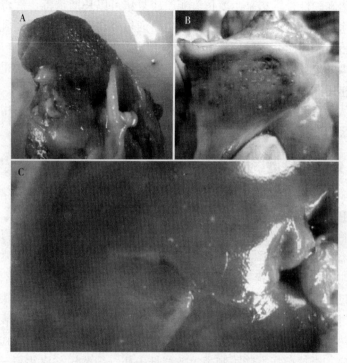

图6.2 猪伪狂犬病临床剖检常见症状

A、B. 扁桃体可见溃疡、坏死灶；C. 肝脏表面可见白色坏死灶

2. 实验室诊断

根据本病的流行特点、临床特征和病理变化可做出初步诊断，确诊需进一步做病原检测或血清学鉴别诊断。由于伪狂犬gE基因缺失疫苗在养猪生产中广泛使用，实验室通过使用gE-ELISA抗体检测试剂盒，根据血清gE抗体检测结果，可以区分

疫苗毒和野毒感染，从而对该病进行鉴别诊断，这也为 PRV 的净化提供了技术保障。该方法具有快速、敏感、特异性强、可高通量检测等优点，已经得到了普遍应用。尽管 gE-ELISA 鉴别诊断方法有许多优点，但该方法也有一定的局限性。机体感染野毒后抗体产生有滞后性，gE-ELISA 方法不能及时检测到新感染猪的抗体。另外，gE 抗体也难以区分感染发病、康复带毒和母源 gE 抗体。病原 PCR 方法可以弥补 gE-ELISA 检测方法的不足，尤其是在临床发病诊断检测中，具有敏感性高、特异强等优势。其他检测方法有病毒分离、动物（家兔等）接种实验、微量病毒中和试验、荧光抗体检测等。其中，血清中和试验的特异性高，是一些国家法定的诊断方法。

（四）综合防控技术

1. 生物安全

多点式饲养，批次生产，"全进全出"，空舍消毒，病死猪及时处理，做好灭鼠，坚持补充健康合格的后备种猪（gE 抗体阴性），以及控制人员流动等综合防控措施。

2. 疫苗免疫

疫苗免疫是目前防控该病的最有效办法。鉴于 PRV 出现变异和毒力返强，现有疫苗交叉保护力有所下降的情况，建议使用质量可靠的高效价疫苗，通过强化免疫，提高中和抗体水平，不留免疫空挡。建议种猪群每年免疫 4 次；新生仔猪滴鼻免疫，保育至育肥阶段免疫 2~3 次；后备种猪配种前免疫 2~3 次。同时坚持补充 gE 抗体阴性的后备种猪，自然淘汰（或检测淘汰）阳性带毒种猪等综合防控措施，是完全可以逐步净化该病的。

对于疫苗免疫评估，一般使用 gB-ELISA 抗体检测试剂盒。由于 gB 抗体检测不能区分疫苗毒和野毒产生的抗体，且 gB 抗体水平与免疫保护力相关性不强，目前对于大多数伪狂犬野毒阳性猪场，检测 gB 抗体意义有限。如果条件允许，检测血清中和抗体更有意义。同时也要重视细胞免疫在控制伪狂犬发病，减少排毒等方面发挥的重要作用。

3. 控制措施

本病尚无特效治疗药物，发病猪群一旦确诊后，应采取对易感猪群紧急接种 PR 疫苗，使用敏感抗生素控制细菌感染，同时加强饲养管理，减少各种应激，狠抓生物安全等综合防控措施。

三、猪繁殖与呼吸综合征

（一）病原学

猪繁殖与呼吸综合征（porcine reproductive and respiratory syndroms，PRRS）是由猪繁殖与呼吸综合征病毒（porcine reproductive and respiratory syndrome virus，PRRSV）感染引起的，以母猪繁殖障碍和不同年龄段的猪呼吸系统疾病为主要特征的一类热性、高度接触性传染疫病。因患猪耳部和皮肤发绀，有时也称"蓝耳病"。美国在 1987 年首次报道了 PRRS 的发生，欧洲在 1991 年分离到了 PRRSV，随后本病在世界范围内广泛流行。PRRSV 属套式病毒目（Nidovirals），动脉炎病毒科（Arteriviridae），动脉炎病毒属（Arterivirus），有囊膜，基因组为单股正链 RNA 病毒，大小约 15 kb。

基于基因组序列及抗原特性差异，PRRSV 可以分为两大基因型，即以欧洲型毒株 LV（lelystad virus）为代表的基因 I 型和以美洲型毒株 VR-2332 为代表的基因 II 型。随着 PRRSV 毒株的不断变异，每个基因型又分为若干个亚型或者谱系（lineage）。我国在 1996 年，由郭宝清等首次分离到了 PRRSV，命名为CH-1株，随后 PRRSV 在我国各地呈流行性状态。分子遗传学分析显示，我国流行的毒株主要属于美洲型。2006 年，由高致病性猪繁殖与呼吸综合征病毒（highly pathogenic PRRSV，HP-PRRSV）导致的 PRRS 在我国暴发并大范围流行，给我国养猪业造成了巨大损失。代表性毒株 JXA1 基因组分析显示，HP-PRRSV 的 Nsp2 编码区具有特征性的不连续 30 个氨基酸的缺失（481 位和 533～561 位氨基酸）。之后的分子流行病学研究显示，HP-PRRSV 逐步成为田间流行的优势毒株。2013—2014 年以来，一种新的 PRRSV 变异毒株在田间被检测到，代表性毒株 JL580 的分子遗传学分析显示，该流行毒株与北美地区流行毒株具有很近的遗传距离，与北美地区流行的代表性毒株 NADC30 在 Nsp2 编码区具有一致的缺失模式——不连续 131 个氨基酸的缺失（323～433 位、482 位、504～522 位氨基酸），随后的分子流行病学研究显示，NADC30-like 毒株在我国多个地区呈流行态势。因此，目前我国田间流行的 PRRSV 毒株大致分为三类，即以 CH-1a 为代表的经典类毒株，以 JXA1 位代表的 HP-PRRSV 类毒株，以 JL580 为代表的 NADC30-like 类毒株。临床监测结果显示，PRRSV 的基因组遗传多样性还在进一步加大，这对本病的防控构成了极大的挑战。

（二）流行病学

本病为高度接触性传染病，患病猪和带毒猪是本病的重要传染源。主要传播途径是接触感染、精液传播，也可通过胎盘垂直传播。PRRSV 感染猪可以通过口腔分泌物、乳汁、鼻腔分泌物和精液排毒，因此，具有不同 PRRSV 感染状态猪群的移动和混群是 PRRSV 传播的主要途径之一。此外，被 PRRSV 污染的媒介物，如饲料、靴子、针头、工作服等也是重要的传染源，可以引起 PRRSV 在猪场内和猪场间的传播。气溶胶传播一度认为是 PRRSV 传播的重要途径，后续的研究证明 PRRSV 通过空气传播的距离非常有限，更多是感染猪只在长距离运输过程中促进了本病的传播。持续性感染是 PRRS 流行病学的重要特征：PRRSV 可在感染猪体内存在很长时间，对生产的影响可持续 1～6 个月。本病的发生具有一定的季节性，秋、冬、春三季的季节转换，是该病的高发期。猪舍内温度的剧烈变化、贼风、长距离的运输等因素是该病的重要诱因。

从跟踪 2013 年以来河南省 PRRSV 抗体检测（IDEXX 试剂盒）的结果来看（表 6.1），血清检测样本的阳性率在 74%～85.7%，而猪场的阳性率始终维持在 95% 以上。尽管存在疫苗免疫的影响，在一定程度上也说明了 PRRSV 在猪场流行的广泛性和疫苗免疫的普遍性。

表 6.1　河南省 PRRSV 血清学监测结果

PRRSV	2013 年	2014 年	2015 年	2016 年
抗体阳性率	77.80%	85.70%	84.90%	74%
猪场阳性率	99.50%	98.70%	98%	95%

（三）疫病诊断

1. 临床症状

各日龄的猪均可感染，主要表现为怀孕母猪流产、早产、产死胎或木乃伊胎。哺乳仔猪、保育育成猪表现呼吸道症状。怀孕母猪主要表现为妊娠后期（84～114 天）的流产、早产，分娩时落地损失率高（死胎、弱仔比例高），患病母猪临床主要表现为发烧（40 ℃以上），食欲减退，通常 3～5 天可以耐过。保育阶段发病猪主要表现为腹式呼吸、发烧（40 ℃以上）、扎堆、食欲减退、消瘦等临床症状，进而继发细菌感染（主要为副猪嗜血杆菌）而导致较高的死亡率。育成阶段发病猪主要表现为腹式呼吸、咳嗽、发烧（40 ℃以上）、犬坐样姿势，常继发细菌感染（主要为多杀性巴氏杆菌和胸膜肺炎放线杆菌）而急性死亡。公猪主要表现为体温升高、厌食、精液质量下降（死精、精子畸形率升高）等，但通常可以耐过。

2. 临床剖检

临床剖检可见主要病理变化：肺脏肿大，呈间质性肺炎，表面可见出血点；脾脏梗死，膀胱内充盈红褐色尿液；肾脏表面散在多个出血点；肝脏表面可见黄白色坏死灶或者出血点；淋巴结肿大，出血，呈紫葡萄样；关节肿大，内有积液。具体病变参见图6.3。

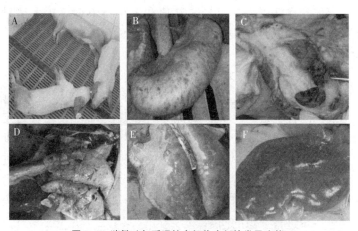

图6.3　猪繁殖与呼吸综合征临床剖检常见症状

A. 发病保育猪耳部、后臀部、腹部发绀；

B. 重胎期母猪流产；C. 淋巴结肿大出血，呈紫葡萄样；

D、E. 肺脏水肿，表面有出血斑；F. 肾脏表面密布出血点

图片来源：田克恭、遇秀玲（C~F图），安同庆（图A）

3. 实验室诊断

单纯的临床症状和剖检变化可以为实验室诊断提供参考，但疫病的确诊需要借助实验室来完成。通常需要和猪瘟、伪狂犬等做鉴别诊断。病原学检测常用的方法是 RT-PCR 和 qRT-PCR，通过设计针对特定基因的引物，扩增特异的目的片段来完成。本方法具有很好的敏感性和特异性，但是实际诊断中需要注意疫苗免疫的影响，已有报道显示，PRRSV 弱毒疫苗免疫后 1 个月左右依然可以在血液中检测到病毒。此外，通过基因测序，了解本场主要流行的 PRRSV 毒株或者流行毒株的基因多样性，也将有

助于制定针对性的综合防控措施。血清学监测可以很好地评估猪群内 PRRSV 的感染状态，为临床针对性措施的制定提供参考，以爱德士（IDEXX）公司的 PRRSV 抗体检测试剂盒为例，一般认为良好的血清学抗体 S/P 值范围为 0.7~1.8；当 S/P 值>2.5 时，可能存在病毒血症；当 S/P 值在 3.5~5.0 时，提示猪只存在蓝耳病毒的急性感染；断奶保育仔猪 S/P 值>1.8，可能处于病毒血症期。

（四）综合防控技术

PRRSV 在我国经过 20 年的流行变异，目前变得更为复杂，对本病的防控构成了严重的挑战。虽然现有的商品疫苗在特定的历史阶段发挥了重要的作用，但也正是在疫苗大范围、高强度使用之后，我国的 PRRSV 毒株变异速率进一步加快、多样性进一步加大。免疫压力下对病毒变异的影响、弱毒疫苗潜在的毒力返强风险、疫苗毒株和田间流行毒株发生重组的风险等，都是当前需要进一步进行反思的问题。

1. 科学选择、正确使用 PRSSV 疫苗

在猪繁殖与呼吸综合征的防控中，虽然现有的商品化疫苗在特定的历史阶段对该病的防控发挥了重要的作用，但就目前来看，疫苗免疫并不是必需或者首选的，免疫效果也不能令人满意，大部分发病场都存在普遍免疫的背景。目前市场上主要存在 7 种疫苗毒株，10 类疫苗产品，生产企业 30 余家，具代表性的经典毒株有 CH-1R、R98、VR2332，变异毒株有 JX-A1R、HN-F112、TJM-F92、GDr180。选用疫苗时，除了免疫效果外，还有一些风险因素需要考虑，如免疫压力下对病毒变异的影响、弱毒疫苗潜在的毒力返强风险、疫苗毒株与田间流行毒株发生重组的风险等。因此在疫苗的使用和选择上应慎重，一般应遵循以下原则：猪群稳定的情况下应尽量减少疫苗的使用，直至最后停止疫苗的使用；避免频繁地更换疫苗毒株；避免在一个场同时使用两

种以上不同毒株的疫苗；有条件的养殖企业建议通过基因测序定期检测本场内 PRRSV 毒株的分布流行情况。

2. 重视生产工艺和猪舍的环境控制

养猪是农民增收致富的一个有效途径，但一些人认为养猪门槛低，在场址的选择、猪舍的建造、猪舍环境控制方面缺乏科学认识、不愿意投入资金，这也是今天中国养猪业疫病难于控制的一个重要因素。发达国家在这方面已经积累了很好的经验。例如，两点式的生产布局对于猪场疫病的防控净化具有重要的意义，特别是在蓝耳、伪狂犬、圆环的防控中，两点式的生产工艺可以做到事半功倍；再就是猪舍环境控制上，主要是在通风模式的设计上，中国多数猪场是采用纵向的通风方式，俗称"穿堂风"，夏天还好，秋冬季节这种通风模式的设计，极易造成猪群的环境应激，再加上 PRRSV 在冬季本身就较为活跃，因此很容易导致 PRRSV 的感染流行。目前很多猪舍采用天花板式弥散性通风，或者通过规划气流的流动路径、预热进入的冷空气等，来避免冷空气直接吹到猪的身上，避免因通风导致的猪舍内环境短时间内的大的波动，这也是我们在进行猪舍建造和改造过程中要考虑的核心因素。

3. 重视"全进全出"的生产模式和空舍消毒工作

通过节律性生产，做到不同批次仔猪的"全进全出"式饲养，可以有效阻止病原在不同日龄猪群间的滚动式传播。通过严格的空舍消毒工作，可以有效清除环境中的病原微生物或者极大降低其载量。因此，规模化猪场应非常重视空舍消毒的工作，做好空舍的清洗、清洁和消毒工作，需要在清洗设备上和消毒剂的选择上进行必要的投入。此外，消毒工作结束后，应留 5 天以上的干燥期，大多数病原微生物在干燥的环境下是无法存活的。

4. PRRSV 的区域净化

区域净化是当前控制 PRRSV 一个有效的方案，本方案的实施需要政府、养殖场和兽医之间的通力协作，主要通过清群、建群、闭群等策略来实现。一些国家地区（如美国的明尼苏达州）在 PRRSV 的区域净化上已经取得了不错的进展，为我们提供了一定的经验。我国的养猪业存在养殖密度大、养殖规模分散、疫病流行普遍等特点，结合我国养猪业当前的发展情况，区域净化的难度更大。对一些大规模的养殖企业或种猪场，通过闭群策略来达到蓝耳的稳定和净化更为合适，其基本要点包括：根据生产计划，一次性引入 6 个月左右的后备猪；引入的后备猪做好隔离、驯化工作，驯化可以选择本场阳性血清或者弱毒疫苗进行接种；实施闭群，定期监测后备猪群和大群的 PRRSV 抗体值；针对保育感染猪群采取部分清群的策略；严格执行闭群及生物安全相关策略，包括母猪免疫一猪一针头，商品猪一窝（一栏）一针头等；避免不同年龄阶段、不同免疫状态的猪群混群；种猪群和商品猪（生长育肥猪）应保证绝对的不接触，特别是种猪场等。

整个闭群的持续时间约 200 天，直至 PRRSV 抗体转阴为止。200 天以后可以引入阴性哨兵猪，观察期内无 PRRSV 感染可作为 PRRSV 净化成功的标志。

四、口蹄疫

（一）病原学

口蹄疫是由口蹄疫病毒引起的急性、热性、高度接触性传染病，主要侵害猪、牛、羊等偶蹄兽。该病临诊特征为口腔黏膜、蹄部和乳房皮肤发生水疱和溃烂，成年动物多为良性经过，幼龄动物因心肌受损而病死率较高。本病有强烈的传染性，一旦发病，传播速度很快，往往造成大流行，不易控制和消灭，导致动物及其产品流通和国际贸易受到限制，带来严重经济损失，故被国际兽疫局（OIE）列为 A 类动物传染病之首。

口蹄疫病毒（FMDV）属于微 RNA 病毒科，口蹄疫病毒属。目前已知口蹄疫病毒有七个血清型，即 A 型、O 型、C 型、SAT1 型（南非 1 型）、SAT2 型（南非 2 型）、SAT3 型（南非 3 型）和 Asia-Ⅰ型（亚洲Ⅰ型）。其中，O 型口蹄疫为全世界流行最广的一个血清型，我国猪群中流行的口蹄疫病毒也是以 O 型为主，2015 年以来个别猪场有 A 型散发的报道。

该病毒对外界环境的抵抗力较强，耐寒冷和干燥。在自然情况下，含毒组织和污染的饲料、饲草、皮毛及土壤等可保持感染性达数周甚至数月之久，骨髓、内脏或淋巴结内的病毒因产酸不良而能存活多年。在-70～-50℃或冻干保存可达数年之久。

该病毒对酸、碱、高温和紫外线敏感，0.2%～0.5%过氧乙酸、2%～4%的氢氧化钠、5%的次氯酸钠等都是良好的消毒剂。高温和阳光直射对病毒有杀灭作用。食盐、有机溶剂和一些去污剂对病毒作用不大。

（二）流行病学

口蹄疫一年四季均可发生，在冬季发病相对较多，夏季发病相对偏少。本病具有流行快、传播广、发病急、危害大等流行病学特点。一般每隔三五年就暴发流行一次。

病畜和潜伏期动物是危险的传染源，尤其是发病初期的动物最危险。病畜的水疱液、乳汁、粪便、尿液、口涎和泪液中均含有病毒。其中，病牛舌面和病猪蹄部的水疱皮含毒量较高。病毒可在某些临床康复动物的咽部长时间存在，呈持续感染状态（超过 28 天），研究表明，牛的带毒期可达 2～3 年。该病入侵途径主要是消化道和呼吸道，易感动物吸入污染病毒的飞沫是主要的感染途径。口蹄疫病毒可随风呈跳跃式、远距离传播，尤其是低温、高湿、阴霾的天气，可发生长距离的气雾传播。易感动物也可通过采食或接触污染物经损伤的皮肤、黏膜感染。

自然条件下口蹄疫病毒可感染多种动物，偶蹄类动物如牛、猪、羊等易感性高。实验动物中以豚鼠、乳鼠和乳兔敏感。一般幼龄动物的易感性大于老龄动物。成年动物的病死率通常低于2%，而幼龄动物因心肌炎病死率可达50%上。

（三）疫病诊断

1. 临床诊断

本病潜伏期3天左右，病猪以蹄部水疱为特征，体温升高可达40～41℃，精神不振，食欲减退或绝废。口黏膜（舌、唇、齿龈、咽、腭）及鼻周围形成小水疱或糜烂。1天左右，蹄冠、蹄叉、蹄踵出现局部发红、微热、敏感等症状，不久出现水泡和溃疡。如无细菌继发感染，1周左右痊愈。有继发

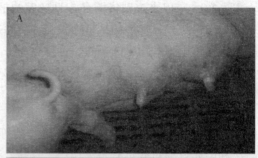
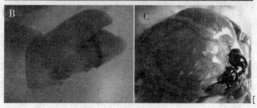

图6.4　口蹄疫临床剖检常见症状
A. 母猪乳房上有时可见烂斑；B. 患病猪蹄甲脱落，蹄甲根部可见明显的黑色；C. 心肌松软

感染时，蹄壳可能脱落，病猪跛行，常卧地不起，需3周以上才能痊愈。有时母猪乳房上也出现烂斑，特别是哺乳的母猪尤为常见。母猪哺乳期间发生口蹄疫，则整窝小猪发病，多呈急性胃肠炎和心肌炎而突然死亡，病死率可达100%。

病猪除口腔和蹄部有水疱和烂斑外，具有重要诊断意义的是心脏病变，心包膜有弥散性及点状出血，心肌松软，心肌切面有

灰白色或淡黄色斑点或条纹，如同虎皮状斑纹，故俗称"虎斑心"。

2. 实验室诊断

FMDV 易与 A 型塞内卡病毒、传染性水疱性口炎等疫病混淆，应当认真鉴别。在初步诊断的基础上，可进行病毒分离鉴定、血清学试验、RT-PCR 检测、核酸探针法等实验室诊断，从而确诊口蹄疫发病型号（O 型/A 型/亚 I）。

（四）综合防控技术

1. 生物安全

我国口蹄疫的防制多采取以检疫诊断为中心的综合防治措施，一旦发生疫情，应迅速上报疫情，确切诊断，划定疫点、疫区和受威胁区。按"早、快、严、小"的原则，立即实现封锁、隔离、检疫、消毒等措施。控制人、动物和物品的流动；对病死猪、排泄物、被污染饲料、垫料、污水等进行无害化处理；对被污染或可疑污染的物品、交通工具、用具、畜舍、场地进行严格彻底的消毒。圈舍、场地和用具可用 2%～4% 氢氧化钠溶液、10% 石灰乳或 0.2%～0.5% 过氧乙酸喷洒消毒。疫区内最后一头患病动物痊愈、死亡或扑杀后，经 14 天以上连续观察未出现新的病例，经终末消毒后可解除封锁。

2. 疫苗免疫

在口蹄疫流行区域，应坚持免疫接种。目前市场上有全病毒灭活苗和基因工程合成肽疫苗，建议使用与当地流行毒株有交叉保护的疫苗进行预防接种。种猪群免疫 3～4 次/年；保育至育肥阶段免疫 2～3 次；后备种猪配种前免疫 2 次。当猪群发生口蹄疫时，应对易感猪群紧急接种同一型号的高效价疫苗。同时，在距疫区 10 km 以内的地区，对易感动物进行预防接种，以防疫情扩展。

对疫苗免疫评估常用的有液相阻断酶联免疫吸附试验（LB-

ELISA）或 VP1-ELISA 抗体检测试剂盒。一般情况下，抗体水平与免疫保护力呈正相关。

3. 控制措施

口蹄疫宜采取综合性防治措施。平时要积极预防、加强检疫，对疫区和受威胁区内的健康家畜进行紧急接种。发生口蹄疫时，需用与当地流行株同一型号的疫苗进行紧急免疫预防。口蹄疫高免血清或康复动物血清可用于疫区和受威胁的家畜进行被动免疫，可控制疫情和保护幼畜。

猪发生口蹄疫后，一般经 7~14 天能自愈。为缩短病程、防止继发感染，可对症治疗：①口腔病变可用食醋或 0.1% 高锰酸钾液清洗，糜烂面涂以 1%~2% 明矾溶液或碘甘油，也可涂撒中药冰硼散于口腔病变处。②蹄部病变可先用 3% 来苏儿清洗，后涂擦甲紫溶液、碘甘油、青霉素软膏等。③乳房病变可用肥皂水或 2%~3% 硼酸水清洗，后涂以青霉素软膏等。恶性口蹄疫病畜，除采用上述局部措施外，可用强心剂（如安钠咖）和滋补剂（如葡萄糖盐水）等；或者用结晶樟脑口服，每天 2 次，每次 5~8 g。

五、猪病毒性腹泻

（一）引起猪病毒性腹泻的主要病原

引起猪腹泻的因素较多，总体上可分为非传染性因素和传染性因素两大类。非传染性因素包括营养性因素、环境因素、应激因素和母乳因素等。传染性因素多见于各种病原微生物引起的腹泻，如细菌性腹泻、病毒性腹泻和寄生虫性腹泻。引起猪病毒性腹泻的病毒，目前主要有猪传染性胃肠炎病毒（transmissible gastroenteritis virus，TGEV）、猪流行性腹泻病毒（porcine epidemic diarrhea virus，PEDV）、猪轮状病毒（porcine rotavirus，PoRV）和最近新发现的猪丁型冠状病毒（porcine deltacoronavirus，PD-

CoV)。其中，PEDV 和 TGEV 均属于 α-冠状病毒属，PDCoV 属于 δ-冠状病毒属，PoRV 属于呼肠孤病毒科，轮状病毒属。PEDV、TGEV 和 PDCoV 基因组均为单股正链 RNA 病毒，PoRV 基因组由 11 段不连续的双股 RNA 组成，编码 6 个结构蛋白和 6 个非结构蛋白。自 2011 年以来的流行病学数据显示，引起我国仔猪病毒性腹泻的病原主要为猪流行性腹泻病毒，临床检出率持续维持在 60% 以上，猪场阳性率在 70% 以上；而传染性胃肠炎病毒和猪轮状病毒的临床检出率相对较低，临床检出率基本在 10% 以内。以笔者所在的检测诊断室为例，临床腹泻样品检测结果显示，TGEV 和 PoRV 基本未检测到，而猪丁型冠状病毒则尚未检测到。猪丁型冠状病毒 2014 年首次报道于美国，之后我国学者的分子流行病学调查显示，我国在 2013 年保存的猪场病料中，检测到了该病毒的存在，提示该病毒可能在更早的时间已经存在于我国猪场，但是由该病毒导致的仔猪腹泻的临床检出率却非常低。针对猪病毒性腹泻，目前虽然有一些疫苗产品，但是在实际生产中的防控效果并不理想，病毒性腹泻特别是猪流行性腹泻病毒在猪场依然呈现很高的流行率。病毒对外界环境和消毒药抵抗力较弱，对乙醚和氯仿等敏感，一般消毒药均可将其杀灭。

（二）流行病学

粪—口途径是病毒性腹泻的主要传播途径，粪便和粪便污染的器具、保温垫、接生布、饲料等是重要的传播媒介物。本病一旦暴发，因为人员流动和接生器具的交叉使用会使本病得到快速扩散。仔猪发病后传染性较强，12~24 小时会波及整个栋舍，早期会表现吐奶瓣，随后发展为水样腹泻，最后出现严重的脱水而死亡。剖检可见整个肠道壁变薄透明，有时肾脏可见针尖状出血点（需与猪瘟鉴别诊断），抗生素治疗基本无效。低胎龄母猪、育肥猪、哺乳仔猪易感，但母猪和育肥猪临床症状较轻，一般可以耐受，哺乳仔猪感染后死亡率很高。本病的流行无明显的季节性，全年均可发生，但以秋末和春初（10月底至翌年3月）发病率较高。疫病发生后的15~30天，生产会跌入谷底，一般本病的防控和生产的恢复需要4~5周的时间，有的可能会延续2个月之久。本病一旦侵入猪场，很难将其完全净化，即使在生物安全措施做得很完善的情况下，在疫病流行季节，依然会有较大的概率发生本病。这给养猪从业者和兽医人员形成了很大的压力和挑战。

（三）疫病诊断

1. 临床症状

从临床表现来看，育肥猪和母猪较为敏感，但多呈一过性腹泻，病程7~10天，基本没有死亡。日龄较小的猪群多因脱水导致较高的死亡率，平均死亡率在30%~60%，特别是小于5日龄的仔猪，如措施采取不当，死亡率可达100%，给生产造成了极大的损失。发病猪体温正常或稍偏高，多呈水样腹泻，母猪和育肥猪会有2~3天的食欲减退，之后会很快恢复正常。哺乳仔猪发病初期表现为吐奶瓣，随后发生水样腹泻，并因迅速脱水消瘦而死亡。本病在产房内传播速度很快，通常24~36小时可感染整栋产房，且在产房内可呈跳跃式传播，这可能与不同母猪的母源抗体差异有关，从而导致了不同窝的仔猪保护性不同。

2. 临床剖检

本病临床症状明显，通常根据临床发病及流行特点可做初步诊断，临床剖检可见肠壁变薄，呈透明状，内含大量的液体和气体。肾脏表面可见针尖状出血、肠系膜淋巴结出血，呈紫红色等。具体参见图6.5。

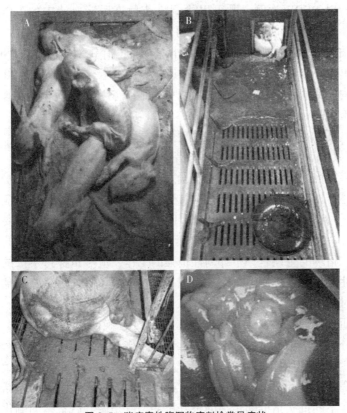

图6.5 猪病毒性腹泻临床剖检常见症状

A. 腹泻仔猪严重脱水消瘦；B. 仔猪首先表现为吐白色奶瓣；

C. 母猪表现为一过性水样腹泻；D. 腹泻仔猪肠壁变薄透明，肠道内充满气体

3. 实验室诊断

对于疑似病毒性腹泻的病例，应尽快采集肠道和肠系膜淋巴结，送相关检测机构进行病原学的确诊。当前实验室诊断常用的方法是 RT-PCR 和 qRT-PCR，不仅可以用于病原的诊断，也可以区分变异毒株和经典毒株，具有很好的敏感性和特异性，病原的确诊对于制定针对性的防控措施具有重要意义。抗体检测方

面，以 PEDV 为例，既可以检测疫苗免疫后猪血清中的 IgG 水平，评估疫苗的免疫效果，也可以评估母猪乳汁中的 IgA 水平，评估免疫效果和保护效果。另外，当前也有针对 PEDV、TGEV 和 PoRV 的基于胶体金技术的快速检测试纸卡，可以在 15～20 分钟内完成病原的初步检测，可以更好地服务于养猪场病毒性腹泻的检测。

（四）猪病毒性腹泻综合防控技术

1. 病毒性腹泻的关键预防措施

目前来说，虽然有一些新研发的疫苗产品，但其临床保护效果还有待于进一步的市场检验。当前对于本病的防控，还是应立足于做好生产管理和生物安全环节，具体有以下几方面需要注意：一是做好节律性生产工作，严格控制同一批分娩母猪的产程。猪场的生产是一个计划性很强的工作，应尽量保持生产的均衡性，避免在疫病流行季节出现高比例的后备临产母猪，避免某一时间段出现分娩母猪过多，栋舍不够用或使用紧张的情况。同时通过合理使用前列腺烯醇钠，使同批分娩的母猪尽量在 4～5 天分娩完毕。二是做好空舍消毒干燥工作，不建议盲目追求产床或栏位的利用率，应充分利用"全进全出"的生产方式，做好猪舍的清洗、消毒和干燥工作，这是最大限度清除病原、阻断病原在不同批次猪群间传播的很好机会。三是做好后备猪的驯化工作，可以选择本场 3～5 胎龄、健康淘汰的母猪与后备猪进行混养，如本场保存有腹泻仔猪的病料，建议可以使用这些病料来返饲后备猪，使后备猪提前接触病原，获得一定的免疫记忆。四是减少分娩舍物品的交叉使用，同时对于每批次结束后的生产相关物品，应进行相应的消毒处理。五是应保证产房温度适宜和产床干燥，"窝干食饱"是从业者在长期实践中总结的仔猪饲养关键点。产房温度控制在 20～25 ℃，仔猪休息区应配置保温灯，避免温度骤变产生的应激；尽可能保持产床及保温箱的干燥，应该使用带有杀菌抑菌性质的接生粉或者环境改良剂，在仔猪出生时喷撒保温箱，涂抹仔猪体表，可有效控制环境中的病原，减少仔猪热量水分流失，提高仔猪的成活率和健康水平。

2. 病毒性腹泻的综合控制措施

鉴于目前疫苗免疫保护的效果有限，多数发病场面临"边免疫边发病"的问题。因此，猪病毒性腹泻需采取综合性的控制措施，具体如下。

（1）病原的诊断：对于疫病的控制，首先是第一时间对可能疫病进行确诊，其次是采取针对性的应对措施。对于病毒性腹泻，如果发现母猪或商品猪出现水样腹泻，就要特别关注产房仔猪的生产管理情况，如果发现仔猪吐奶瓣、腹泻，短期内传播迅速，就要第一时间采取肠道病料，送可靠的检测机构进行疫病的确诊。需诊断的病原为 PEDV、TGEV、PDCoV，其他根据需要可以选择的鉴别诊断项目包括猪轮状病毒（PoRV）、猪瘟病毒（CSFV）。

（2）生物安全环节：该环节包括划分腹泻区和非腹泻区，严格禁止两个区域间人员的交叉流动和物品的交叉使用。非腹泻区物品的流入，如料槽、保温垫、接生布、保温箱盖、结扎脐带用的线等，都要经过有效的消毒方可进入分娩舍，不能用消毒液浸泡的可用 70% 的酒精进行喷洒。每天对疫病流行区域的外围进行两次的区域消毒。坚持"全进全出"，对猪舍进行彻底清洗消毒，尽可能地延长猪舍的干燥时间。母猪进产房前，体表用清水冲洗干净，并用合适的消毒液进行全身消毒。

（3）疫苗免疫和返饲：在"自家组织苗"的制备和"返饲"的操作中，病料的采集至关重要，直接关系到"组织苗"和"返饲"的后续效果。建议收集 5 日龄内腹泻症状明显的仔猪肠道（发病 20～36 小时的仔猪），最好当天送往相关机构进行制备；如不能当天送，则应立即保存于 -20 ℃ 的冰箱，发送时应使用冰袋保持全程低温。5 日龄以内的腹泻仔猪基本没有治疗价值，因此，建议采集尽可能多的仔猪肠道病料进行冻存，以便将来用于对本场后备猪进行"驯化"。"自家组织苗"的制备一般需 1 周左右的时间，利用这一时间间隔，建议可以对母猪群进行"返饲"的操作。遵循"先小群试验、后大群"的原则，返饲后，观察 3 天，如无异常现象，建议选择妊娠 104 天以内的猪群和后备猪群进行大群返饲，7 天内完成猪群的两次返饲。一般 1 头仔猪肠道可返饲 10 头左右母猪。自家组织苗的免疫，建议采用母猪群普免的策略，首次免疫后间隔 15 天进行第二次免疫，完成两次普免后间隔一个月，开始执行跟胎免疫，即产前 40 天加产前 20 天，直至疫情得到控制。因为"自家组织苗"难以进行质量控制和抗原含量的评估，且涉及病料采集、运输、制作过程等多个环节，因此，有的场可能会遇到"自家组织苗"控制效果不理想的问题，但是目前来说"返饲"结合"自家组织苗"依然是疫情发生后的首选控制方案。只不过在实际操作执行中应更注重细节，特别是病料的采集、保存、运输，最后要选择可靠的机构进行制作。针对商品化的疫苗，推荐母猪产前完成两次免疫，慎用弱毒活疫苗，建议使用商品化的灭活疫苗；另外，多数厂家会推荐所有的猪群都进行免疫，全猪群免疫并不建议，仅免疫母猪群即可，其他猪群完全没有必要免疫。

（4）对症治疗：比较激进的做法是对 5 日龄的仔猪采取"安乐死"，因为这部分仔猪是猪场病毒最重要的传染源，且治疗价值确实不大。但是这一做法很难被养殖者所接受，通过灌服补液盐或者腹腔补液，可以最大限度地挽回损失，但是需要很大的工作量。5 日龄以上仔猪，以自由饮用补液盐为主，补液盐主要成分有补液盐、电解多维、葡萄糖等。需要注意的是，应始终保证料槽里补液盐的新鲜度，每天更换两次。保育育成猪也以对症治疗为主，同时可以使用硫酸黏杆菌素（$100 \times 10^{-6} \sim 150 \times$

10^{-6}）或者氨苄西林钠（$200\times10^{-6}\sim300\times10^{-6}$）等抗生素来控制细菌的继发感染。

六、猪圆环病毒病

（一）病原学

猪圆环病毒病是由猪圆环病毒引起的猪的多种疾病总称，包括断奶仔猪多系统衰竭综合征（PMWS）、猪皮炎肾病综合征（PDNS）和母猪繁殖障碍等，其中 PMWS 最为常见，以消瘦、腹泻、贫血、呼吸困难、全身淋巴结水肿和肾脏坏死等为特征。猪感染后可出现免疫抑制和发育迟缓。

猪圆环病毒（PCV）属于圆环病毒科，圆环病毒属。PCV为二十面体对称、无囊膜，基因组为单股环状 DNA。病毒粒子直径为 17 nm，它是目前已知动物病毒中最小的一员。PCV 主要有 PCV1 和 PCV2 两个血清型，其中 PCV1 为非致病性的病毒。PCV2 为致病性的病毒，有 PCV2a、PCV2b 和 PCV2c 等多个基因亚型，各亚型之间抗原性没有明显差异。2016 年，PCV3 被发现和报道，其对猪群的致病性需要进一步研究。PCV 能在 PK-15细胞上生长，并形成胞质内包涵体，但不致细胞病变。本病毒对外界环境抵抗力极强，在 70 ℃环境中可稳定存活 15 分钟；病毒在 pH 值为 3 的酸性环境下仍可存活。一般消毒剂很难将其杀灭，碘酒、酒精、氯苯双胍己烷和甲醛室温下作用 10 分钟，可部分杀灭病毒。

（二）流行病学

本病无明显的季节性，PCV 分布很广，血清学调查表明，PCV 在世界范围内流行。家猪和野猪是自然宿主，猪对 PCV2 具有较强的易感性，感染猪可自鼻液、粪便等废物中排出病毒，经口腔、呼吸道途径感染不同年龄的猪。怀孕母猪感染 PCV2 后，可经胎盘垂直传播感染仔猪。用 PCV2 人工感染试验猪后，其他未接种猪的同居感染率 100%，这说明该病毒可水平传播。猪在不同猪群间的移动是该病毒的主要传播途径，也可通过被污染的衣服和设备进行传播。失去抗体保护的小猪（体重 15~30 kg）对 PCV2 最为易感，感染后发病尤其严重。

（三）疫病诊断

1. 临床诊断

PCV2 侵入猪体后潜伏期较长，主要引起断奶仔猪多系统衰竭综合征（PMWS）、猪皮炎肾病综合征（PDNS）和母猪繁殖障碍等疾病。PCV2 是致病的必要条件，但不是充分条件，发病率和病死率还取决于猪场和猪舍条件，包括猪舍的温度、通风和密度等是否适宜，饲料营养是否满足、有无霉变，猪群是否批次生产、"全进全出"，免疫接种和应激情况，以及是否有蓝耳病和伪狂犬等免疫抑制性疾病混合感染等因素。大多数 PCV2 是亚临床感染。一般临床症状可能与继发感染有关，或者完全由继发感染所引起。

本病以 PMWS 最为常见，主要以 6~12 周龄的仔猪多发，在临床上表现为精神差、食欲减退、渐进性消瘦、皮肤苍白、肌肉衰弱无力、淋巴结肿大、呼吸困难、腹泻及黄疸等症状。典型病例死亡猪的淋巴结和肾脏有特征性病变。全身淋巴结，尤其是腹股沟、肠系膜和颌下淋巴结显著肿大，部分可肿大 4~5 倍，切面呈均质苍白色。肾脏肿大、苍白色或灰白色，有散在白色病灶，被膜易于剥落，肾盂周围组织水肿，皮质与髓质交界处出血。肺部有散在隆起的橡皮状硬块，呈弥漫性病变，严重病例肺泡出血，在心叶和尖叶有暗红色或棕色斑块。肝脏发暗，呈浅黄色到橘黄色外观，萎缩，肝小叶间结缔组织增生。胃在靠近食管区常有大片溃疡形成。盲肠和结肠黏膜充血和出血点，少数病例见盲肠壁水肿而明显增厚。

PDNS 主要以 8~18 周龄猪多发，发病率一般不超过 10%。

病猪表现为皮下水肿，食欲减退，有时发热，皮肤（会阴和四肢最为明显）发生圆形或不规则的隆起，呈红色或紫色，中央形成黑色病灶，有时候会融合成较大斑块。严重感染时患病猪在临床症状出现后几天内就会死亡，感染耐过猪病程一般2~3周。

PCV2感染可以造成母猪繁殖障碍，导致母猪流产、产死胎、产弱仔以及返情率增加等症状。流产胎儿没有特征性的组织病变，部分研究发现，死胎或死亡的新生仔猪一般呈现慢性、静脉性肝瘀血及心脏肥大，多个区域呈现心肌变色等病变。

2. 实验室诊断

根据发病猪群临床症状和剖检病变可以做出初步诊断。如需要进一步诊断，可以进行组织病理学检查。病理变化显著特征是可见淋巴组织内淋巴细胞减少，单核吞噬细胞类细胞浸润以及形成多核巨细胞，若在这些细胞中发现嗜碱性或两性染色的细胞质内包涵体，则基本可以确诊PMWS。在PDNS的病理变化中，可以见到出血性坏死性皮炎、动脉炎、渗出性肾小球性肾炎和间质性肾炎、胸水和心包积液等。在PCV2感染相关繁殖障碍中，可以见到小猪肺脏有轻度至中度的病变，肺泡中出现单核细胞浸润。心肌大面积变性坏死，伴有水肿和轻度的纤维化，以及中度的巨噬细胞和淋巴细胞浸润。

病原PCR检测方法和血清学ELISA抗体检测技术可以作为本病诊断的一种辅助手段，但不应作为诊断标准。因为病毒在猪群中广泛分布，现有的疫苗尽管可以控制猪群临床不发病，但不抗感染，在健康状况良好的猪群中也可以检测到病毒。另外，抗体检测尚不能区分疫苗和野毒产生的抗体。

（四）综合防控技术

1. 生物安全

改进生产流程，批次生产，"全进全出"，空舍消毒，减少混群和应激，闭群饲养，谨慎引种等防控措施。

2. 疫苗免疫

疫苗接种是防控该病的主要手段，目前市场上有 PCV2 全病毒灭活苗（SH 株、LG 株、DBN 株、WH 株、ZJ 株等）和 PCV2 Cap 蛋白重组亚单位疫苗（杆状病毒或大肠杆菌表达）。2~5 周龄仔猪免疫 1~2 次，后备母猪配种前免疫 1~2 次，妊娠 70~100 天母猪免疫 1~2 次，每次免疫间隔 3 周。

对于疫苗免疫评估，常用的生产指标有猪群生长速度、整齐度、成活率等，实验室可通过 ELISA 抗体离散度、高低和走势及血清组织中的病毒载量（荧光定量 PCR）等数据进行综合分析评估。

3. 控制措施

平时应加强饲养管理和兽医防疫卫生措施，使用高品质饲料，降低饲养密度，减少应激因素。对易感猪群，及时进行免疫接种。使用敏感抗生素预防和控制细菌感染。同时，要做好猪瘟、伪狂犬、蓝耳病和喘气病的防控工作。目前本病尚无特异性治疗措施，通过采取以上综合性的防制措施，本病是完全可以控制的。

七、猪乙型脑炎

（一）病原学

猪乙型脑炎又称流行性乙型脑炎，是由日本脑炎病毒（JEV）引起的一种蚊媒性人畜共患自然疫源性传染病。病猪表现高热，怀孕母猪流产，胎儿多是死胎或木乃伊胎，公猪睾丸炎等。

JEV 属于黄病毒科、黄病毒属，单股正链 RNA 病毒。JEV 具有血凝活性，可以凝集绵羊、鹅、鸽和雏鸡的红细胞。本病毒适宜在鸡胚卵黄囊内繁殖，也能在鸡胚成纤维细胞、原代仓鼠肾细胞以及 BHK-21、Vero 等传代细胞中增殖，并产生细胞病变和形成空斑。病毒在动物血液中繁殖，并引起病毒血症，但在感染动物血液内存留的时间很短，主要存在于中枢神经系统。本病毒对外界环境的抵抗力不强，常用的消毒剂均有良好的杀灭效果。pH 值大于 10 或小于 5 都能使病毒迅速灭活。病毒对热（56 ℃ 10 分钟）及胰酶均敏感，能耐低温和干燥。本病毒在−20 ℃可保存 1 年，但病毒滴度降低。

（二）流行病学

在亚热带和温带地区，本病有明显季节性，呈散发或地方性流行，多发生于 7~9 月蚊虫滋生繁殖和猖狂活动季节。本病是自然疫源性传染病，传染源为带毒动物和人，其中猪是本病毒的主要增殖宿主和传染源。本病主要通过蚊子叮咬而传播，其中最主要的是三带喙库蚊，越冬蚊虫可以隔年传播病毒，病毒还可能经蚊虫卵传递至下一代，病毒的传播循环是在越冬动物及易感动物间通过蚊虫叮咬反复进行的。JEV 可感染猪、马、牛、羊等动物，人亦易感。猪感染 JEV 后，产生病毒血症的时间较长，血液中病毒滴度较高，猪的饲养数量大、更新快，有利于病毒通过"猪—蚊—猪"循环，使 JEV 不断扩散。该病还可经胎盘垂直传播给胎儿。猪的发病年龄大多在 5~18 月龄，其特点是感染率高，发病率低，死亡率低，绝大多数在病愈后不再复发，成为带毒猪。新疫区发病率高，病情严重，以后逐年减轻，最后多呈无症状的带毒猪。

（三）疫病诊断

1. 临床诊断

人工感染潜伏期一般为 3~4 天。猪只感染乙型脑炎时，临床诊断上几乎没有脑炎症状的病例；多突然发病，体温升高到 40~41 ℃，表现精神委顿，嗜睡，食欲减退，饮欲增加，粪干呈球状，表面附着灰白色黏液，结膜充血。部分病猪后肢呈轻度麻痹，步行踉跄，或关节肿大疼痛而跛行。个别出现明显的神经症状，摇头，乱冲乱撞，后肢麻痹，最后倒地不起而死亡。

妊娠母猪突发流产或早产，胎儿多为死胎、木乃伊胎等，常见胎衣停滞，自阴道流出红褐色或灰褐色黏液。公猪主要表现为一侧睾丸明显肿大，患病睾丸阴囊皱襞消失、发亮，有热痛感，后期有的睾丸缩小变硬，失去配种繁殖能力，导致母猪出现返情和屡配不孕现象（图6.6）。多数案例只是暂时性影响精子活力，配种能力可完全恢复。

图6.6　猪乙型脑炎临床常见症状

A. 公猪单侧睾丸肿大；B. 妊娠母猪流产（图片来源曹瑞兵）

病理变化主要见于脑、脊髓、睾丸和子宫。脑膜和脊髓膜充血，脑室和脊髓腔积液增多。流产胎儿常见脑水肿，严重的发生液化，皮下有血样浸润。出现胸腔积液、腹水、淋巴结可见充血、肝和脾内坏死灶、脊膜或脊髓充血等病变。睾丸实质充血、肿大，有许多小颗粒状坏死灶，有的睾丸萎缩硬化。子宫内膜充血，有小出血点，表面有黏稠分泌物。脑水肿的仔猪中枢神经区域性发育不良，特别是大脑皮层变得极薄。

2. 实验室诊断

根据流行病学、临床症状、病理变化，可做出初步诊断。进一步确诊需要做病毒分离；可采集感染胎儿的脑、脾、肝以及胎盘组织，或者病程不超过3天死亡或濒死剖杀病例的血液或脑脊髓液或脑组织。立即进行 1~5 日龄乳鼠脑内接种或 SPF 鸡胚卵黄囊接种，可分离到病毒，或用敏感细胞进行病毒分离。在血清学诊断中，酶联免疫吸附试验、血凝抑制试验、中和试验和间接荧光抗体技术是本病常用的诊断方法，多用于流行病学调查和回顾性诊断。在早期还可进行 IgM 抗体检查。当母猪发生繁殖障碍时，须与蓝耳病、伪狂犬病、猪细小病毒病等进行鉴别诊断。

（四）综合防控技术

1. 生物安全

控制传染源及传播媒介，消灭越冬蚊，切断传播途径，减少疫病发生。及时做好死胎儿、胎盘及分泌物等的消毒处理。

2. 疫苗免疫

在乙型脑炎流行地区的猪场，一般在蚊虫开始活动前 1~2 个月，对 4 月龄以上至两岁的公母猪，免疫 1~2 次，后备种猪在配种前免疫 2 次，可以收到较好的预防效果。

3. 控制措施

本病无特效治疗方法，发生乙型脑炎疫病时，应按照《中华人民共和国动物防疫法》及有关规定，采取严格控制措施。同时加强生物安全和饲养管理，对易感猪群及时进行免疫接种。对病猪采取对症治疗，控制细菌感染，加强护理等综合控制措施。

八、猪细小病毒病

（一）病原学

猪细小病毒病是由猪细小病毒（porcine parvovirus，PPV）感染引起的一种传染性疫病，母猪主要表现为繁殖障碍，产死胎、木乃伊胎等，同时也与猪渗出性皮炎、腹泻、断奶仔猪多系统衰弱综合征、猪呼吸系统综合征等疾病有关。

PPV 属于细小病毒科，细小病毒属，基因组大小约 5000 bp，为单股负链 DNA 病毒。无囊膜，对环境具有一定的抵抗力，耐热能力极强，56℃，30分钟不影响其感染性和血凝活性，对有机溶剂具有较强的抵抗力，耐酸范围大，在pH值为3.0~10.0范围内可以保持稳定。PPV具有血凝特性，能凝集人、猴、豚鼠、小鼠和鸡的红细胞，对豚鼠的红细胞血凝效果最好。根据其毒力强弱及组织嗜性的不同，PPV可以分为四类，即致病性毒株（KBSH、NADL-2）、对免疫不完全胎儿致病且可以导致胎儿死亡的毒株（NADL-8、IAF-76）、对免疫不完全胎儿致病且导致皮炎的毒株（Kresse、IAF-A54）、肠炎型和呼吸道型毒株。

（二）流行病学

PPV最早发现于1965年，由德国科学家Anton Mayr和其合作者最早发现，在污染的猪原代细胞中发现。随后美国、荷兰、澳大利亚、日本等国家和地区均有报道，呈世界范围内广泛分布。我国在1982年首次分离到了猪细小病毒，目前呈全国分布状态。

虽然已分离出多种类型的毒株，但目前认为PPV只有一个血清型。PPV感染主要引起母猪的繁殖障碍，尤其是引起初产母猪和血清学阴性的经产母猪的胚胎和胎儿的感染和死亡，导致母猪发生流产，产死胎、木乃伊胎及弱仔等，也会影响断奶母猪的发情，但母猪通常不表现出明显的临床症状。PPV感染仔猪后，主要对仔猪的心脏、脾脏和性腺造成大的损伤，影响其生理功能，也有报道称PPV感染与仔猪皮炎和腹泻具有一定的关系，但这方面的报道很少，还缺乏有力的数据支撑。目前PPV与其他病原发生混合感染也较为常见，如猪瘟、蓝耳、乙型脑炎、圆环、伪狂犬等。

不同年龄段的猪群均易感，后备猪比经产母猪易感，感染猪是重要的传染源。感染母猪可以通过胎盘垂直感染胎儿，被感染的公猪则可以通过精液传染给母猪；易感猪通过接触被病毒污染的媒介物是PPV主要的传播途径，且具有极强的传染性，病毒一旦传入猪群，在短时间内可以传播到整个猪群。

（三）疫病诊断

猪群自然感染 PPV 后基本不表现出明显的临床症状，主要根据生产指标的变化结合实验室的检测来进行诊断。病原学检测可以利用 PCR 技术，设计针对 VP1 蛋白或 VP2 蛋白的特异性引物，可以用于临床疾病的确诊，具有很好的敏感性和特异性；病毒的分离虽然也可以用来确诊，但是耗时较长，且敏感度低。血清学检测包括利用病毒血凝特性的血凝和血凝抑制实验，以及酶联免疫吸附实验（ELISA）。血凝实验可以用来检测病原，但敏感度相对较低；血凝抑制实验主要用来检测抗体，具有良好的特异性，同样存在敏感度低的问题，且不能区分疫苗免疫和野毒感染的猪，但操作简单，适合基层兽医工作站做初步的诊断。ELISA 可以检测病原，也可以检测抗体，且其敏感性和特异性要优于血凝和血凝抑制的方法，操作简单，重复性好，适合大量样品的检测。其他方法如间接免疫荧光和乳胶凝集实验等也可以用于 PPV 的检测。

（四）综合防控措施

PPV 主要危害一胎母猪或血清学阴性的经产母猪，因此，疫苗免疫在 PPV 的防控中发挥着重要的作用。同时根据 PPV 毒力相对较弱的病原特性，也确定了饲养管理、生物安全为主，疫苗免疫为辅的防控策略。猪场应采取严格的生物安全措施，如需引种，需从 PPV 阴性的猪场进行引种。目前市场上用得最多的还是 PPV 的灭活疫苗，灭活疫苗具有安全性好，诱导产生抗体时间长，保存运输方便等优点，但是灭活疫苗产生抗体慢，不能诱导细胞免疫反应，抗体水平相对活疫苗较低，需重复接种，使用剂量大，费用较高，免疫效果不稳定。弱毒苗虽然免疫力较强，能同时诱导细胞和体液免疫，产生抗体速度快，免疫剂量小，但弱毒疫苗的运输和保存要求较高，且存在毒力返强的风险，目前商品化生产的弱毒疫苗还比较少。基因工程亚单位疫苗也是当前研究的热点，基于VP2蛋白开发的病毒样颗粒具有良好的免疫原性，且无须灭活，纯度高，应激小，便于区分疫苗免疫和野毒感染，是未来理想的疫苗产品。关于目前细小病毒的免疫策略，一般是后备猪和一胎母猪进行免疫，后备猪在配种前完成2次基础免疫，一胎母猪在分娩后15天左右做1次免疫，其他猪群则不需要进行免疫。此外，公猪精液在PPV的传播中扮演着重要角色，因此要定期对精液进行病原的监测。已排除因精液污染而导致的PPV在种猪群内的扩散。

九、临床常见细菌性疫病

（一）猪大肠杆菌病

大肠杆菌病是由致病性大肠杆菌引起的以哺乳仔猪与保育猪为主的多种疾病的总称，其特征是局部性或全身性大肠杆菌感染，主要有仔猪黄痢（早发型仔猪大肠杆菌病）、仔猪白痢（迟发型猪大肠杆菌病）和仔猪肠毒血症型即水肿病（断奶后至保育中前期）三种。大肠杆菌为革兰氏染色阴性，血清型很多，完整的血清分型包括菌体抗原（O抗原）、荚膜抗原（K抗原）、鞭毛抗原（H抗原）及菌毛抗原（F抗原）的鉴定，血清型与毒力相关。到目前为止，已有173个O抗原，80个K抗原，56个H抗原及20多个F抗原被正式鉴定。

病猪和带菌无症状猪是大肠杆菌病的传染源。带菌母猪粪便、母猪腹部、乳头和乳腺导管存留的初乳、产床、保温箱等常被污染带菌。消化道是最主要感染途径。低胎次尤以头胎新生仔猪多发。卫生状况差、高温高湿、通风不良与温差过大的环境条件更易诱发。近十多年来，由于我国养猪生产模式发生了巨大变化，规模化猪场的硬件设施、饲料营养水平与管理技术的提高，加之抗生素普遍应用，仔猪大肠杆菌病的发病率明显降低。但是，由于抗生素的滥用，导致耐药性大肠杆菌株的形成与增多，对新生仔猪产生较大潜在危害，应引起足够的重视。

黄痢发病猪以头胎新生仔猪为主，5日龄以内尤以1~3日龄新生仔猪多发，最早于出生后10个小时左右可出现拉稀、黄色粪便或混有凝乳小块。仔猪肛门周围、产床上下、保温箱内均见有存留稀黄粪便。发病仔猪体表黄染或苍白，脱水现象明显，体温不高。急性病例因迅速脱水而酸中毒昏迷死亡。仔猪白痢最早可于7日龄，以10~30日龄仔猪多发。病仔猪拉乳白色或灰白色以及淡绿灰褐色粥样稀便，间或见气泡并带腥臭味，体温正常。精神尚可，有一定食欲。病仔猪营养不良、消瘦、皮肤黄白。患仔猪水肿病的猪常突然发病，多常见于营养状况好、生长发育快的部分断奶仔猪，多散发。病初精神沉郁、食欲减退、体温无变化。部分仔猪间歇性肌肉颤抖、抽搐，共济失调，目光呆滞，无意识行走或转圈，倒地后四肢呈游泳状。最急性病例会突然发作，呼吸困难，随后死亡。病猪脸部、眼睑、头颈部水肿。个别猪死前后可见眼球、肛门突出外翻。需与伪狂犬病、仔猪流行性腹泻病、仔猪红痢、球虫病鉴别诊断。

对于本病的防控主要通过制订科学的生产计划，做好"全进全出"和空舍消毒，确保产房内干燥卫生，温度适宜。在母猪产前、产后适当使用抗生素保健。母猪分娩时做好奶头、外阴等体表部位的清洗消毒工作，挤弃乳腺内存留初乳。新生仔猪注射或口服抗生素。对于本病的治疗，因为耐药菌株的广泛存在和对抗生素敏感性差异，通过细菌培养确诊大肠杆菌感染和进行药敏试验十分重要。通常使用的抗生素包括氨基糖苷类、喹诺酮类、磺胺类等，同时防止脱水和酸中毒应用口服补液盐，并配合使用收敛止泻药。

（二）猪葡萄球菌病

猪葡萄球菌病主要是由金黄色葡萄球菌和表皮葡萄球菌引起猪的细菌性疾病。金黄色葡萄球菌感染可造成猪的急性、亚急性或慢性乳腺炎，坏死性皮炎及乳房的脓疱病。表皮葡萄球菌主要引起猪的渗出性皮炎，又称仔猪油皮病，是最常见的葡萄球菌感染。此外，感染猪还可能出现败血性多发性关节炎。

该病的病原为金黄色葡萄球菌和表皮葡萄球菌。该菌革兰氏染色阳性，呈圆球形，不形成芽孢和荚膜。直径在 0.5~1.5 μm，常呈不规则成堆排列，形似葡萄串状。在普通培养基及血液琼脂平板上生长，但不能在麦康凯培养基上生长。金黄色葡萄球菌在血平板上可产生透明溶血环，且菌落较大，菌落呈圆形，凸起，表面光滑湿润，边缘整齐不透明，血浆凝固酶阳性，分解甘露醇产酸。表皮葡萄球菌不能产生溶血环，也不分解甘露醇，而且大多数菌株的凝固酶试验为阴性。葡萄球菌的致病力取决于其产生毒素和酶的能力。致病性毒株能产生多种毒力因子，包括血浆凝固酶、肠毒素、皮肤坏死毒素、溶血素、耐热核酸酶等。葡萄球菌对环境的抵抗力较强，在干燥的脓汁或血液中可存活 2~3 个月，在 80 ℃加热条件下 30 分钟才能将其杀灭，但煮沸可迅速使其死亡。葡萄球菌对消毒剂的抵抗力不强，一般的消毒剂均可杀灭。葡萄球菌对青霉素、红霉素、磺胺类、新霉素等抗生素较敏感，但易产生耐药性。

葡萄球菌广泛存在于自然环境中，从饲料以及被污染的水和垫草中也很容易摄取金黄色葡萄球菌，该菌存在于很多畜群中，但不一定发病。猪葡萄球菌的发生和流行无明显的季节性，当无免疫力的猪被引入感染猪群或被感染的环境后，常感染发病，尤其是头胎仔猪发病频率相对较高。猪葡萄球菌感染一般呈散发，但猪的渗出性皮炎可呈现流行性，哺乳仔猪和保育猪为发病的主要猪群，体重大多在 3~20 kg。成年猪可见一些由葡萄球菌引起的慢性型感染。该病有明显的接触传染性，许多原因会诱发猪葡萄球菌病，包括皮肤有外伤、打架、撕咬、剪牙不规范、猪舍湿度大，以及维生素和矿物质缺乏，猪群应激大和抵抗力下降等因素。

该病多见于哺乳仔猪和保育猪，通常在感染后 4~6 天发病。病初在眼睛周围、耳郭、面颊及鼻背部皮肤，以及腋下和腹股沟部等无被毛处出现红斑或褐斑，被渗出液和血清覆盖，干燥后形成棕褐色、黑褐色坚硬厚痂皮，并呈横纹龟裂，具有臭味，触之黏手如接触油脂，故俗称"猪油皮病"。强行剥除痂皮，露出红色多汁的创面，创面多附着带血的浆液或脓性分泌物。皮肤病变发展迅速，一小片皮肤病变后，病变继续扩大融合，可在 24~48 小时内蔓延至全身。发病猪食欲减退和脱水。触摸患猪皮肤，温度增高，被毛粗乱，渗出物直接粘连。年幼仔猪发病率和死亡率较高，严重者体重迅速减轻并会在 24 小时内死亡，耐过猪的皮肤细胞逐渐修复，经 30~40 天后痂皮脱落。6 周龄以上的仔猪病变较轻，多无全身症状，病灶主要局限在头部、耳尖、四肢末端等，可逐渐康复。在慢性感染中，黏膜炎可能与葡萄球菌感染有关，但没有特殊的病变能确认为葡萄球菌感染。在脐、乳房、肝、肺、关节和骨髓炎的骨头中可能出现脓肿，脓肿的骨头可发生病理性骨折，尤其在脊椎处。猪的腹腔、心包腔和子宫腔可能积脓，特别是那些脐部感染的青年猪。此外，还可能见到严重的局灶性渗出性皮炎，严重急性病例可见到淋巴结肿大和化脓（图6.7）。

病死猪尸体消瘦，严重脱水，全身皮肤上覆盖着一层坚硬的黑棕色厚痂皮。剥除痂皮时往往会连同猪毛一起拔出，露出带有浆液或脓性分泌物的暗红色创面。尸体眼睑水肿、睫毛常被渗出物黏着，皮下有不同程度的黄色胶冻样浸润，腹股沟等处浅表淋巴结常有水肿充血，内脏多无相关病变。发生继发感染时病变复杂化。组织学检查可见角质层上积有蛋白质样物、角蛋白、炎性细胞及球菌。真皮的毛细血管扩张，有的表皮下层坏死。

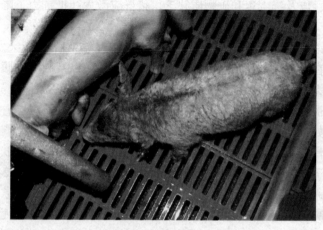

图6.7　仔猪渗出性皮炎

一般根据皮肤的症状即可做出初步诊断。当疾病暴发时，最好做细菌培养和药敏试验。选未经用药物治疗的病死猪或重病猪，剥掉痂皮，轻轻刮取创面分泌物，做成涂片，经革兰氏染色后，可看到单个或成串的革兰氏阳性球菌。除脓汁外，在乳汁液体培养基中也常有双球或短链状排列的革兰氏阳性菌。只有通过培养，分离到葡萄球菌，才可最后确认。致病性金黄色葡萄球菌可产生金黄色素，有溶血性，对过氧化氢酶、凝固酶和甘露醇反应呈阳性。也可用多位点序列分型（MLST）或蛋白A基因序列分型（spa分型）等方法进行鉴定。对该病的诊断还应注意与猪疥螨、湿疹、牛皮癣、皮肤坏死性杆菌病、增生性皮肤病、猪痘、锌缺乏症等相区分。

由于葡萄球菌广泛存在于养猪环境中，预防措施对于控制葡萄球菌的感染是十分重要的。应做好批次生产、"全进全出"和空舍消毒，保持猪舍干燥卫生，减少环境中的病原数量。同时要加强饲养管理，减少仔猪相互之间的争斗；剪牙、断尾、去势、断脐带等按标准流程规范操作。防止养猪环境中的不良因素引起外伤感染发病，改善地板质量，保证围栏表面光滑不粗糙，消除带有尖锐的物品；防止划伤皮肤等。母猪进入产房前应先对其进行喷淋、消毒。对母猪和仔猪的局部损伤应立即进行处治，有助于防止该病的进一步发展，严重感染的猪只治疗效果不好。猪葡萄球菌易对抗生素产生耐药性，选择敏感抗生素（常用药物如青霉素、红霉素、头孢噻呋等），及时采取全身或局部抗感染药并用的方法，可以加速康复和防止感染扩散。患病仔猪，除肌内注射抗生素外，还可用温的生理盐水全身冲洗，擦干后用红霉素软膏全身涂抹，或用刺激性小的消毒剂喷淋。对单个脓肿的治疗，可以采取手术引流和抗生素疗法。一般而言，疗程至少5天以上。

（三）猪链球菌病

猪链球菌病是由猪链球菌引起的猪的多种疾病的统称。急性型常为出血性败血症和脑膜炎，慢性型以关节炎、内膜炎、淋巴结化脓及组织化脓等为特征。链球菌病也是重要的人畜共患病，危害人的身体健康和生命安全。

链球菌革兰氏染色呈阳性，对外界环境抵抗力较强，室温下可以存活6天左右，对消毒药比较敏感，一般的消毒药均可将其杀灭。各年龄段的猪对本病均易感，但以保育猪发病率为高，本病的发生无明显的季节性。链球菌共有30多种血清型，在我国主要流行的是1型、2型、7型和C群链球菌，尤其以2型危害最大。

本病的潜伏期一般为1~3天，最急性型表现为猪只的猝死，全身淋巴结表现为不同程度的水肿、充血出血；急性型体温升高（40~42℃），食欲减退，眼结膜潮红，皮肤呈紫红色出血点或出血斑；慢性型表现为多发性关节炎，发病猪关节肿胀，关节腔内有黄色的纤维素性和脓性渗出物；脑膜炎型表现为明显的神经症状，病猪突然倒地，四肢呈游泳状，2~3天死亡，剖检可见脑膜充血、出血，脑切面有针尖状大的出血点。

严格执行生物安全措施，坚持"全进全出"的批次化生产模式，保持猪舍清洁干燥，避免猪群密度过大，通风良好对于本病的预防具有重要意义。对于本病的治疗，推荐使用头孢类和氟喹诺酮类的抗生素，对于关节炎病例可选用阿莫西林、林可霉素配合地塞米松来进行个体治疗；对于败血症和脑膜炎的病例，可选用链霉素、磺胺类药物进行治疗。有条件的猪场可以通过定期做药敏实验来指导本场链球菌的药物防控。

（四）副猪嗜血杆菌病

副猪嗜血杆菌病是由副猪嗜血杆菌（haemophilus parasuis，HPS）引起的猪多发性浆膜炎、关节炎的细菌传染性疾病。副猪嗜血杆菌病是一种条件致病菌，为革兰氏阴性小杆菌，在健康猪的鼻腔、气管和扁桃体中均可以分离到。副猪嗜血杆菌血清型众多，目前确定的至少有15种，且不同血清型的毒力不同，副猪嗜血杆菌是一种重要的继发感染性细菌。在猪繁殖与呼吸综合征、猪圆环病毒、伪狂犬病毒及猪流感病毒等感染之后分离率极高。

急性感染猪常表现为体温升高（40.5~42℃），食欲减退，呼吸困难，咳嗽；慢性感染猪多表现为保育猪和育肥猪，可见关节肿大，眼睑肿胀，皮肤发白，呈渐进性消瘦。临床剖检可见广泛性肝周炎、心包炎、胸腔积液等，肺脏表面可见大量纤维素性渗出。

本病的发生与否多取决于猪群的健康状况，当存在猪繁殖与呼吸综合征、猪瘟、伪狂犬等免疫抑制性疾病时，常常继发副猪嗜血杆菌的感染而导致病猪死亡。作为条件致病菌，想从猪场清除此菌并不现实，虽然使用疫苗具有一定的防控效果，但是由于多种血清型的存在，临床保护效果反映不一。抗生素的使用对于本病的防控具有较好的效果，需要注意的是，一旦猪群大量出现临床症状，应对整个猪群注射抗生素治疗，而不只是对那些表现出症状的猪用药。大多数猪副嗜血杆菌对氨苄西林、氟喹诺酮类、头孢菌素、四环素、庆大霉素和增效磺胺类药物敏感，特别是头孢类和泰拉霉素类的抗生素。此外，也应注意加强饲养管理，做好环境控制，注意控制应激因素。

（五）胸膜肺炎

猪传染性胸膜肺炎是由胸膜肺炎放线杆菌引起的一种急性呼吸道传染病，以急性出血性纤维素性肺炎和慢性纤维素性坏死性胸膜炎为主要特征。该病典型病理变化为胸膜粘连，两侧性肺炎，肺炎区色暗质脆。该病是猪最重要的一种细菌性疾病，在世界范围内广泛存在，在我国发生和流行日趋严重，给养猪业造成了巨大的经济损失。

胸膜肺炎放线杆菌（APP）属于巴氏杆菌科，放线杆菌属，是一种革兰氏阴性小球杆菌，具有显著的多形性和两极着色性，有荚膜和菌毛，不运动，不形成芽孢。APP 为兼性厌氧菌。APP 已发现有 15 个血清型，根据烟酰胺腺嘌呤二核苷酸（NAD）的依赖性可把 APP 分为两个生物型。其中 I 型为 NAD 依赖菌株，包括血清型 1~12 型和 15 型；II 型为不依赖 NAD 生长菌株，包括血清型 13 和 14 型。不同的血清型对猪的毒力不同。本菌对外界的抵抗力不强，在日光和干燥的情况下易死亡，对常用的消毒剂敏感。一般在 60 ℃下经 15~20 分钟死亡，在 4 ℃下通常可存活 7~10 天。APP 不耐干燥，排到环境中的病原菌生存能力较弱，而在黏液和有机物中的病原菌可存活数天。

本病一年四季均可发生，通风不良、密度过大、伪狂犬和蓝耳病活跃、环境应激、饲料霉变等因素均能促进本病发生。病猪和带菌猪是本病的主要传染源，无临床症状的隐性带菌猪较为常见。本病以气溶胶传播途径为主，通过直接接触或短距离飞沫间接传播。小啮齿类动物和鸟也可能传播本病。各年龄的猪对 APP 均易感，通常以 2~6 月龄多发。本病急性期死亡率很高，与毒力及环境因素有关，其发病率和死亡率还与其他疾病的存在有关，如伪狂犬和蓝耳病等。

自然感染潜伏期为 1~2 天。由于动物的年龄、免疫状态、应激程度以及病原的毒力和数量的差异，临诊上发病猪的病程可分为最急性型、急性型、亚急性型和慢性型。

最急性型常突然发病、病程短、死亡快。病猪体温达到 41.5℃，精神倦怠、厌食，并可能出现短期腹泻或呕吐，病死猪的腹部、鼻、耳及四肢皮肤发绀。晚期出现严重的呼吸困难和体温下降，常呆立或呈犬坐式，张口伸舌，咳喘，并有腹式呼吸，临死前血性泡沫从嘴、鼻流出。病猪于临床症状出现后 24~36 小时死亡。此型的病死率高达 80%~100%。

急性型常发病较急，常有很多猪感染。病猪体温可上升到 40~41.5℃，皮肤发红，精神沉郁，厌食，不愿站立，不爱饮水。严重的呼吸困难，有时张口伸舌，常站立或犬坐。上述症状在发病初的 24 小时内表现明显。如果不及时治疗，会在 1~2 天内因窒息死亡。

亚急性型和慢性型常发生在急性症状消失之后，临床症状较轻。病猪一般表现为轻度发热（39~40℃），食欲减退，不爱活动，间歇性咳嗽，料肉比增加，生长迟缓。当有应激条件出现时，症状加重，猪全身肌肉苍白，心跳加快而突然死亡。慢性期的猪群症状表现不明显，若无其他疾病并发，一般 2~3 周能自行恢复。同一猪群内可能出现不同程度的病猪。

本病主要病变存在于肺和呼吸道内，肺呈紫红色，肺炎多是双侧性的，并多在肺的心叶、尖叶和隔叶出现病灶，其与正常组织界线分明。急性死亡的病猪，仅见肺炎变化，气管、支气管中充满泡沫状、血性黏液及黏膜渗出物，一些肺叶切面似肝脏，肺间质充斥血色胶冻样液体，无纤维素性胸膜炎出现。发病 24 小时以上的病猪，胸腔出现纤维素性渗出物，肝脏瘀血，暗红色。随着病情的进展，可见纤维素性胸膜炎蔓延至整个肺脏，使肺和胸膜粘连。常伴发心包炎，肝、脾肿大，色变暗。病程较长的慢性病例，可见硬实肺炎区，病灶硬化或坏死，肺组织充满黄色结节或脓肿结节，结节周围包裹有较厚的结缔组织，结节有的在肺内部，有的突出于肺表面，并在其上有纤维素附着而与胸壁或心包粘连，或与肺之间粘连。心包内可见到出血点。

根据本病流行特点、临床症状和病理变化特点，可做出初步诊断。确诊需要对可疑的病例进行细菌学检查，从新鲜病死猪的支气管、鼻腔分泌物及肺部病变区很容易分离到病原菌。生化鉴定包括 cAMP 实验、尿酶活性以及甘露糖发酵等。PCR 技术已被用于检测 APP 病原并对其进行分型，该方法特异性强、敏感性高，可作为本病的快速诊断。血清学诊断有葡萄球菌 A 蛋白（SPA）协同凝集试验、间接血凝试验（IHA）、酶联免疫吸附试验（ELISA）和琼脂扩散试验等方法。对于急性病例，应与猪瘟、猪丹毒、猪肺疫及猪链球菌病做鉴别诊断。慢性病例应与猪喘气病相区别。

APP 为条件致病菌，加强饲养管理，减少各种应激和重视生物安全是控制该病的主要手段。舍内应加强通风、控制猪群密度，"全进全出"，空舍消毒，减少混群，防止饲料霉变，以及控制好伪狂犬和蓝耳病等综合措施，均有利于该病的控制。对于 APP 阴性的猪场，引种时应制定严格的隔离措施，确保引进健康合格的后备种猪。

疫苗免疫是预防本病的一种有效手段，由于 APP 有许多血清型，不同血清型间交叉免疫力差，需要选择与本场血清型相匹配的疫苗。一般种猪每年免疫 2 次（母猪可在断奶时免疫），后备种猪在配种前免疫 1~2 次，仔猪在 5~8 周龄时首免，3~4 周后二免。

猪群发病时，应以"早、准、狠"为原则进行治疗。早发现，选择敏感性抗生素及时治疗，使用足够剂量和保持足够长的疗程，一般可以收到较好的效果。实践中 APP 对氟苯尼考、头孢噻呋、阿米卡星、替米考星、恩诺沙星等药物较敏感。一般肌内注射需要连用 3~5 天，饲料或饮水连续用药 5~10 天。抗生素的治疗尽管在临床上取得一定成功，但并不能在猪群中消灭感染。

（六）猪巴氏杆菌病

猪巴氏杆菌病是由多杀性巴氏杆菌感染引起的一种急性、热性传染病，俗称为"猪肺疫""锁喉风"或者"肿脖子瘟"。最急性型呈败血症和咽喉炎，急性型多呈纤维素性胸膜肺炎，慢性感染则多发展为慢性肺炎。多杀性巴氏杆菌为细小球杆菌，革兰氏染色阴性，用亚甲蓝、瑞氏或姬姆萨液染色镜检，菌体两端着色深，中间着色浅，呈明显的两极着色。

多杀性巴氏杆菌为条件致病菌，在健康猪的上呼吸道可以分离到本菌，当猪群受到应激因素，如长途运输、天气骤变、阴雨延绵、猪舍通风不良等，均可以诱发猪群发病。其他如免疫抑制性的感染也可以继发巴氏杆菌的感染。一年四季均可发病，但以秋末春初发病率较高。中小猪发病率较高，成年猪发病率低。

本病潜伏期 2~5 天，最急性病例表现为猝死，通常晚间还可以正常采食，第二天早上已经发病死亡。发病猪表现为高热（41~42 ℃），食欲废绝，呼吸困难，耳根、颈部和腹侧皮肤可见红斑，指压不褪色。急性型病程一般为 5~8 天，体温升高（40 ℃以上），主要特征是纤维素性胸膜肺炎，呼吸困难，呈犬坐样姿势。慢性型主要特征为慢性肺炎和慢性胃肠炎，表现为持续性咳嗽或者腹泻。临床剖检可见皮下有大量胶冻样淡黄色水肿液；全身淋巴结肿大，颌下淋巴结更为明显；全身黏膜、浆膜和皮下组织有大量的出血斑点；肺脏发生水肿、肝变和出血等病变，肺脏和胸膜间常发生纤维素性粘连。

通过科学的饲养管理，尽量控制各种应激因素对猪群的刺激，保持猪舍的干燥卫生，有利于本病的防控。多杀性巴氏杆菌对磺胺类药物较为敏感，应作为首选药物，另外，青霉素和土霉素也可作为针对性的药物进行使用。

（七）猪丹毒杆菌病

猪丹毒杆菌病是由猪丹毒杆菌引起的一种急性、热性传染病，通常呈败血症症状。亚急性常伴有特征性皮疹，慢性经常表现为多发性非化脓性关节炎和疣状心内膜炎。临床上可分为急性败血型、亚急性疹块型和慢性心内膜炎型。本病呈世界性分布，近年来国内猪丹毒杆菌病发病病例呈增加趋势。

红斑丹毒丝菌俗称猪丹毒杆菌，属于丹毒杆菌属，是一种革兰氏阳性、纤细、平直或稍弯的杆菌，大小为 $(0.8 \sim 0.2)$ μm×$(0.2 \sim 0.5)$ μm。猪丹毒杆菌的分型是依据其菌体胞壁抗原的琼脂扩散试验结果，目前已经确认的有 25 个血清型（即 1a、1b、2 ~ 23 及 N 型），其中 1a 和 1b 的致病力最强，我国猪群中感染的主要为 1a 型和 2 型。在病料内的细菌，单一、成对或成丛排列，在陈旧的肉汤培养物内和慢性病猪的心内膜疣状物中，多呈长丝状，有时很细。本菌为微需氧菌，在普通培养基上可以生长，但在血液或血清琼脂上生长更佳，10%CO_2 有利于其生长。小鼠、鸽子对该菌最为敏感。本菌对外界环境抵抗力较强，在盐腌或熏制的肉内能存活 3 ~ 4 个月，富含腐殖质、沙质和石灰质的土壤适宜本菌的生存，其在弱碱的土壤内能存活 90 天。在病死猪的肝、脾中 4℃下保存 159 天，仍有毒力。在深埋 1.5 m、231 天的病猪尸体中，以及 12.5% 食盐处理并冷藏于 4℃下 148 天的猪肉中，都可以分离到猪丹毒杆菌。本菌耐酸性亦较强，猪胃内的酸度不能将其杀灭。本菌对热和阳光直射较敏感，70 ℃5~15分钟可完全被杀死。猪丹毒杆菌在1%氢氧化钠、1%漂白粉或5%石灰乳中很快死亡。本菌对青霉素最敏感。

本病一年四季均可发生，炎热、多雨季节多发，常为散发性或地方流行性感染，有时也呈暴发性流行。家猪被认为是最重要的储存宿主，各阶段的猪均易感，尤其是3~6月龄的架子猪多发。其他家畜如牛、羊、狗、马和禽类也有病例报告，人也可感染，称为类丹毒。病猪和带毒猪是本病的传染源，据估计，35%~50%外观健康猪的扁桃体和其他淋巴组织中存在此菌。这些携带者能够通过分泌物或排泄物散布该菌，当其抵抗力下降或细菌毒力增强时，可引起内源性感染发病，甚至出现暴发流行。本病主要经消化道传播，细菌经口腔或胃肠黏膜感染。本病也可通过皮肤伤口及吸血昆虫传播，人类多数病例是通过皮肤划痕或刺伤而发生感染，常发生于那些与感染动物或其产品密切接触的工作人员。

猪丹毒杆菌病有三种临床表现形式，包括急性型、亚急性型和慢性型。其中，急性败血型猪丹毒杆菌病最常见，以突然暴发、急性经过和高病死率为特征。病猪精神沉郁，体温升高至42~43 ℃，稽留不退，虚弱，常卧地不起，步态僵硬或不稳，不食，有时呕吐，眼睛清亮有神，结膜充血。前期粪便干硬呈粟状，附有黏液，后期有的发生腹泻。严重的呼吸增快，黏膜发绀，部分病猪耳、颈、背等部皮肤潮红、发紫，指压褪色，松开后又恢复。病程短促的可突然死亡。病程一般3~4天，病死率80%左右，不死者转为疹块型或慢性型。哺乳仔猪和刚断奶的小猪一般突然发病，表现神经症状，抽搐，倒地而死，病程多不超过1天。

亚急性疹块型俗称"打火印"，多为良性经过。病猪表现为精神不振，体温升高至41 ℃以上，食欲减退，口渴，便秘，有

时呕吐，不愿走动，败血症症状轻微。特征症状为皮肤表面出现
疹块，通常于发病后1~3天，在胸、背、肩、腹及四肢外侧等
部位的皮肤出现大小不等的疹块，先呈淡红色，后变为紫红色，
最后黑紫色，形状为方形、菱形或圆形，坚实，稍突起于皮肤表
面，数量从几个到数十个（图6.8）。初期疹块充血，指压褪色；
后期瘀血，呈紫蓝色，压之不褪色。一般疹块出现后，体温开始
下降，疹块颜色逐渐消退，病情趋于好转，经数日后病猪可自行
康复。部分病猪也可发展成慢性皮肤病，出现皮肤坏死而形成坚
硬的痂皮。少数病猪症状恶化为败血症而死亡。

图6.8　猪丹毒杆菌病发病猪皮肤表面疹块

　　慢性型常表现为浆液性纤维素性关节炎、慢性心内膜炎和皮
肤坏死。慢性关节炎表现四肢关节炎性肿胀，通常发生于下肢关
节，腕、跗关节较为常见。病腿僵硬、疼痛，跛行或卧地不起。
病猪食欲正常，生长缓慢，体质虚弱，消瘦。病程数周或数月。
慢性心内膜炎表现消瘦，贫血，全身衰弱，举步缓慢，全身摇
晃，心跳加速，心律不齐，呼吸急促，此种病猪不能治愈，若遇
刺激常因心脏停搏而突然倒地死亡。皮肤坏死常发生于背、肩、
耳、蹄和尾等部位，外观局部皮肤肿胀、隆起、色黑、坏死、干
硬、似皮革，逐渐与其下层新生组织分离，犹如一层甲壳。坏死
区有时范围很大，可以占整个背部皮肤；有时可在部分耳壳、尾
巴末梢和蹄壳发生坏死。2~3个月坏死皮肤脱落，遗留一片无毛

的疤痕。

急性型病例呈全身败血症变化，以肾、脾肿大及体表皮肤出现红斑为特征。肾瘀血、肿大，有"大红肾"之称。脾脏充血呈樱红色，质地松软，显著肿大，有"白髓周围红晕"现象，呈典型的败血脾。胃和整个肠道都有不同程度的卡他性或出血性炎症。心内外膜有小点状出血。慢性型主要表现在心内膜上，有菜花状赘生物，四肢关节可能显著肿大变样或粘连，切开时可见韧带增厚，囊内有浆液性纤维性渗出物，或内壁结缔组织增生甚至钙化。

本病可根据流行病学、临床症状及病理变化进行综合诊断。必要时进行病原检查确诊。急性型病例生前可采集耳静脉血液、死后取心内血、脾和肾等为病料。亚急性型病例采取疹块边缘皮肤血或渗出液，慢性型采取心内膜组织和患病关节液。制成涂片后，革兰氏染色镜检，如见有革兰阳性（紫兰）的细长小杆菌，在排除李氏杆菌的情况下，即可确诊。也可将病料培养于鲜血琼脂或马丁肉汤中，纯培养后观察，明胶穿刺呈试管刷状生长，不液化明胶。动物试验可将病料接种小白鼠（皮下注射 0.2 mL）、鸽子（肌内注射 1 mL）和豚鼠，前两者在 2~5 日内死亡，尸体内可检出大量丹毒丝菌，而豚鼠健活。对可疑的菌落可以进行PCR 检测，该方法具有敏感性高、特异性强、快速简便等优点。血清学试验结果只能说明患猪曾经接触过病原，不足以作为确诊依据，必须间隔 14 天再次做血清学试验，如果结果是滴度升高，才可以用来辅助诊断。本病应与猪瘟、猪链球菌病、最急性猪肺疫、急性猪副伤寒相区别。

平时要加强饲养管理，做好空舍消毒和环境卫生，猪舍用具保持清洁。购入健康合格的后备种猪，隔离观察至少 30 天。疫苗接种是预防本病最有效的办法。种猪群免疫每年两次，仔猪可在 60 日龄左右进行免疫（可与猪瘟二免同时进行），后备种猪在配种前免疫 1~2 次。场内发生猪丹毒杆菌病后，应立即对病猪进行隔离治疗，在发病后 24~36 小时治疗，有显著疗效。首选药物为青霉素，每天肌内注射 2 次，直至体温和食欲恢复正常后 24 小时，不宜停药过早，以防复发或转为慢性。与病猪同群的未发病群，可用青霉素等药物进行预防，疫情扑灭和停药 15 天后，再注射疫苗，巩固防疫效果。

（八）猪增生性肠炎

猪增生性肠炎（proliferative enteropathy，PE）首次报道于 1931 年，是由胞内劳森菌（lawsonia intracellularis）引起的猪的一种肠道性疫病。胞内劳森菌是革兰氏阴性菌，不形成芽孢，呈弯曲的棒状杆菌，必须在胞内才能存活，专性胞内寄生。增生性肠炎主要特点是肠上皮细胞增生导致的肠黏膜增厚，该病在世界范围内广泛存在，在养猪地区及各种猪场管理模式中，均可以发生本病。临床表现为不同程度的腹泻症状。胞内劳森菌除了感染猪以外，其他动物如马、仓鼠、兔子、狐狸、大鼠、羊鹿、鸵鸟等也可以感染。

虽然本病的病原为细菌，但最常见的还是因为各种应激因素导致猪群内本病的暴发。春秋季为本病多发季节。此外，长途运输、断奶转群、昼夜温差或天气骤变等均可导致本病发生。繁殖母猪群对胞内劳森菌并不敏感，通常不易感染或表现出临床症状。5 周龄以后的猪群对本病较为易感，临床表现上又有不同差异。16 周龄以上的中大猪群，多表现为急性感染形式，表现为急性出血性肠炎，排出黑色柏油状粪便、血痢或急性死亡。保育猪多表现为慢性感染，表现为食欲下降、体温升高（40 ℃以上）、扎堆怕冷、日增重下降、脱水消瘦、水样腹泻、粪便呈灰黑色或灰黄色，可见未消化的饲料。本病若控制不好，批次损失率在 10%~30%，且在一个猪群阶段循环感染，迁延不去。

临床剖检可见肠道广泛的出血，肠道内壁可见明显的增生性损伤，特别是回肠发生病变，是这一疾病的共同特点，因此，当剖检病变不明显时，应仔细检查回肠末端靠近回盲瓣的 10 cm 区域。快速检测可以采用损伤部位的组织涂片，姬姆萨染色观察是否有胞内菌的存在。随着分子生物学技术的发展，也可以利用 PCR 技术进行实验室病原的确诊，通常采取患病猪的粪便或者损伤部位的组织即可。

对于本病的治疗，延胡索酸泰妙菌素、泰乐菌素、林可霉素、金霉素、多西环素是目前对胞内劳森菌比较敏感的药物，需要注意的是，本病发生时，采食量往往下降明显，因此需要适当加大药物使用剂量，饮水给药和饲料拌药相结合，对于严重的患病个体需要进行单独的肌内注射治疗。药物疗程通常需要 7～10 天，个别严重的病例需要连续给药 2 周左右。同时也可以在饮水中加入补液盐来缓解脱水症状。

胞内劳森菌在 5～15 ℃的条件下可以在粪便中存活 2 周左右。感染猪的粪便和粪便污染的媒介可以成为新的传染源。因此也要注意加强消毒工作，比较敏感的消毒剂有季铵盐类和碘碱类，可以在温暖的午后进行每天 1 次的消毒。

尽可能消除猪群的各种应激因素，包括温度的骤变、粗暴驱赶转群等。对于经受过应激的猪群，要做抗应激处理，如在饮水中加入电解多维等。在猪群经过长距离运输后，可以用延胡索酸泰妙菌素和金霉素进行配伍，预防性给药 5～7 天，对预防本病的发生将会起到很好的作用。胞内劳森菌在猪场中普遍存在，其临床表现的严重程度主要依赖于感染猪只体内的细菌含量和猪体本身的免疫力。因此坚持做到"全进全出"的生产模式，要远比仅仅依靠清洁地面或地沟处的粪污要好得多。另外，目前虽然有商品化的疫苗，但本病依靠良好的生产管理就可以得到很好地预防和控制，从综合经济效益来看，不建议通过疫苗免疫来防控本病。

（九）梭菌性肠炎

梭菌性肠炎又称传染性坏死性肠炎，俗称仔猪红痢，是由 C 型或 A 型产气荚膜梭菌引起的 1 周龄仔猪高度致死性的肠毒血症，以血性下痢、病程短、病死率高、小肠后段的弥漫性出血或坏死性变化为特性。

产气荚膜梭菌为革兰氏阳性菌，厌氧、有荚膜、不运动。芽孢卵圆形，位于菌体中央或近端。芽孢对外界环境抵抗力较强。根据产毒能力的差异，本菌分为 A、B、C、D 和 E 五个血清型。一般认为，C 型和 A 型菌株是造成仔猪梭菌性肠炎的主要病因。

本病一年四季均可发生，猪和绵羊最为易感，还可感染马、牛、鸡、兔等动物。产气荚膜梭菌主要侵害 1~3 日龄仔猪，1 周龄以上仔猪较少发病。本菌在自然界分布很广，存在于人畜肠道、土壤、下水道和尘埃中，猪场一旦发生本病，不易根除。产气荚膜梭菌主要经口感染，此菌常存在于一部分母猪肠道中，随粪便排出，污染哺乳母猪的奶头及垫料，当初生仔猪吸吮母猪污染的奶头或吞入污染物时，细菌进入空肠繁殖，侵入绒毛上皮组织，沿基膜繁殖扩张，产生毒素，使受害组织充血、出血和坏死。

按病程经过，本病临床症状可分为最急性型、急性型、亚急性型和慢性型。最急性型在仔猪出生后，1 天内就可发病，症状多不明显，可见仔猪后躯沾满血样稀粪，病猪虚弱，很快处于濒死状态。少数病猪没有血痢，便昏倒和死亡。急性型最常见。整个病程中病猪排出含有灰色组织碎片的红褐色液状稀粪。病猪逐渐消瘦和虚弱，一般 2~4 天死亡。亚急性型病猪呈持续性腹泻，病初排出黄色软粪，以后变成液状，内含坏死组织碎片。病猪极度消瘦和脱水，一般 5~7 天死亡。慢性型病猪在 1 周以上时间呈现间歇性或持续性腹泻，粪便呈黄灰色糊状。病猪逐渐消瘦，生长停滞，于数周后死亡或淘汰。

眼观病变见于空肠，有的可扩展到回肠。空肠呈暗红色，肠腔充满含血的液体，空肠部绒毛坏死，肠系膜淋巴结呈鲜红色。病程长的以坏死性炎症为主，黏膜呈黄色或灰色坏死性假膜，容易剥离，肠腔内有坏死组织碎片。肾呈灰白色，脾边缘有出血点。血红色腹水增多，有的病例出现胸水。1~2周龄仔猪感染后呈慢性经过，表现为黄色腹泻，空肠黏膜坏死。组织病理学检查可见肠黏膜肌层和下层有炎性细胞浸润。

根据流行情况、临床症状和病变特点，可做出初步诊断。进一步确诊需进行实验室检查，查明是否存在 C 型或 A 型产气荚膜梭菌毒素对本病诊断有重要意义。取病猪肠内容物，加等量无菌生理盐水，以 3000 转/分离心沉淀 30~60 分钟，取上清液经 0.22 μm 孔径细菌滤器过滤，与相应的分型抗毒素血清进行小鼠等动物体内中和试验，即可确诊。此外，检测细菌毒素基因类型的 PCR 和多重 PCR 方法，以及检测毒素表型的 Western blot 方法正逐步取代体内毒素测定试验。本病应注意与仔猪黄痢、轮状病毒、传染性胃肠炎和流行性腹泻等类似疾病进行鉴别诊断。

加强生物安全，做好批次生产、"全进全出"和空舍消毒，特别是产房最为重要，要保持猪舍干燥卫生，降低环境中的病原数量。母猪进产房前对其进行喷淋、消毒，接生前对母猪的奶头要进行清洗和消毒，可以减少本病的发生和传播。妊娠 85~100 天的母猪可以注射 C 型和 A 型产气荚膜梭菌氢氧化铝灭活苗，以便仔猪出生后吸吮母猪初乳而获得母源抗体保护。由于本病发病急，病程较短，对发病猪用药物治疗往往疗效不理想。可对同群易感仔猪立即口服抗生素或注射抗猪红痢血清，作为紧急预防，可以控制该病发展扩散。

第七章 现代化猪场环境控制及粪污处理技术

第一节 减量化技术

作为生猪生产第一大国，我国猪场废弃物的产生量十分庞大，对环境造成了极大的压力。可以说猪场废弃物已经成为我国养猪业可持续发展的瓶颈。因此，实现猪场的减量化生产对于提升整个养猪行业的生产效率、节能环保等方面至关重要。如何减少猪场的粪污排放是整个生产链的利益相关者包括政府、科技人员、一线生产人员以及猪肉消费者迫切需要解决的问题。减量化技术可以使农场节约资源，减少开支，减少废水、废气和粪污排放，使猪场在增加效率，节约成本，增加利润的同时，减少对环境的压力。

当前，大部分农场在减量化生产方面还存在很多问题。主要原因体现在多个方面：第一，猪场在设计规划时，没有考虑周全，导致粪污收集系统布置不合理，从而造成了雨污合流、管网渗漏等；第二，大多数农场特别是中小型农场采用水冲式清理粪污，这大大增加了污水的排放量，增加了处理难度和成本；第三，我国的猪场大部分没有配套的大量农田，这就造成了大量粪水集中，不能及时有效地被消化掉；第四，污水处理成本非常高，大部分中小型农场难以负担昂贵的粪污处理大型设备。目前，国际上公认的最为经济有效的粪污处理方式是将粪污严格处理以后，还之于田。但是，污染物的无公害处理，开发多种技术处理粪污等，并不能从源头上有效地控制猪场所带来的污染。因此，如果想实现猪场的高效、绿色经营，在进行无害化处理的同时，还要真正实现减量化生产。数据表明，猪场产生的粪水有20%来自于猪只的尿液，30%来自于清洁冲洗水，由于饮水系统的损坏而带来的水损失以及雨水占了25%，而饲喂不当造成的水损失占了20%。由此可见，真正来自于猪只排泄的污水所占猪场生产总污水的比例是相当少的。因此，从源头减少污水来源，实现减量化生产，可以大大减少猪场污水的排放，从而减少对环境的污染。

那么，何为"减量化"？如何实现"减量化"呢？"减量化"的核心部分在于"减"，顾名思义，就是减少污染物的量。目前，国内大力提倡的减量化方法是"三分离技术"、改进圈舍设计、改善饲喂技术等。所谓"三分离技术"，即干湿分离技术、人猪分离技术以及雨污分离技术。"三分离技术"具有较强的优势，它可以有效地减少猪场的污水排放（可达50%以上）。除了"三分离技术"，通过对圈舍进行设计改进，可以提高饲养效率，减少对资源的投入。而改善饲喂技术，可以从源头上减少对环境有害的物质的排放，如减少抗生素和重金属等的排放，提高饲料利用率，减少粪污的排放。同时，通过对国外经验的学习发现，通过新技术的改进，新设备的使用，可以极大地增加猪场生产的"无公害化"和减量化，从而减少猪场对环境的污染。比如，在荷兰，超过80%的猪场使用了空气洗涤机（air washer），基本实现空气的零污染。目前，越来越多的农场开始使用热交换机（heat exchanger）。热交换机的基本原理就是热传递，如通过水管给母猪降温，同时将母猪产生的热量通过水管收集起来，用来给仔猪保温以及给猪场办公楼取暖等。这些新技术的应用极大地提高了猪场的环保性。本节就重点介绍国内外的"减量化"技术，从而实现减少猪场的环境污染。

一、"三分离"技术

"三分离"技术的关键在于分离，通过对猪场设计进行改进，使猪场形成独立的雨水收集管网系统、专门的污水收集管网系统，从源头上减少冲圈水的使用，从而减少农场污水的排放。

（一）干湿分离技术

如果猪舍内长时间堆积粪水，会造成空气中的氨气以及其他有害气体如甲烷、硫化氢等含量严重超标，严重影响猪只健康、猪场员工的工作环境甚至猪场周围环境。如果猪场的粪水不能得到妥当处理，将会对地表水甚至地下水造成污染。通过干湿分离技术，将干粪单独清理，可以实现较大量地减少污水的排放。通过在漏缝地板下修建斜坡，可以实现干湿分离的效果，然后再固液分别清除。这样可以实现猪舍粪便和污水自动分离，干粪可以采用机械或者人工的方式清理，尿液和污水通过下水道流出，然后进入专门的污水收集系统，之后再对干湿部分分别处理。通过设计斜坡，在建筑成本上并没有增加太多，但在污水排放上却发挥巨大作用。研究发现，相对于传统的水冲粪及水泡粪而言，干清粪技术可以使猪场的污水排放量减少 60%~70%，并减少污水中的重金属、硫元素等有效物质的含量，提高了污水的水质，缩短了污水的处理过程（表7.1）。

表7.1 不同清粪工艺所对应的猪场污水水质和水量

	项目	水冲洗	水泡粪	干清粪
水量	平均每头（L/d）	35~40	20~25	10~15
	万头猪场（m³/d）	210~240	120~150	60~90

续表

	项目	水冲洗	水泡粪	干清粪
水质指标	BOD5（mg/L）	5000~60000	8000~10000	1000
	CODcr（mg/L）	11000~13000	8000~24000	1476
	SS（mg/L）	17000~20000	28000~35000	—

注：水冲粪和水泡粪的污水水质按每天每头排放 CODcr 量为 448 g，BOD5 量为 200 g，SS 为 700 g 计算所得。

（二）人猪分离技术

传统养猪模式是采用地面平养，也就是说，猪场饲养管理人员不得不进入猪栏进行清圈。然而，猪场很多疾病实际上是由所有人员带来的。很多疾病虽然对人没有很大的风险，但是对于免疫力脆弱的猪却存在很大的隐患。所以，一般而言，在进入猪场之前，所有人员都要求进行洗澡消毒。然而，这样却大大增加了猪场的耗水量。同时，在人员清洗猪栏的时候，要清洗掉人员踩踏的痕迹，这也同样增加了耗水量。在科技高度发达的今天，如果能够尽可能多地采用设备来代替人力劳动，便可以很容易达到人猪分离的目的，从而降低猪场的耗水量，减少污水的排放。比如，猪场的饲喂系统全部实现自动化，妊娠期母猪采用大型电子饲喂站，大群饲喂或个体化饲喂。工作人员只需要使用电子计算机设备，每天网上监控猪只情况，而不需要进入猪栏，从而减少人员带来的污染。在清圈的时候，可以在栏舍里面安装旋转式喷头，连接电子计算机控制，或者采用清圈机器人，通过电脑控制设备进行对圈舍的清洗。在漏缝地板的下方，可以安装刮粪板，通过人工或者机械控制刮粪板将固体粪清出。对液态的尿液，在其通过漏粪地板以后，再进入下设的污水管道，流到污水收集系统。从而真正地实现人猪分离。人猪分离，除了可以减少猪场污水的排放，还有利于保证高标准的生物安全，在实际操作中能够为猪场生产带来诸多便利。

（三）雨污分离技术

雨水大部分情况下可以直接排放到环境中。但是，如果雨水进入猪场的污水系统，那么就会大大增加污水量。在目前的大部分猪场中，依然很难做到雨污分离。这就要求在建设猪场时，单独建立雨水沟，避免雨水进入污水中，使雨水收集和污水收集形成两套独立的网络。在圈舍中，建造独立的尿液管道，将尿液单独收集，然后直接流入污水槽，而雨水则通过独立的雨水收集网络单独收集起来，作为猪场用水，或者排到场外。数据显示，通过实行雨污分离系统，可以使猪场的污水排放减少10%~15%。

二、选择优良品种

我们知道，畜牧养猪的关键在于"种、料、病、舍、管"。由此可见，优质品种的使用，对一个猪场的健康发展至关重要。那么对减量化，优质品种也会起到很大的辅助效果。现在的生猪养殖，其实就相当于一个工业加工企业。饲料、饮水相当于工厂的原材料，而猪则相当于工厂的机器。机器的好坏对工厂的生产效率极为重要。因此，猪品种的好坏对一个猪场的健康发展也很重要。那么，影响减量化的一个重要因素是饲料转化率（feed conversion rate，FCR），也就是料重比。对于具有低料重比的猪品种而言，它们可以将一定量的饲料和饮水，更加高效地转化成自身的体重，从而，一方面减少饲料和饮水的投入，另一方面，能够大大减少粪污的排放。举例来说，如果两个猪的品种的料肉比相差0.1，那么，每生产1 kg肉，就意味着相差0.1 kg饲料。对于一座万头肥猪场，屠宰毛重假设为100 kg，那么，由于品种的差异而节约的饲料将为100t。如果再考虑相应的饮水减少，这种优质的品种可以极大地减少饲料和饮水的投入，同时减少粪水的产生。由此可见，选择优质品种的猪，可以大大降低猪场对环境的压力。

三、选择优质饲料

饲料在猪场养殖的投入比例可达70%以上，同样，饲料是猪场粪便的直接来源。选择优质的饲料，对于实现粪水的排放非常重要。好的饲料标准是适口性好、营养成分配比合理、转化率高。适口性好的饲料，猪只的采食量才会大，从而减少剩料的发生，减少饲料的浪费，减少粪污的排放。剩料一般作为粪污流入粪道。饲料营养成分配比合理可以使猪只生长速度快，从而使代谢而造成的粪水减少。转化率高的饲料可以使饲料尽可能多地被猪只消化、利用，从而减少粪水的排放。

除了饲料因素外，合理的饲喂模式、饮水系统也非常重要。据文献报道，通过对饮水系统和料槽设计的改进，可以使猪场污水的排放总量减少30%以上。另外，当饲料颗粒度在700～800μm时，饲料具有最优的转化率，并且可以防止饲料的溃烂和板结。饲料制粒工艺可以很好地改善转化率并减少养分流失，干物质和氮排放量可以降低23%和22%。饲料膨化处理和颗粒化处理能够减少随粪便干物质损失1/3。通过使用良好的饲料加工工艺可以很大程度上消除抗营养因子，提高饲料利用率，减少粪尿排放。通过选用低蛋白日粮并在饲料中添加合成蛋白来代替天然蛋白，可以减少氧气排放。研究发现，如果生长育肥猪的粗蛋白水平由17.8%降低至16.2%，或者由15.4%降低至13.5%，则可以减少8.6%的氨气排放。通过使用合成氨基酸代替日粮中的天然蛋白，可以降低一半左右的氨气排放。可以说，每减少1%的蛋白水平，可以减少10%～12.5%的氨气排放。同时，还可以通过添加饲料添加剂，比如非淀粉多糖、酶制剂、酸制剂、微生物添加剂、精油、沸石等来增加氮沉积，减少氮排放。添加植酸酶减弱植酸的抗营养作用，可大大提高日粮的利用率，还可以减少磷元素的排放。

四、改进饮水系统

目前而言，大多数的猪场还是采用乳头式饮水器。但是乳头式饮水器有很多缺点，如猪咬住乳头饮水器饮水的时候，总会有大量的水从嘴巴溢出，而对于猪本身而言，它们根本无法饮用大部分溢出的饮水。特别是夏天温度偏高，猪只往往为了降温而咬住饮水器不放，这造成了大量饮用水的浪费（图7.1），进而造成污水排放的增加。如果采用杯状（图7.2）或者悬挂式饮水器则可以大大减少浪费；同时，饮水器的水流速率和位置也会影响利用率（表7.2，表7.3）。

图7.1 饮水器使用不当造成饮水的浪费

图7.2 杯/碗式饮水器

表 7.2　饮水器的最佳水流速率（单位：L／min）

	哺乳仔猪	断奶仔猪	30 kg	70 kg	成年猪	泌乳母猪
水流量	0.3	0.7	1.0	0.25~1	1.5~2.0	1.5~2.0

表 7.3　乳头式饮水器安装高度

体重（kg）	<5.5	5.5~15	15~35	35~45	45~110	>110
安装高度（mm）	100~130	130~300	300~460	460~610	610~760	760~910

五、改进饲喂系统和模式

传统的饲喂模式是干料饲喂，单独饮水。但是，这样的饲喂模式会造成大量饮水的泼洒。新的饲喂模式是采用干湿饲喂，即一边吃料，一边饮水。现代的饲喂设备还可以实现精准饲喂，多次投料，每次少而定量。在很多现代化电子饲喂站（electronic feeding station，EFS）中（图 7.3），电子计算机可以根据猪只的生长阶段、品种等特征自动调整饲喂量。使每头猪都有自己的饲喂策略（feeding strategy，FS），尽可能减少饲料的浪费，并且能够调节水料配比，采用绞龙缓慢下料，从而大大增加了猪只的采食量，并减少了水料的浪费，从而减少粪污的排放。

图 7.3　某厂家生产的母猪电子饲喂站

六、太阳能和热交换泵

荷兰和丹麦的很多农场在房顶上安装太阳能板（solar panel）

（图 7.4）。太阳能的使用可以大大减少非可持续能源的使用以及温室气体的排放。欧洲的一些农场开始使用热泵/热交换器（heat pump/heat exchanger）来减少农场能量（电能）消耗（图 7.5），同时起到

图 7.4 使用太阳能板的荷兰猪场

减少氨气排放的效果。统计显示，在农场中，加热产生的能量消耗占总能量消耗的 54%。热泵基于水传导，热量由高温到低温传递的原理，先由冷水吸收高温区域的热量，比如粪便、母猪等，然后加热的水用于给仔猪、保育猪甚至办公室加热（图 7.6）。通过热泵可以极大地为农场节约电能，并且，由于带走了粪便和母猪的热量，有效地减少了氨气的释放，也减少母猪的热应激。

图 7.5 热泵/热交换器

327

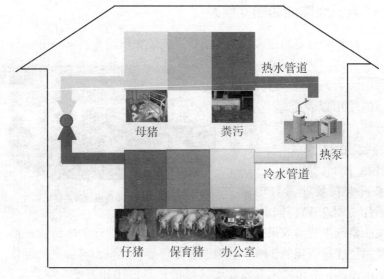

图7.6 热泵/热交换器在猪场使用示意图

第二节　有机肥生产技术

相对于化肥而言，有机肥具有很多优点。农田长期使用化肥，会造成土壤有机质减少，破坏土壤微生物多样性，使土壤的肥沃度降低。有机肥的定义是来源于动植物，施于土壤以提供植物营养为主要功能的含碳物料。有机肥往往由生物物质包括动植物废弃物、植物残体加工而来，并经过一定的技术手段，消除了其中的有毒有害物质，富含大量植物生长所需的有益物质，如有机酸以及诸如氮、磷和钾等营养元素，广泛应用于绿色食品的生产。养猪过程中，产生大量的粪尿资源。这些粪尿会对环境造成很大的污染。数据显示，一个万头猪场，每年排放至环境中的氨气可达 100 t，磷可达 30 t。全国范围内，仅猪粪排放的磷就高达 107～213 万 t。如果不经过有效的处理，直接将这些来自猪场的粪尿排放至环境中，会造成诸如地表水、地下水污染，水体富营养化等环境问题。粪水中还含有大量的有害微生物、病原菌，其中很多病原菌中都具有人畜共患特性，对公共卫生造成极大的威胁。另外，由于饲料中含有高量的铜、铁、锌等微量元素添加剂，致使来自猪场的粪水中含有大量的重金属，从而造成环境污染。那么，如何有效地处理这些粪水呢？目前，最好的方法就是将粪水变废为宝，生产有机肥料。将来自猪场的粪水，经过有效工艺处理后，生产出有机肥，既能够解决猪场环境污染的问题，又可以为农作物提供大量的肥料，对于整个农业的可持续发展具有重要的意义。本节就重点讨论将猪粪生产为有机肥的关键技术环节。

一、粪水固液分离和干燥处理

有机肥生产的第一步是固液分离并做干燥处理。因为，猪场粪水中含有大量的水分，不利于有机肥的生产。固液分离的方法很多，包括日光自然干燥、高温快速干燥、微波干燥、烘干膨化干燥和机械脱水干燥等。日光自然干燥方法最为原始简单。顾名思义，该法就是利用自然的太阳光对粪便进行干燥处理的。这种方法的优点是简单，方便操作。缺点是干燥效率差，环境污染大。高温快速干燥就是通过加热、高温处理粪便，达到粪便中的水分快速蒸发的目的。这种方法的缺点是加热过程需要大量的电能或其他能源，成本较高。高温处理还会破坏粪便中的大量有益元素，减低所生产的有机肥的肥效。优点是相对于自然干燥，高温快速干燥不受自然天气的影响，可以在室内操作，能够满足大量处理的需求，干燥时间短，同时可以进行除臭、除菌并除杂。烘干膨化干燥法即利用热效应和喷放机械效应，快速降低水分。由于除水效果好，该方法适于含水量大的粪污处理，但其设备成本非常高，并且无法达到除臭的目的，另外，容易造成设备阻塞。另外一种比较常用的固液分离方法是机械分离。机械分离的方法呈现多样化，比如筛分离心分离和过滤等分离方法。机械分离简便易于操作，机械成本较低，维修方便，逐渐成为普遍使用的方法。

二、堆肥发酵处理和沼气站

对于固液分离后的粪便，为了使其能够安全地成为有机肥，还需要进行发酵处理。发酵的目的是降解干粪中的有机碳、杀灭其中的有害病原菌。传统的发酵方式较为简单，即将分离后固体粪便部分放入发酵池中，经过长时间的自然发酵，然后作为有机肥使用。这种传统的发酵方式，往往需要比较长时间，而且发酵不够彻底、肥效不够、病原菌杀灭不完全，达不到生产优质肥料的目的。目前，西方养猪发达国家如荷兰、丹麦和德国，都是采用中央沼气站的方式发酵。在猪场集中的区域建立一座中央沼气站，周围猪场的粪水可以直接运输至沼气站，先进行固液分离，对液体做净化处理，固体作为沼气原料发酵生产沼气。原始粪污也可以在猪场进行固液分离，分离后的液体在猪场进行净化处理，固体部分运输至中央沼气站进行发酵处理。沼气发酵处理可以将猪场粪便转化为可再生能源以及稳定的有机物，通过最大可能减少有机氮含量，增加其肥用价值。沼气通过一个复杂的微生物群进行厌氧发酵产生。产气过程必须通过定期加料使之保持稳定。运作沼气站的三个重要条件包括技术、原材料、操作维护。来自猪粪的沼气主要包含 55%~65% 的甲烷、35%~45% 的二氧化碳、约3%的氮气和其他惰性气体、$(50\sim200)\times10^{-6}$ 的甲烷和 $(100\sim800)\times10^{-6}$ 的硫化氢。

沼气站的工作原理（图7.7）为：将自猪场的粪便经过初步固液分离后，固体部分进行粉碎、分离（将无机物分离出来）、清沙以后，放入沼气池。经过沼气池的 20~40 天发酵（37℃），发酵后的固体部分进行堆肥处理（二级分解），作为有机肥使用。发酵后的液体部分，可以作为液体有机肥使用或者重新作为沼气池的原料。沼气站产生的沼气，经过除杂纯化，一方面可以作为气体直接使用，或者通过热电联产系统（CHP plant）发电。这种经过沼气站处理的液体或者固态有机肥，病原微生物基本被清除，并且经过了充分的发酵和降解，因此作为有机肥更加安全高效。这种中心沼气站的模式值得我国养猪业借鉴和推广。

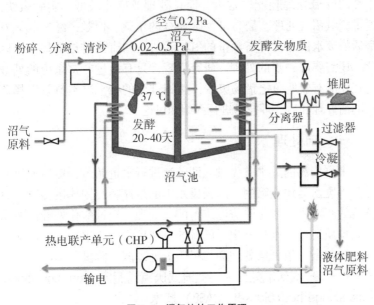

图 7.7　沼气站的工作原理

第三节　猪场废水处理与利用

集约化养猪场产生的废水主要包含猪尿以及少许猪粪和猪舍

冲洗水。猪场废水具有排放量大、固液混杂、有机物含量大、处理难度大、固体悬浮物（SS）含量高、病原菌含量高等特征。由于猪场废水的有机质浓度高，氮和磷含量高，如果不能得到有效的处理，便会对城市环境、饮用水源、农业生态系统造成非常严重的破坏。一般而言，来自猪场的废水需要经过前处理和后处理两个过程。前处理，即采用沼气工程对猪场废水进行厌氧消化处理。因为农场的废水浓度非常高，COD 最高可达 10 000 mg/m³，单纯的好氧处理耗能非常大，而且处理效率比较低。实验表明，通过厌氧沼气处理，最高可去除 88% 的沼气。但是，经过厌氧发酵后的废水依然含有高含量的氮，无法达到直接排放的标准。因此，还需要进一步的处理。研究发现，只有通过非常系统的处理过程才能有效地净化猪场废水，达到排放的标准。本节就猪场废水的前处理和后处理技术进行介绍和讨论。

一、前处理

来自猪场的废水首先进入调节池进行水量调节，然后通过泵提升将废水运输至筛网，除去废水中的悬浮颗粒固体废弃物。分离后的废水进入酸化除渣池进行酸化处理。经过酸化处理的废水进入均质池进行水量和水质的调节，然后进行厌氧处理。厌氧处理通常包括一级厌氧处理和二级厌氧处理两个阶段。

（一）一级厌氧处理——上流式厌氧污泥床（up-flow anaerobic sludge bed/blanket，UASB）技术

UASB 于 1977 年由荷兰的 Lettinga 教授发明，现在已经成为污水处理中的经典方法。UASB 是一个集生物反应和沉淀为一体的紧凑的厌氧反应器，主要包括进水配水系统、反应区、三相分离器、气室和处理水排除系统（图 7.8）。UASB 的反应过程包括水解、酸化、产乙酸和产甲烷等。猪场污水从厌氧污泥床底部流入，然后与污泥层中污泥进行混合接触。污泥中存在大量的微生

物，这些微生物可以将废水中的有机物进行分解，从而将其转变为沼气。沼气刚开始多为微小的气泡。这些微小的气泡在上升过程中形成了较大的气泡。此时，在沼气床的上端，沼气的搅动会促使形成一个污泥浓度较为稀薄的污泥/水同时上升从而进入三相分离器。当沼气碰触到分离器下部的反射板时，折向反射板的四周，接着穿过水层从而进入气室。所有沼气集中在气室，可以通过导管将气室中的沼气导出。固液混合液经过反射以后，进入三相分离器的沉淀区，此时，污泥发生了絮凝，颗粒积累，在重力作用下下沉。下沉的污泥沿着斜壁滑回厌氧反应区内，致使反应区污泥积累，而与污泥分离后的处理水从沉淀区溢流堰上部溢出，接着排除污泥床。

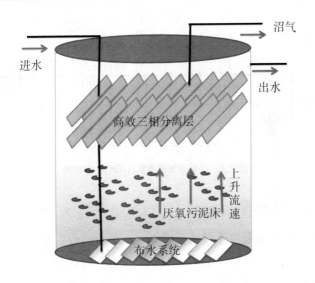

图 7.8　上流式厌氧污泥床技术示意图

UASB 具有很多优点，设备不复杂，方便操作，无须在反应器添加搅拌器，造价比较低廉，非常易于管理，不容易阻塞。在猪场污水处理中具有很强的可使用性。

（二）二级厌氧处理——厌氧折流板技术（ABR）

ABR 是 Bachmann 和 McCarty 于 1982 年提出的一种高效厌氧反应器。这种厌氧反应器的独特之处在于在反应器内加入了一个折流板，从而将反应器分隔成若干相对独立的格室，这样一来，可以将产酸相和产甲烷（CH_4）相分离开，进一步在单一反应器实现多段分相（SMPA）。ABR 反应器具有构造简单、投资较少、能耗较低、运行相对稳定等多方面的优点。ABR 反应器可以由有机玻璃构建，形状呈长方形，由 6 个格室组成，其中，第一和第六个格室最大（图 7.9）。水可通过蠕动泵均匀进入，经反应所产生的沼气在反应器顶端收集、排出。

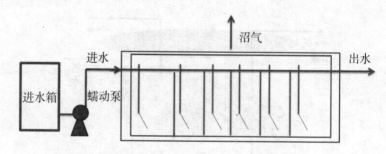

图 7.9　厌氧折流板技术（ABR）示意图

二、后处理

（一）间歇曝气序批式反应器（sequencing batch reactor activated sludege process，SBR）技术

SBR 技术是在 1968 年由澳大利亚新威尔士大学与美国 ABJ 公司合作开发的。SBR 技术是基于悬浮的微生物在好氧条件下对污水中有机物、氨氮等物质降解的原理，采用了时间顺序，以间歇曝气的方式进行污水、污泥处理。SBR 的过程主要包含五个阶

段，即进入、曝气、沉淀、出水和静止。SBR技术用时间分割的操作方式替代空间分割的操作方式，非稳定生化反应代替稳定生化反应，静置理想沉淀代替传统的动态沉淀。

SBR的工作流程为（图7.10）：来自猪场的废水经过格栅的预处理，进入集水井，接着潜污泵将废水提升至SBR反应池，然后采用水流曝气机进行充氧，接着将处理后的水通过水管排出。剩余的污泥经过静止处理后，通过SBR反应池排入污泥井，污泥可以作为有机肥使用。

虽然SBR工艺可以有效地将猪场废水中的有机物和氨氮有效去除，但是，SBR很难有效地去除猪场废水中的总磷（TP）。因此，为了进一步除去废水中的磷，可以通过结合化学和生物的方法，改进SBR工艺。例如，利用SBR工艺易于与化学方法相结合的特点，在曝气后期（距曝气结束20 min），将$FeSO_4$投放至反应器中，此时，$FeSO_4$会与废水中的磷酸盐、聚磷酸盐结合形成$FePO_4$沉淀，沉淀通过污泥排出。

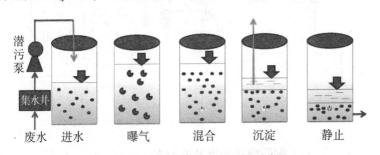

图7.10　间歇曝气序批式反应器技术示意图

（二）移动床膜反应器（moving bed biofilm reactor，MBBR）技术

MBBR技术是一种新型高效的生物膜废水处理装置，它是在生物接触氧化技术以及生物流化处理技术的技术上进行改进的。

MBBR 反应器的主要组件包括进水箱、蠕动泵、气泵、反应器、出水箱和相应管道。在反应器装有 50% 的填料（聚丙烯材料，密度与水接近，圆管结构，内有十字加强筋将管分为四等分内腔），反应器底部安装有石英砂曝气头，通过气泵和曝气头进行鼓风曝气供氧，以便使填料处于流化状态（图 7.11）。在反应器的出水处，安装有载体筛网，筛网可以防止填料的流失。蠕动泵可以对进水进行提升，从而使进水进入反应器的底部。在反应器的底端，安装一个排泥管，以便对在反应器底部沉淀的生物膜进行清除。MBBR 技术具有很多优点，如生物量大、耗能低、具有较强的耐冲击负荷、占地面积比较小、非常容易管理，扩充和升级方便。

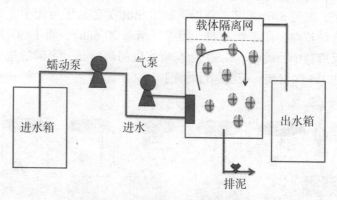

图 7. 11　移动床膜反应器技术示意图

（三）人工湿地植物净化处理技术

通过人工湿地处理猪场废水具有建造和运行成本低、维护简单、耐污染并且可以美化环境等优点。在猪场废水的后处理阶段，可以将经过前期处理的废水再通过人工湿地处理，可以实现对环境的零污染。报道显示，处于营养生产期和花果期的象草能够除去废水中的 80% 以上的氨氮、总氮和化学需氧量 COD_{Cr}，可以除去 60% 以上的总磷。而浮萍科植物可以有效地吸收氮、磷，并且生长快速，收割简便，可以作为动物饲料，是猪场废水处理的良好植物。浮萍科植物配合其他水生植物，如水花生、水葫芦等，可以降低猪场废水中超过 80% 的 COD、氨氮和总磷（TP）。还有研究发现，经过驯化的水生植物凤眼莲能够降低猪场废水中超过 50% 的 COD 和总氮（TN）。而且，凤眼莲可以作为动物饲料，并且可以绿化环境，可以推广作为处理猪场废水的植物。通过香根草（*Vetiveria zizanioides*）和风车草（*Cyperus alternifolius*）构建的人工湿地系统，可以有效地减少猪场废水中的 NH^{3-} 和 SPO_4^{3-} 含量，从而减少废水中的总氮和总磷。因此，有效地利用天然植物对猪场废水净化的特性，开发更多的具有高效净化作用的植物，优化植物人工湿地的构建，是未来对猪场废水净化处理的重要环节。

第四节　生态循环模式案例

生态循环养猪模式是未来养猪的新发展方向。这是基于生态系统物质循环与能量流动的基本原理，将猪放在农业生态系统中的核心位置，通过使用农业生态系统工程的方法，实现养猪的可持续发展。在国内，主要的生态养猪模式有 7 种，包括猪—鱼—粮、猪—沼气—鱼—果/粮、猪—沼气—草、禽—猪—沼气—鱼、禽—沼气—猪—粮、鸡/兔—猪—沼气—果蔬、鸡—猪—鱼—粮。无论哪一种模式，核心理念就是将猪作为养殖核心，通过构建人工生物链系统，促使该生物链内部充分消化养猪过程中产生的废弃物，在生物链消化废弃物过程中，生产出副产物，达到双赢甚至多赢的目的（图 7.12）。猪场可以根据农场的具体情况，如农场的规模、所处的地理位置等，合理地选择适合本场的生态养殖模式。下面就以猪—沼气—草和猪—沼气—鱼—作物模式作为案例介绍一下生态养猪模式。

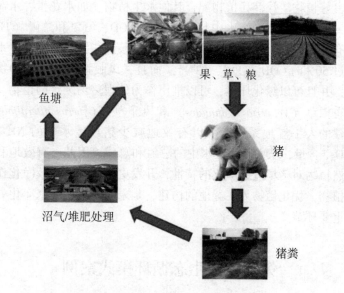

图 7.12 生态循环模式

一、猪—沼气—草

在该模式中，可采用了象草（*Pennisetum purpureum*）作为青饲料。象草具有生长快、产量高，蛋白质、维生素、微量元素含量高等特点，还具有吸收消化猪场的大量污水排泄物的能力。研究人员采用中药替代西药和抗生素作为饲料添加剂。作为添加剂的中药由鱼腥草、半枝莲、柴胡、茯苓、山楂构成。该生态养猪系统采用了杜长大三元杂交猪。饲料日粮为自配饲料。在该模式中，研究人员采取 100 头三元猪配备 1 亩（1 亩约为 666m²）象草的比例。沼气池配备标准为 3 头猪/m³。猪粪尿经过固液分离、初步处理以后作为沼气站沼渣进行沼气生产。分离的废水排入沼气站。经过发酵后的沼渣制作成有机肥，而生产的沼气用于猪场的照明保温，经过发酵沉淀的沼液用于象草生产的肥料。整个生产系统中，完全按照"象草—猪—沼气—象草"的循环生态系统。实验发现，生态养殖的猪出栏时间比商业规模化的猪出栏天数推迟 8~10 天（出栏天数约为 175 天），这是因为在生态养殖过程中没有添加抗生素、促生长用激素，并且育肥阶段有更多的脂肪分解用于提高肉质。尽管如此，通过对生态猪血液中的免疫球蛋白等生化指标的分析发现，饲喂中草药的生态猪血液中的各种免疫球蛋白包括 IgA、IgM、IgG 以及血液的生理生化指标均比添加西药的猪高。此外，生态猪肉的胆固醇含量要比添加西药饲料饲喂的猪所产猪肉要低 2/3，且不饱和脂肪酸比普通猪肉高。象草是一种喜欢大量肥水的牧草，经过沼气站/池处理的粪水很适合象草的生长，使用沼液的象草生长状况特别好，品质也非常优秀，营养期粗蛋白含量可提高 35%。经鉴定，猪—沼气—草的生态养猪模式可以实现废弃物的零排放。

二、猪—沼气—鱼—作物

本案例为某规模化农场采用的生态养殖模式，该农场存栏猪 6000 头，年出栏 1.5 万头。该场执行严格的生物安全措施，进入场区人员必须紫外线消毒 10~15 min，外来车辆滚轮喷洒消毒。养猪场建在农作物和水面养殖区，保证处理后的水可以进行农田灌溉，猪粪处理制作有机肥供农作物生长，使农场实现可持续发展。来自猪场的粪污首先进行固液分离，采用固液分离机除去污水中的粗纤维，分离出的固形物作为制作有机肥的基料，接着进行厌氧发酵，杀灭病原微生物、寄生虫，除去废水中的 COD、BOD_s 和 SS，然后对废水进行曝气耗氧处理，使废水中的有机物被好氧菌分解，大量除去废水中的 COD、BOD_s、SS 和 NH_3-N。

经过处理的废水进入生化氧化塘。该生化塘为 2.67hm² 荷塘，塘内养鱼。池塘中的水生生物可以有效地降低水中的 COD 和 BOD$_5$ 浓度，同时水中的氮和磷能够被植物吸收，从而可以有效地减少水中的氮和磷。水中植物又可以作为鱼的饲料和氧气来源。经过鱼塘处理的水，可以用作农田灌溉和清圈用水，从而实现循环使用。

第五节　病死猪的处理与利用

病死猪的处理一直是猪场的难题。特别是 2013 年发生的上海黄浦江死猪事件，引起民众对病死猪处理的热切关注。此事件经多家中外媒体的报道，对我国生猪养殖业造成特别不利的影响。2013 年，在上海的黄浦江打捞出超过 8000 头漂浮的死猪，对饮用水造成了严重的污染，影响了上海 2300 万人民的饮水安全。这次事件也加大了我国政府对病死猪处理的关注，整改、关停、处罚了大批不当处理病死猪的猪场、企业。然而，很多养猪场，特别是某些中小型养猪场，由于缺乏配套的无害化处理病死猪配套设施设备，仍然存在将病死猪直接丢弃甚至私售的现象。某些猪场购买或自制了不实用的焚烧炉设施，在焚烧的时候产生大量有害气体，造成空气污染。在焚烧病死猪尸体前，需要对猪进行切割、肢解，此过程可能会产生血水二次污染。

病死猪尸体富含大量的有机物质，除了传统的焚烧、填埋的方式，可以采用生物降解、发酵、堆肥等方式进行无害化处理，可以将病死猪转变为有机肥、工业柴油，变废为宝。本节就无害化处理病死猪进行讨论，并重点介绍几种无害化处理病死猪的方法。

一、生物降解处理

生物降解处理病死猪是新兴的病死猪处理技术。在操作过程中，将病死猪尸体和锯末、稻壳、秸秆等副产物组成的垫料混合，通过自源微生物或者加入专用有益微生物菌，从而实现对病死猪的分解。通常，在病死猪尸体周围混合一定量的锯末、稻壳和秸秆等有机物质，这些有机物质的加入，可以借助多种外援微生物的作用，继而对尸体进行矿质化、腐质化处理并实现无害化。在此过程中，可以将各种复杂的有机态养分转化为可溶性养分和腐殖质。同时，在堆积过程中，可以产生 50~70 ℃ 的温度，从而将原材料中的病原体杀死，达到无害化的目的。所添加的锯末、稻草、秸秆等物质可以为微生物的生长提供碳源，而病死猪尸体为微生物的生长提供氮源。这些有机物，在微生物的作用下被分解成二氧化碳和水，并释放出能量。在分解过程中，微生物最先利用氨基酸和糖类进行自身生长和菌丝生长，菌丝可以有效地进入有机残体的深部，进而分泌细胞外酶，将大分子有机体降解为小分子单体。这些微生物在分解有机物的过程中，为了达到自身生长的目的，通过自身的生命代谢，进行分解代谢和合成代谢，将有机物分解为无机物，并释放微生物生长和活动所需要的能量，不断将有机物转变为自身的细胞物质，用于自身的生长和繁殖。在此过程中，要注意温度、氧气、水分和碳氮比例。最佳的持水量保持在 60%~75%，保证有效的通气，以利于好氧微生物的生长，利于有机物的分解。研究发现最佳的碳氮比为25∶1。微生物的分解能力十分有限，一般微生物降解需要时间较长，因此，为了提高降解的效率，可以人为地加入外源生物制剂或者改变微生物区系、增加生物酶活性从而加快对病死猪的降解。生物降解法利用微生物快速生长的优势，降解过程中产生高温，有效地杀灭病原微生物，工艺要求简单，原材料便宜，场地选择灵活，处理效果彻底，几乎不造成污染，并且可以配合其他处理方法如堆肥、发酵等，相对于传统的焚烧和掩埋而言，具有明显的优势。

二、配合猪粪，混合厌氧消化

本工艺将病死猪尸体打碎，然后将肉泥和猪粪按照比例混合，在一定温度下进行混合厌氧发酵处理，生产沼气。研究人员将打碎的病死猪尸体和猪粪按照一定的比例混合，然后采取中温和高温两个温度，进行混合厌氧发酵，最后收集发酵过程中产生的沼气。该厌氧发酵装置由温度调节器、发酵罐、输气管和集气罐、温度调节阀门构成（图7.13）。向发酵罐中投放按比例混合的病死猪尸体和猪粪，搅拌均匀，然后密封发酵罐，产生的沼气通过输气管输送至集气罐中，测量每天产生的沼气量。该研究发现，中温发酵的沼气含量比猪粪单一发酵时有大幅度提升。病死猪和猪粪混合的物料具有很好的产沼气潜能。这是因为病死猪尸体中含有丰富的蛋白质和脂肪，它们是产生甲烷的重要有机物质。高温发酵会导致整个实验的失败，因此，在病死猪尸体和猪粪混合发酵中，要保持适宜的温度，避免温度过高。同时，病死猪尸体和猪粪的比例对于发酵的效率也会产生很大的影响。尽管3%~15%五组的产甲烷总量相似，肉泥比例12%产气情况最好，但是12%和15%的比例反应启动的时间比较长，过高的肉泥比例可能会导致发酵的失败。因为，肉泥比例过高，意味着相应的油脂和蛋白质含量会升高，当其浓度超过厌氧微生物的承受能力时，会导致发酵的失败。因此，采用此方法处理病死猪时，一定要根据本场的条件选择最佳的肉泥和猪粪的比例。

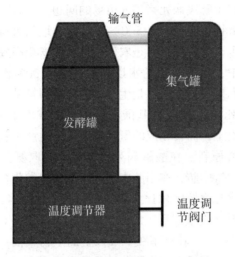

图 7.13　病死猪、猪粪混合发酵示意图

三、转化成生物肥料和工业柴油

　　报道显示，我国惠东县病死畜禽无害化处理中心将病死猪粉碎后，经过一系列处理，将其变为有机肥。首先，运送病死猪的密封货车进入处理车间前，对其进行消毒处理。处理中心严格记录病死猪的来源、数目和编号，做好追溯性记录。确保每头病死猪都留有照片和视频。然后将猪投入处理机组，按照 2 : 1 的比例加入米糠，然后加入高密度的生物酶素。病死猪在处理机组中经过分切、绞碎、发酵、杀菌和干燥五个过程。此后，再经过 24 小时发酵分解处理，最终将动物的血水、粪便和骨骼等有机物转化为无害粉状有机肥原料。该处理厂具有很高的效率，每台机组每 24 小时可以处理 1 t 病死猪。该方法通过微生物降解，处理过程中不产生有害物质，并且可以变废为宝，生产有机肥料，解决了焚烧病死猪、掩埋等处理方法带来的污染、成本高等问

题，并且有利于解决病死猪进入市场的问题。而且，在处理过程中，通过调节机组温度至125℃，可以有效地杀灭有机肥中的有害病原菌，重金属含量低，是农作物生长的安全高效的肥料。

一头猪中，除了70%的水以外，剩余的30%含有丰富的脂肪、蛋白质和矿物质，因此是生产生物柴油和氨基酸肥料的优质原料。将病死猪水解成氨基酸，仅需要低成本的浓硫酸、水、电、蒸汽和人工，而转化成的氨基酸可以为生产生物有机肥提供优质的氨基酸原料。在酸解病死猪尸体、制取氨基酸肥料过程中，会产生大量脂肪，在脂肪中加入低分子醇类化合物（脂肪与低分子醇类化合物按摩尔比1∶7或者体积比1∶4），然后添加合适的催化剂（重量比反应总体积为1%），在65℃温度下维持1.5小时，便可获得转化率在97%以上的生物柴油。通过将病死猪制作成氨基酸有机肥和生物柴油，可以真正实现病死猪的零污染处理，并且获得优质附加产物，有效地保证了集约化养猪的可持续发展。

参考文献

[1] 黄金秀. 生猪产业化生产模式与配套技术［M］. 北京：金盾出版社，2012.

[2] 陆耀庆. 实用供热空调设计手册［M］. 北京：建筑工业出版社，1993.

[3] 马承伟. 农业生物环境工程［M］. 北京：中国农业出版社，2005.

[4] MIKE，BRUMM，高岩. 密闭猪舍的环境控制基础［J］. 今日养猪业，2016（6）：64-65.

[5] 苏成文. 规模化猪场建设指南［M］. 北京：化学工业出版社，2014.

[6] 国家畜禽遗传资源委员会. 中国畜禽遗传资源志·猪志［M］. 北京：中国农业出版社，2011.

[7] 陈伟生，郑友民. 全国种猪遗传评估信息网用户指南［M］. 北京：中国农业大学出版社，2010.

[8] 胡金平，李湘芹，施明辉. 种猪的选种和选配［J］. 中国猪业，2016（9）：50-52.

[9] FAUSTINI M，BUCCO M，GALEATI G，et al.. Boar sperm encapsulation reduces in vitro polyspermy［J］. Reprod Domest Anim，2010，45（2）：359-362.

[10] 房国锋，曾勇庆. 猪人工授精中深部输精技术的研究与应

用 [J]. 养猪, 2012 (6): 34-37.

[11] MARTINEZ E A, VAZQUEZ J M, PARRILLA I, et al.. Incidence of unilateral fertilizations after low dose deep intrauterine insemination in spontaneously ovulating sows under field conditions [J]. Reprod Domest Anim, 2006, 41 (1): 41-47.

[12] 陈清明, 王连纯. 现代养猪生产 [M]. 北京: 中国农业大学出版社, 1999.

[13] PENRITH M L, VOSLOO W, MATHER C. Classical swine fever (hog cholera): review of aspects relevant to control [J]. Transbound Emerg Dis, 2011, 58: 187-196.

[14] ZHANG H, LENG C, FENG L, et al.. A new subgenotype 2.1d isolates of classical swine fever virus in China [J]. Genetics and Evolution, 2015, 34: 94-105.

[15] 郭振华, 乔松林. 一例猪瘟感染引起仔猪先天性震颤的诊断与防治 [J]. 今日养猪业, 2016c.: 72-73.

[16] 亓文宝, 张桂红, 伍少钦, 等. 猪瘟净化技术与应用 [J]. 中国畜牧杂志, 2015: 58-61.

[17] 王琴, 涂长春, 黄保续, 等. 猪瘟病毒分子流行病学信息系统的建立与应用 [J]. 中国农业科学, 2013, 1: 2363-2369.

[18] 杨文萍, 顾真庆, 孙海凤, 等. 伪狂犬病毒流行毒株的抗原性和血清中和特性分析 [J]. 畜牧与兽医, 2014, 46 (10): 11-14.

[19] 张明辉, 库旭钢, 凌云志, 等. 猪伪狂犬病病毒 HNX 株在免疫猪群中水平传播能力研究 [J]. 中国预防兽医学报, 2015, 6 (37): 426-429.

[20] 何启盖, 童光志, 杨汉春, 等. 猪伪狂犬病流行病学特征、净化技术及其应用示范 [J]. 中国畜牧杂志, 2015, 24

（51）24：68-73.

[21] SHI M, LAM T T Y, HON C C, et al.. Phylogeny-Based Evolutionary, Demographical, and Geographical Dissection of North American Type 2 Porcine Reproductive and Respiratory Syndrome Viruses [J]. Journal of Virology, 2010, 84：8700-8711.

[22] TIAN K, YU X, ZHAO T, et al.. Emergence of fatal PRRSV variants：unparalleled outbreaks of atypical PRRS in China and molecular dissection of the unique hallmark [J]. PLoS One, 2007, 2：E526.

[23] 郭振华, 乔松林. 规模化猪场猪繁殖与呼吸综合征防控体会 [J]. 中国猪业, 2016a.：43-46.

[24] 周磊, 杨汉春, 姜平, 等. 猪繁殖与呼吸综合征综合防控技术与应用 [J]. 中国畜牧杂志, 2015：62-67.

[25] 陈溥言. 兽医传染病学（第6版）[M]. 北京：中国农业出版社, 2015.

[26] JEFFREY J Z, LOCKE A K, ALEJANDRO R, et al.. 赵德民, 张仲秋, 周向梅, 等, 译. 猪病学（第10版）[M]. 北京：中国农业大学出版社, 2014.

[27] LAU SKP, CHAN J F W：Coronaviruses：emerging and re-emerging pathogens in humans and animals [J]. Virology Journal, 2015, 12.

[28] LI R, QIAO S, YANG Y, et al.. Phylogenetic analysis of porcine epidemic diarrhea virus（PEDV）field strains in central China based on the ORF3 gene and the main neutralization epitopes [J]. Archives of Virology, 2014, 159：1057-1065.

[29] LI R, QIAO S, YANG Y, et al.. Genome sequencing and analysis of a novel recombinant porcine epidemic diarrhea virus

strain from Henan, China [J]. Virus Genes, 2016, 52: 91-98.

[30] MA Y, ZHANG Y, LIANG X, et al.. Origin, evolution, and virulence of porcine deltacoronaviruses in the United States [J]. MBio, 2015, 6: e 64.

[31] PAN Y, TIAN X, Li W, et al.. Isolation and characterization of a variant porcine epidemic diarrhea virus in China [J]. Virol J 2012, 9: 195.

[32] ZHANG Q, HU R, TANG X, et al.. Occurrence and investigation of enteric viral infections in pigs with diarrhea in China. Archives of Virology, 2013, 158: 1631-1636.

[33] 郭振华, 乔松林. 仔猪病毒性腹泻防控措施. 中国猪业, 2017.12: 13-15.

[34] STRECK A F, CANAL C W, TRUYEN U. Molecular epidemiology and evolution of porcine parvoviruses [J]. Infection, Genetics and Evolution, 2015, 36: 300-306.

[35] 仇铮, 任晓峰, 崔尚金. 猪细小病毒的致病机制与防控策略 [J]. 世界华人消化杂志, 2013: 66-70.

[36] 蔺文成, 胡峰, 任梅, 等. 猪细小病毒病国内流行状况以及防治策略 [J]. 猪业科学, 2010: 90-95.

[37] 孙运华. 猪细小病毒病实验室诊断技术 [J]. 畜牧与饲料科学, 2010: 161-162.

[38] PEDERSEN K S, HOLYOAKE P, STEGE H, et al.. Diagnostic performance of different fecal Lawsonia intracellularis-specific polymerase chain reaction assays as diagnostic tests for proliferative enteropathy in pigs: a review. Journal of veterinary diagnostic investigation: official publication of the American Association of Veterinary Laboratory Diagnosticians

［J］. Inc，2010，22：487-494.

［39］ VANNUCCI F A，GEBHART C J. Recent Advances in Under-standing the Pathogenesis ofLawsonia intracellularis ［J］. Infections. Veterinary Pathology，2014（51）：465-477.

［40］ 董晓静，柳艳萍. 猪链球菌病流行病学和病原学研究进展［J］. 职业与健康，2017：430-432.

［41］ 李占霞. 猪大肠杆菌病的发病原因、临床症状和防控［J］. 现代畜牧科技，2016：162.

［42］ 林文耀，曾容愚，何逸民，等. 规模化猪场副猪嗜血杆菌病的流行病学、诊断、防控新趋势［J］. 养猪，2017：118-120.

［43］ 刘志科，张秋雨，陈创夫. 猪链球菌病原的分离鉴定与药敏试验［J］. 养猪，2017：105-108.

［44］ 郭海波，徐盛明，林世光，等. 规模猪场粪污减量化技术［J］. 上海畜牧兽医通讯，2010：40-41.

［45］ 欧杨虹，孙正国. 大型养猪场粪污零排放处理模式的研究［J］. 安徽农业科学，2013，41：5370-5372.

［46］ 李俊婷，徐盛明，朱华鸿，等. 规模猪场粪污减量化及好氧发酵技术研究［J］. 浙江畜牧兽医，2016：12-14.

［47］ DALGAARD T，HALBERG N，PORTER J R. A model for fossil energy use in Danish agriculture used to compare organic and conventional farming ［J］. Agriculture，Ecosystems & Environment，2001，87：51-65.

［48］ 胡启智，朱凰榕，王军，等. 猪场废水处理技术研究进展［J］. 农业灾害研究，2012，2：46-49.

［49］ 张彩莹，王妍艳，王岩. 大狼把草对猪场废水中污染物的净化效果［J］. 农业工程学报，2011，27：264-269.

［50］ 吴德峰，陈佳铭，邱汉权，等. "猪—沼—草"生态养猪工

程技术研 [J]. 家畜生态学报, 2008, 29: 59-64.

[51] 郑强, 王维民, 刘德敬, 等. 规模化猪场 "猪—沼—鱼—作物" 处理模式的研究与应用 [J]. 当代畜牧, 2006 (6): 42-44.

[52] 周开锋. 病死猪生物降解处理技术概要 [J]. 猪业科学, 2013, 30: 80-81.

[53] 李文博. 病死猪变身工业柴油和生物肥料 [J]. 农业知识: 科学养殖, 2015 (7): 28.